Werner Schwenzfeier
Walzwerktechnik

Ein Leitfaden
für Studium und Praxis

Unter Mitarbeit von August Herzog
und Johann Hohenwarter

Springer-Verlag
Wien New York

o. Prof. Dipl.-Ing. Dr.-Ing. Werner Schwenzfeier
Dipl.-Ing. Dr. mont. August Herzog
Dipl.-Ing. Johann Hohenwarter

Institut für Verformungskunde und Hüttenmaschinen
Montanuniversität Leoben, Österreich

Mit 258 Abbildungen

CIP-Kurztitelaufnahme der Deutschen Bibliothek

Schwenzfeier, Werner:
Walzwerktechnik. Ein Leitf. für Studium u. Praxis /
Werner Schwenzfeier. Unter Mitarb. von
August Herzog u. Johann Hohenwarter. –
Wien, New York: Springer, 1979.
  ISBN 3-211-81545-7 (Wien, New York)
  ISBN 0-387-81545-7 (New York, Wien)

ISBN 3-211-81545-7 Springer-Verlag Wien-New York
ISBN 0-387-81545-7 Springer-Verlag New York-Wien

Vorwort

Es ist fast schon Gewohnheit geworden, vom "technischen Stand" zu sprechen oder ihn zu beschreiben. Weil die Technik aber nicht steht, sondern ganz im Gegenteil sich immer schneller entfaltet und entwickelt, muß eine Aufnahme schon sehr kurz belichtet sein, um einen "Stand" vorzutäuschen. Längeres Beobachten läßt Konturen und Wachstumslinien erkennen, die über einige Zeit hinaus extrapolierbar sind.

Ich habe mich darum bemüht, im vorliegenden Buch einige interessante Einzelheiten der Walzwerktechnik zu beleuchten und außerdem Entwicklungstendenzen und zukunftsträchtige Arbeitsbereiche zu betrachten. Das ist unter anderem der Grund für die Kapitel über Scheren, Richten, Messen und Regeln.

Mein Wunsch ist weiterhin, Begriffe aus der Theorie und der Walzwerkerei den Lesern nahezubringen, um fachliche Gespräche zwischen jüngeren und erfahreneren Ingenieuren anzuregen und Hilfe zu gemeinsamer Arbeit zu geben. Mein Buch richtet sich daher in gleicher Weise an alle, die mit Planung, dem Bau, der Ausstattung und dem Betrieb von Walzwerken verbunden sind.

Ein vorwiegend die Walzwerktechnik betreffender Teil meiner Vorlesungen für Studenten des Hüttenwesens und des Maschinenbaus wurde miteingebaut, so daß es gleichfalls den interessierten Hörern nützen möge.

Es ist mir eine angenehme Pflicht, Herrn Dr.W.Schwabl für seine freundliche Anregung und dem Springer-Verlag für alle Hilfen bei der technischen Abwicklung zu danken.

Mein Dank gilt weiterhin den Herren Dr.-mont.A.Herzog und Dipl.-Ing.J.Hohenwarter für wertvolle Diskussionen, Literaturauszüge und die Aufbereitung des Bildmaterials, Herrn Dipl.-Ing.F.Kawa für zahlreiche, künstlerisch ausgeführte Bilder, den Damen M.Rauber und M.Schrotter für sorgfältiges und fleißiges Schreiben, den Herren K.Scharf, W.Stecher und G.Weilguny für zeichnerische und fotografische Arbeiten, sowie Herrn Dipl.-Ing.A.Winterstätter für aufmerksame Korrektur.

Meiner Familie danke ich herzlich für ihr Verständnis und ihren Zuspruch, wenn die Arbeit wenig Zeit für Privates ließ.

Leoben, im März 1979

Inhaltsverzeichnis

VIII

1. Grundlagen

Von zahlreichen Vorzügen metallischer Werkstoffe ragt einer
weit heraus : Metalle sind bildsam zu formen. Durch plastisches Formen lassen sich Gebrauchsgegenstände unterschied-
lichster Gestalt wirtschaftlich herstellen und in ihren Eigenschaften den gestellten Forderungen anpassen. Das Gußgefüge
metallischer Körper in ihrer ersten Form, der Urform, entspricht noch nicht den erfüllbaren Forderungen. Höhere Elastizität und Festigkeit, größere Zähigkeit, gute Homogenität und
bessere Oberflächen sind erst zu erreichen, wenn die Gußstruk-
tur verändert und im ganzen in ein Verformungsgefüge umgewan-
delt wurde. Wirtschaftlich ist es, schwere Blöcke schnell zu
gießen und daraus leichte, dünnwandige Endprodukte in großer
Zahl zu formen. Der größte Teil aller spanlos umgeformten Erzeugnisse - nach Menge und Wert - wird gewalzt, wobei die
Vielfalt der Walzverfahren eine verbindliche Definition des
Begriffes Walzen sehr erschwert. Leicht faßbar und abzugren-
zen ist "das Walzen von flachem Walzgut zwischen zylindrischen,
sich drehenden Werkzeugen, den Walzen", schwieriger schon
"das Schrägwalzen von Hohlkörpern (Rohren) zwischen zueinander
geschränkt angeordneten, gleichsinnig sich drehenden Walzen"
und es erforderte bereits feingliedrige Semantik, sollten die
Pilgerwalz- und andere Abrollwalzverfahren zwar vom Durchlauf-
schmieden und dem Rohrstoßen getrennt, immerhin aber dem Walzen zugeordnet werden.
Zur bleibenden Formänderung muß erstens der zu verformende
Gegenstand aus einem bildsamen Stoff bestehen und zweitens ein
ausreichend großes Spannungsfeld aufzubringen sein, das den
gewählten Werkstoff bleibend verformt. Die erste Prämisse ist
von allen Festkörpern erfüllbar und von den meisten metalli-
schen Werkstoffen innerhalb eines technisch beherrschbaren Be-
reiches erfüllt. Die zweite Voraussetzung zu kennen und zu
quantifizieren, ist Aufgabe der Erbauer und Betreiber von Ver-
formungsmaschinen.

1.1. Spannungen

Mechanische Spannungen entstehen, wenn Kräfte von außen auf
einen Körper einwirken, wobei die senkrecht auf eine Fläche
wirkenden Kraftkomponenten Normalspannungen, die in einer
Fläche wirkenden Kraftkomponenten Schubspannungen hervorrufen.

2

Normalspannungen, die eine Körperoberfläche in das Körperinnere drücken, heißen Druckspannungen, die entgegengesetzt wirkenden Zugspannungen. Spannungen werden als Quotienten aus den vektoriellen Größen "Kraft" und "Fläche" berechnet, deren Zuordnung zueinander "Tensor" heißt. Weil Kräfte und Flächen im Raum durch je drei Richtungskomponenten bestimmt sind, muß ein Spannungstensor neun Komponenten enthalten, von denen drei Normalspannungen und sechs Schubspannungen sind.

$$T = \begin{pmatrix} \sigma_x & \tau_{yx} & \tau_{zx} \\ \tau_{xy} & \sigma_y & \tau_{zy} \\ \tau_{xz} & \tau_{yz} & \sigma_z \end{pmatrix} \qquad (1.1)$$

Die Indizes x, y, z bezeichnen die Richtungskomponenten, Doppelindizes die Richtungen von Kräften und Flächen.

Von den sechs Schubspannungen sind jeweils zwei gleich, so daß es genügt, einen Tensor durch drei Normal- und drei Schubspannungen zu beschreiben.

$$T = \begin{pmatrix} \sigma_x & \tau_{yx} & \tau_{zx} \\ \cdot & \sigma_y & \tau_{zy} \\ \cdot & \cdot & \sigma_z \end{pmatrix} \qquad (1.2)$$

Durch geeignete Wahl der Achsenlage gelingt es meist, die äußeren Schubspannungen wegfallen zu lassen, so daß der betrachtete Tensor nur noch die Normalspannungskomponenten enthält.

$$T_H = \begin{pmatrix} \sigma_1 & \cdot & \cdot \\ \cdot & \sigma_2 & \cdot \\ \cdot & \cdot & \sigma_3 \end{pmatrix} \qquad (1.3)$$

Die Indizes 1, 2, 3 bezeichnen die Richtungen der Hauptnormalspannungen.

Je nach Größe und Richtung seiner Komponenten wirkt ein Tensor völlig verschieden auf einen Körper. Drei gleichgroße Druckspannungen beispielsweise, beschrieben als "Kugeltensor", bilden einen "hydrostatischen" Spannungszustand, in dem ein Körper zwar reversibel komprimiert, nicht aber bleibend verformt werden kann.

$$T_K = \begin{pmatrix} \sigma_0 & \cdot & \cdot \\ \cdot & \sigma_0 & \cdot \\ \cdot & \cdot & \sigma_0 \end{pmatrix} \qquad (1.4)$$

Erreichen dagegen die Differenzen zweier Deviatorkomponenten eine kritische Größe, dann genügt dieser Spannungszustand zum plastischen Verformen. Weil demnach nur der vom hydrostatischen Spannungszustand abweichende Teil eines Tensors für die bleibende Verformung maßgeblich ist, wird er als Spannungsdeviator aus der Differenz von allgemeinem Spannungstensor und dem Kugeltensor berechnet, wobei für die Kugeltensorkomponenten das arithmetische Mittel der drei Normalspannungen eingesetzt wird.

$$\sigma_m = \frac{\sigma_1 + \sigma_2 + \sigma_3}{3} \qquad (1.5)$$

$$D = T_H - T_K$$

$$D = \begin{pmatrix} \sigma_1 & \cdot & \cdot \\ \cdot & \sigma_2 & \cdot \\ \cdot & \cdot & \sigma_3 \end{pmatrix} - \begin{pmatrix} \sigma_m & 0 & 0 \\ 0 & \sigma_m & 0 \\ 0 & 0 & \sigma_m \end{pmatrix} = \begin{pmatrix} \sigma_1 - \sigma_m & \cdot & \cdot \\ \cdot & \sigma_2 - \sigma_m & \cdot \\ \cdot & \cdot & \sigma_3 - \sigma_m \end{pmatrix} =$$

$$= \begin{pmatrix} S_1 & \cdot & \cdot \\ \cdot & S_2 & \cdot \\ \cdot & \cdot & S_3 \end{pmatrix} \qquad (1.6)$$

Feste Körper übertragen, anders als Flüssigkeiten, in jedem Geschwindigkeitsbereich Schubspannungen. Sie beginnen dann plastisch zu fließen, wenn die durch ein äußeres Spannungsfeld in ihrem Inneren hervorgerufenen Schubspannungen eine kritische Mindestgröße, die Schubfließgrenze, erreichen.

$$\tau \geq \tau_{krit} \qquad (1.7)$$

Die von einem beliebigen Spannungsfeld verursachten Schubspannungen hängen nicht von der absoluten Größe der einzelnen Komponenten, sondern von ihrer gegenseitigen Größendifferenz ab. Sie sind in einem Kugeltensor sämtlich Null, werden aber umso größer, je unterschiedlicher die Deviatorkomponenten sind. In der Darstellung von O. Mohr erscheinen beliebige Spannungs-

kombinationen als Kreise, wenn in einem Ordinatensystem die
Schubspannung über der Normalspannung aufgetragen wird.

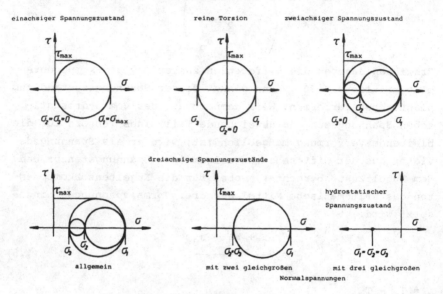

Bild 1.1. : Mohr'sche Kreise.

1.1.1. Vergleichsspannung

Um beliebige Spannungskombinationen hinsichtlich ihrer Wirkung
auf einen ihnen ausgesetzten festen Körper miteinander vergleichen zu können, wurde der Begriff der Vergleichsspannung
geprägt. Wenn, wie aus dem Vorangegangenen abzuleiten ist, nur
die Schubspannung vergleichbar werden soll, dann ist die Vergleichsspannung nach Tresca :

$$\sigma_v = \sigma_{max} - \sigma_{min} \tag{1.8}$$

ein Ausdruck, der dem Durchmesser des jeweils größten
Mohr'schen Kreises entspricht. Ist der Einfluß der zweitgröß-
ten Spannung mitzuberücksichtigen, dann muß die Vergleichsspannung nach v. Mises als

$$\sigma_v = \sqrt{\frac{1}{2}\left[(\sigma_1 - \sigma_2)^2 + (\sigma_2 - \sigma_3)^2 + (\sigma_3 - \sigma_1)^2\right]} \tag{1.9}$$

berechnet werden. Diese Gleichung liefert nur für sechs Spe-
zialfälle, in denen jeweils zwei von drei Normalspannungen
gleich groß und gleichgerichtet sind, identische Ergebnisse
wie die Formel nach Tresca. Für alle anderen Kombinationen ent-

stehen Unterschiede, die bis zu 15 % anwachsen, wenn die
zweitgrößte Normalspannung gleich dem arithmetischen Mittel
aus Maximal- und Minimalspannung ist.

1.1.2. Spannungs-Dehnungsdiagramm

Wird für den Spezialfall des einachsigen Spannungszustandes
die Spannung σ über der beobachteten Werkstückdehnung ε aufgetragen, dann entsteht das Spannungs-Dehnungsdiagramm, in dem

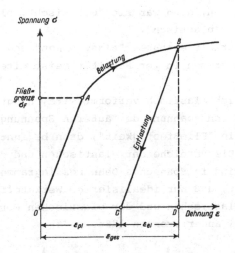

Bild 1.2. : Spannungs-Dehnungsdiagramm.

zwei Bereiche zu unterscheiden sind :
a) Der Bereich, in dem Spannung und Dehnung linear voneinander
   abhängen

$$\sigma = E \cdot \varepsilon, \qquad (1.10)$$

und in dem die Dehnung nach Wegnahme der Spannung verschwindet, und

b) der Bereich, in dem Spannung und Dehnung nach einer Funktion höherer Ordnung miteinander verbunden sind,

$$\sigma = f(\varepsilon) \qquad (1.11)$$

und in dem die Formänderungen mindestens teilweise bleiben,
nachdem die verursachende Spannung verschwunden ist. Die
Spannung, die beim Übergang vom linearen in den nichtline-

aren Dehnungsverlauf beobachtet wird, heißt Fließfestigkeit
oder Fließspannung. Sie eindeutig zu bestimmen, ist schwierig,
weil in der Realität die Bereiche A und B nicht scharf voneinander getrennt sind (siehe hierzu auch das Kapitel "Formänderungen und Formänderungsfestigkeit").

1.2. Formänderungen

Beobachtungsgemäß ändern Festkörper in einem äußeren Spannungsfeld ihre Form. Verschwindet die Formänderung nach Wegnahme der
äußeren Spannungen, dann war sie "elastisch", bleibt sie er-
halten, war sie "plastisch".
Die in der Theorie trennbaren "elastischen" und "plastischen"
Formänderungen treten in der Realität meist miteinander ver-
bunden auf :
Ob ausschließlich elastisch verformt wird, hängt davon ab, wie
groß die Vergleichsspannung des äußeren Spannungsfeldes war.
Erreicht sie die "Fließfestigkeit", dann beginnt die plastische
Formänderung. Die Bereiche der elastischen und der plastischen
Formänderung sind in Spannungs-Dehnungsdiagrammen zu erkennen.
Bild 1.3. zeigt, daß nur idealisiertes Werkstoffverhalten die
Bereiche der elastischen und der plastischen Formänderungen
eindeutig voneinander trennen läßt.

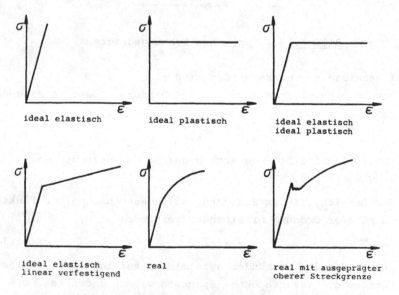

Bild 1.3. : Spannungs-Dehnungskurven.

7

Elastische Formänderungen sind ohne plastische Anteile möglich, wenn die Vergleichsspannung des verursachenden Spannungszustandes genügend klein gegenüber der Fließfestigkeit
ist. Plastische Formänderungen sind dagegen nur möglich, wenn
zuvor elastisch verformt wurde. Die Gesamtformänderung wird
daher nach Wegnahme der äußeren Spannungen um den Anteil der
elastischen Formänderung vermindert sein. Im allgemeinen ist
in der Walzwerktechnik die erwünschte und erreichte plastische
Formänderung sehr viel größer als die elastische, die daher
meist vernachlässigt wird. Nur in besonderen Fällen des Kalt-
walzens von sehr dünnem Walzgut und des Nachwalzens muß der
elastische Formänderungsanteil berücksichtigt werden. Während
kleine und demgemäß im wesentlichen elastische Formänderungen
als Quotient aus Maßänderung und Ausgangsmaß beschrieben

$$\varepsilon = \frac{\Delta l}{l_o} = \frac{l - l_o}{l_o} \qquad (1.12)$$

und "lineare Formänderung" genannt werden, sind größere Formänderungen besser als Logarithmus des Maßverhältnisses zu
schreiben :

$$\varphi = \ln \frac{l}{l_o} \qquad (1.13)$$

Diese Schreibweise bietet Vorteile beim Rechnen mit mehreren
Formänderungsschritten und vor allem dann, wenn negative und
positive Formänderungen (Stauchen und Recken) miteinander zu
vergleichen sind.
Bilder 1.4. und 1.5. zeigen den Zusammenhang von φ und ε, die im
Bereich bis 0,1 bzw. 10 % einander annähernd gleich sind.
Die elastische Formänderung enthält zwei Komponenten :
Die durch den hydrostatischen Anteil einer Spannungskombination bewirkte Volumenänderung und die durch den vom hydrostatischen Anteil abweichenden Rest (Deviator) bewirkte Ge-
staltsänderung. Plastische Formänderung beeinflußt dagegen das
Volumen nicht. Wegen der Volumenkonstanz ist die Summe der
plastischen Formänderungen in den drei Raumrichtungen Null.

$$\frac{V_1}{V_o} = \frac{h_1 \cdot b_1 \cdot l_1}{h_o \cdot b_o \cdot l_o} = 1 \qquad (1.14)$$

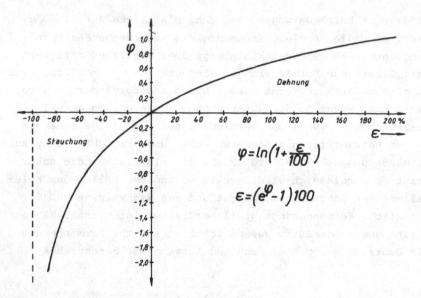

$$\varphi = \ln\left(1 + \frac{\varepsilon}{100}\right)$$

$$\varepsilon = (e^{\varphi} - 1)\,100$$

<u>Bild·1.4.</u> : Logarithmische Formänderung über der linearen Dehnung bzw. Stauchung.

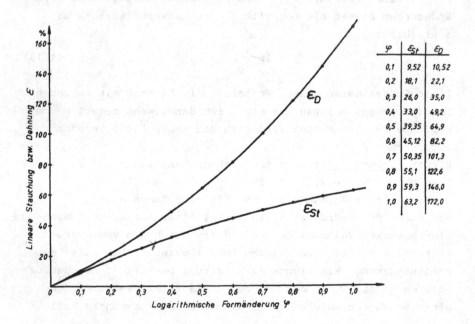

φ	ε_{St}	ε_D
0,1	9,52	10,52
0,2	18,1	22,1
0,3	26,0	35,0
0,4	33,0	49,2
0,5	39,35	64,9
0,6	45,12	82,2
0,7	50,35	101,3
0,8	55,1	122,6
0,9	59,3	146,0
1,0	63,2	172,0

<u>Bild 1.5.</u> : Lineare Stauchung bzw. Dehnung über der logarithmischen Formänderung.

$$\ln \frac{h_1}{h_o} + \ln \frac{b_1}{b_o} + \ln \frac{l_1}{l_o} = 0 \qquad (1.15)$$

$$\varphi_h + \varphi_b + \varphi_l = 0 \qquad (1.16)$$

Damit ist aus zwei bekannten Teilformänderungen die dritte zu berechnen.

1.2.1. Vergleichsformänderung

Um Formänderungen verschieden gestalteter Werkstücke miteinander zu vergleichen, wurde der Begriff der "Vergleichsformänderung" geprägt :
Nach Tresca entspricht die Vergleichsformänderung der größten Formänderung in einer Raumrichtung :

$$\varphi_{V_{Tr}} = \varphi_{max} . \qquad (1.17)$$

Nach v. Mises sind demgegenüber die Formänderungen aller drei Hauptrichtungen in die Rechnung einzubeziehen :

$$\varphi_{V_M} = \sqrt{\frac{2}{3} (\varphi_h^2 + \varphi_b^2 + \varphi_l^2)} . \qquad (1.18)$$

1.2.2. Formänderungsgeschwindigkeit

Die Geschwindigkeit, mit der plastische Formänderungen ablaufen, wird errechnet als Differential aus Formänderung und Zeit :

$$\dot{\varphi} = \frac{d\varphi}{dt} \qquad (1.19)$$

Für die meisten walztechnischen Belange reicht aber schon die Kenntnis der mittleren Formänderungsgeschwindigkeit, die als Quotient aus Formänderung und der dabei vergangenen Zeit zu berechnen ist.

$$\dot{\varphi}_m = \frac{\varphi}{t} \qquad (1.20)$$

Die mittlere Formänderungsgeschwindigkeit reicht in der Walztechnik über mehrere Größenordnungen von etwa 1 s^{-1} beim Blockwalzen bis ca. 2000 s^{-1} beim Band- oder Drahtwalzen. Weil neben der Walzgeschwindigkeit die Geometrie des Walzspaltes die Zeit für die Formänderung mitbestimmt, entstehen an den Kaliberrändern der letzten Walzensätze in schnellen Drahtstraßen bisweilen Formänderungsgeschwindigkeiten von mehr als 10^4 s^{-1}, die damit keine Entfestigung während der Formänderung mehr zulassen.

Die mittlere Formänderungsgeschwindigkeit beim Walzen ist als Quotient aus der Vergleichsformänderung eines Stiches und der Laufzeit des Walzgutes durch den Kontaktbogen zu berechnen :

$$\dot{\varphi}_m = \frac{\varphi_v}{t_K} ; \tag{1.21}$$

Zum Berechnen der Verweilzeit im Kontaktbogen ist die gedrückte Länge durch die mittlere Walzgutgeschwindigkeit zu teilen :

$$t_K = \frac{l_d}{v_m} ; \qquad v_m = \frac{v_o + v_1}{2} \tag{1.22}$$

1.3. Formänderungsvermögen

Die Fähigkeit eines Werkstoffes, plastische Formänderung ohne Materialtrennung zu ertragen, wird Formänderungsvermögen genannt. Ihr Maß ist die "Bruchformänderung", die entweder im Zugversuch als Brucheinschnürung, oder im Schlagzerreißversuch oder im Torsionsversuch bestimmt wird. Für die Walzwerktechnik ist es interessant, das Formänderungsvermögen eines Werkstoffes möglichst gut zu nutzen, dazu seien einige Einflußgrößen näher beschrieben : Außer vom Werkstoff selbst, ist das Formänderungsvermögen von der die Formänderung bewirkenden Spannungskombination, der Temperatur und der Formänderungsgeschwindigkeit abhängig

$$\varphi_B = f(a, T, \vartheta, \dot{\varphi}). \tag{1.23}$$

φ_B ... Bruchformänderung
a ... Werkstoffanalyse und -anamnese
T ... Spannungstensor, Spannungskombination
$\dot{\varphi}$ ... Formänderungsgeschwindigkeit
ϑ ... Temperatur

Die Spannungskombination, die einen Werkstoff plastisch fließen läßt, beeinflußt das Formänderungsvermögen erheblich. Enthält sie ausschließlich Zugspannungen, so wird sehr bald die Trennfestigkeit erreicht und damit das Formänderungsvermögen

11

erschöpft. Enthält sie nur Druckspannungen, ist also ihr
"hydrostatischer Druckanteil" groß, dann wird das nutzbare
Formänderungsvermögen größer. <u>Bild 1.6.</u> zeigt diesen Sachverhalt :

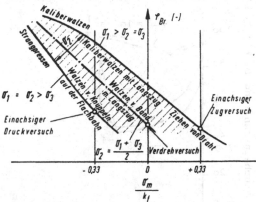

<u>Bild 1.6.</u> : Abhängigkeit der Bruchformänderung vom Druck-
spannungsanteil (nach Stenger).

Die Bruchformänderung ist über der Mittelspannung σ_m aufgetragen. Diese wurde auf die Formänderungsfestigkeit k_f bezogen,
um die Darstellung allgemeingültig für alle Werkstoffe zu halten. Eingezeichnet sind die Bereiche verschiedener Umformver-
fahren, die geradezu nach ihrem Druckspannungsanteil zu klas-
sifizieren sind. Beim Walzen in weitgehend geschlossenen Kalibern wirken von allen Seiten her Druckspannungen auf das
Walzgut, beim Blechwalzen entstehen in Walzrichtung und in
Breitenrichtung nur Reibspannungen, während beim Kaltbandwalzen oft erhebliche Zugspannungen in Walzrichtung aufgebracht
werden.
Mit steigender Umformtemperatur wächst normalerweise das Formänderungsvermögen. Ausnahmen zeigen Stähle im Bereich der
α-γ-Umwandlung und Werkstoffe, deren Legierungselemente im beobachteten Temperaturbereich aufgelöst oder ausgeschieden werden. <u>Bild 1.7.</u> zeigt diese Eigenart eines Al-legierten Stahles,
der bei niedrigen Formänderungsgeschwindigkeiten Nitrid ausscheidet. Diese Nitridausscheidung mindert das Formänderungsvermögen nicht, wenn die Formänderung genügend schnell abläuft.
Höhere Formänderungsgeschwindigkeiten vermindern im allgemeinen das Formänderungsvermögen, wenn nicht der mittelbare Einfluß der mit steigender Geschwindigkeit anwachsenden Tempera-

tur diesen Effekt kompensiert. Als beachtenswerte Besonderheit sei aber wiederum das Verhalten Al-beruhigter Stähle erwähnt, in denen das Ausscheiden von Aluminiumnitrid das Formänderungsvermögen vermindern würde, wenn die Formänderungsge-

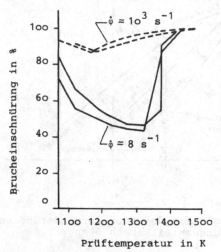

Bild 1.7. : Einfluß der Formänderungsgeschwindigkeit auf die
Brucheinschnürung eines Al-beruhigten Stahles.

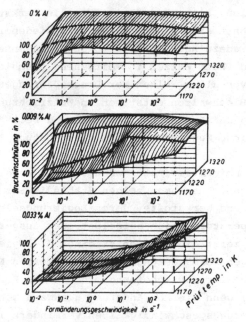

Bild 1.8. : Einfluß der Formänderungsgeschwindigkeit auf die
Brucheinschnürung unlegierter Stähle bei unterschiedlichen Al-Gehalten.

schwindigkeit zu niedrig wäre. **Bild 1.8.** zeigt den Zusammenhang von Bruchformänderung, Temperatur und Formänderungsgeschwindigkeit für unterschiedliche Al-Gehalte.

1.4. Formänderungsfestigkeit

Die im einachsigen Spannungszustand ermittelte Normalspannung,
die im Werkstoff die kritische, zum Fließen erforderliche
Schubspannung erreichen läßt, heißt "Fließspannung" oder
"Formänderungsfestigkeit". Sie ist über die Formel für die Vergleichsspannung aus jedem beliebigen Spannungszustand, der zum
Fließen führt, gleichfalls berechenbar. (Dies gilt streng nur
dann, wenn Druck- und Zugspannungen hinsichtlich des Fließbe-
ginns gleich wirken und der betrachtete Werkstoff in allen
Raumrichtungen gleich leicht fließt, in dieser Hinsicht also
isotrop ist.)
Die Formänderungsfestigkeit hängt im wesentlichen von vier
Parametern ab :
a) Vom Werkstoff selbst, seinen Legierungsbestandteilen,
   seinem Gefügeaufbau und seiner Herstellgeschichte,
b) von der Temperatur ϑ,
c) von der Formänderung φ, und
d) von der Formänderungsgeschwindigkeit $\dot{\varphi}$.

$$k_f = f(a,\vartheta,\varphi,\dot{\varphi}) \tag{1.24}$$

Zu a) Einige Beispiele mit Zahlenwerten für normalisiertes
   Gefüge bei Raumtemperatur (ca. 3oo K):
   Pb : 10 ; Cu : 30 - 100 ; Al : 15 - 40 ; Fe_{rein} : 175 ;
   Stahl 0,1 % C : 220 ; Stahl 0,5 % C : 400 $\left[N/mm^2\right]$

   Die werkstoffeigene Abhängigkeit der Formänderungsfestigkeit sei im folgenden nicht weiter behandelt, sie sollte
   einschlägigen Werkstoffkennwerttabellen entnommen werden.
   Zum besseren Verständnis einiger Eigenarten der Kaltwalz-
   technik seien jedoch die Besonderheiten der niedriglegierten Stähle hier erörtert : Die Formänderungsfestigkeit steigt mit wachsendem Kohlenstoff- und Stickstoff-
   gehalt an. Beide - Kohlenstoff und Stickstoff - wirken
   auf sonst unlegierte Stähle verfestigend, wenn nach dem
   letzten normalisierenden Glühen genügend lange Zeit ver-
   gangen ist (Alterung). Es entsteht eine ausgeprägte obere
   Streckgrenze, die besonders beim Tiefziehen stört. Sie

muß durch eine geringe, über dem Werkstoffvolumen aber
möglichst gleichmäßige plastische Formänderung beseitigt
werden. (Siehe auch "Nachwalzen" im Kapitel Flachprodukte.)

Zu b) Alle für die Walzwerktechnik interessanten Werkstoffe
vermindern ihre Formänderungsfestigkeit mit der Temperatur. Dies liegt zum einen an der mit steigender Temperatur weiteren Oszillationsamplitude aller Atome im Kri-
stallgitterverband, die damit besser beweglich sind, zum
anderen aber in der unter besseren Diffusionsbedingungen
höheren Beweglichkeit der Fehlstellen im Werkstoff. Damit
wird die Formänderungsfestigkeit unter anderem auch von
der Fehlstellendichte abhängig. Für Stahlwerkstoffe gilt
als Besonderheit die temperaturbedingte Kristallgitter-
umwandlung vom α-Eisen zum γ-Eisen, die den Temperatur-
einfluß auf die Formänderungsfestigkeit überlagert
(Bild 1.9.).

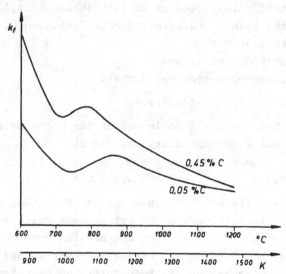

Bild 1.9. : Einfluß der Temperatur auf die Formänderungsfestigkeit.

Weil die Formänderungsfestigkeit ganz entscheidend mit
der Temperatur variiert, entstanden in der Umformtechnik
die weitgehend voneinander verschiedenen Verfahren des
Warm- und Kaltumformens. Die Begriffe "Kalt- und Warmum-

formen" sind nach den letzten Entwürfen der VDI-Norm
(s.a. Normblatt VDI 3137) wie folgt definiert :
"Kaltumformung" : Umformung ohne vorheriges Anwärmen des
Rohteiles, Ausgangstemperatur (Anfangstemperatur) ist
Raumtemperatur.
"Warmumformung" : Umformen nach vorherigem Erwärmen des
Rohteiles; Umformtemperatur (Ausgangstemperatur, Anfangstemperatur) ist höher als die Raumtemperatur.
Weil diese Definitionen nach der neuen Norm einerseits
in der Fachwelt keineswegs einhellig aufgenommen worden
sind, andererseits aber inzwischen der Gebrauch der Begriffe "Warmverformen" und "Kaltverformen" im alten,
metallkundlichen Sinne für "oberhalb" bzw. "unterhalb"
der Rekristallisationstemperatur ablaufende Formände-
rungsvorgänge zwar verständlicher, aber nicht mehr "norm-
gemäß" erscheint, pflegt der Verfasser in seinen Vorlesungen auf diese Unstimmigkeit hinzuweisen und versucht,
sie durch eine andere Vereinbarung zu vermeiden :
Verformen oberhalb der Rekristallisationstemperatur sei
"Verformen mit vorwiegender Entfestigung", Verformen
unterhalb der Rekristallisationstemperatur sei "Verformen mit überwiegender Verfestigung" genannt.

Zu c) Beim Verformen wird das natürlich gewachsene Kristallge-
füge verändert und muß dabei Energie aufnehmen, die zum
größten Teil als Wärme anfällt, zum kleineren Teil in
Form latenter Spannungen im Werkstoff verbleibt oder unter besonderen Bedingungen wieder abgegeben wird.
Gefügeändernd wirken im wesentlichen neu entstehende
Fehlstellen (Versetzungen) und neue Korngrenzen, die gemeinsam die Beweglichkeit der zu weiterem plastischem
Fließen erforderlichen Gitterfehlstellen vermindern.
Damit verfestigt der Werkstoff, wenn nicht seine Temperatur so hoch ansteigt, daß durch thermisch bedingte Gefü-
geumordnung der Verfestigungseffekt wieder aufgehoben
wird. Wird im Temperaturbereich "überwiegender Verfestigung" verformt, wird daher die Formänderungsfestigkeit
mit wachsender Formänderung ansteigen. Bild 1.10. zeigt
einige typische Fließkurven für Stahl, Kupfer und Aluminium. Im Temperaturbereich überwiegender Entfestigung,
also oberhalb der halben Schmelztemperatur (immer als

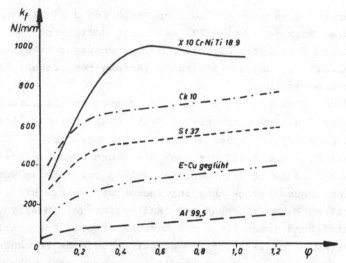

<u>Bild 1.10.</u> : Einfluß der Formänderung auf die Formänderungs-
festigkeit für verschiedene Werkstoffe.

absolute Temperatur in K gerechnet), sind die Diffusionsbedingungen so gut, daß durch Gitterumbau und Gitterneu-
bau jeweils wieder die entstandene Verfestigung aufgehoben wird.

Zu d) Liegt die Temperatur sehr hoch, dicht unterhalb der
Schmelztemperatur, dann entfestigt ein Werkstoff nahezu
unbegrenzt schnell, weil alle für Um- oder Neuordnung des
Kristallgitters erforderlichen Diffusionsvorgänge sehr
gut ablaufen. Die Formänderungsfestigkeit ist demgemäß
fast unabhängig von der Formänderungsgeschwindigkeit.
Wird die Temperatur niedriger, ganz besonders im Grenz-
bereich, wenn sie etwa gleich der halben Schmelztemperatur ist, dann läuft die Diffusion nur noch so langsam ab,
daß die Formänderungsgeschwindigkeit maßgeblichen Einfluß
auf die Formänderungsfestigkeit gewinnt. Im unteren Temperaturbereich, in dem die Verfestigung überwiegt, wird
dann die Formänderungsfestigkeit insgesamt höher, aber
unabhängig von der Formänderungsgeschwindigkeit sein.

1.5. Formänderungswiderstand

Reibspannungen in den Berührflächen zwischen Werkzeug und
Werkstück erhöhen im allgemeinen die zum plastischen Fließen

17

erforderliche Normalspannung. Teilformänderungen während einer
größeren Gesamtformänderung, die gegensätzlich zueinander verlaufen, beispielsweise die Schiebungen am Ein- und Auslauf
eines Walzspaltes, erfordern gleichfalls höhere Normalspannungen.
Reibung und Schiebung vergrößern demnach scheinbar die Formänderungsfestigkeit. In Wahrheit aber vermindern sie nur den
Formänderungswirkungsgrad.
Die zum plastischen Fließen unter realen Bedingungen erforderliche Vergleichsspannung heißt Formänderungswiderstand k_w.
Er hängt von der Formänderungsfestigkeit, den geometrischen
Abmessungen der Wirkzone zwischen den Verformungswerkzeugen
und vom Reibwert an den Kontaktflächen ab.

$$k_w = f(k_f, G, \mu) \tag{1.25}$$

Das Verhältnis aus Formänderungsfestigkeit und Formänderungswiderstand ist der Formänderungswirkungsgrad.

$$\eta = \frac{k_f}{k_w} \tag{1.26}$$

Nach einem Vorschlag von O. Pawelski wird der auf die Formänderungsfestigkeit bezogene Formänderungswiderstand über einem für Walzwerke charakteristischen Kennwert der Geometrie,

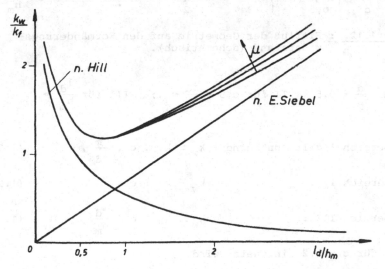

Bild 1.11. : Einfluß der Geometrie auf den Formänderungswiderstand.

dem Verhältnis aus der Berührlänge l_d und der mittleren Walzgutdicke h_m, mit dem Reibwert als Parameter aufgetragen
(Bild 1.11.). Die Kurven für den Schiebungsanteil (nach
E. Hill) und den Reibanteil (nach E. Siebel) kennzeichnen die
unteren Schranken für den Formänderungswiderstand. Aus der
Summenkurve ist der Formänderungswiderstand in Abhängigkeit
vom geometrischen Kennwert abzulesen. Für die überschlägige
Berechnung empfiehlt es sich, die Kurve in drei Bereiche auf-
zuteilen (Bild 1.12.).

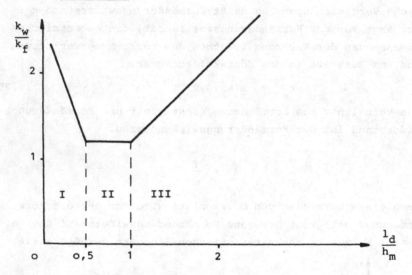

Bild 1.12. : Einfluß der Geometrie auf den Formänderungswiderstand (schematisch).

I für $\dfrac{l_d}{h_m} < 0,5$;   II für $0,5 < \dfrac{l_d}{h_m} < 1$;   III für $\dfrac{l_d}{h_m} > 1$.

Im Bereich I gilt annähernd : $k_w \approx k_f \cdot c \cdot \dfrac{h_m}{l_d}$,   (1.27)

im Bereich II : $k_w \approx k_f \cdot c$,   (1.28)

im Bereich III : $k_w \approx k_f \cdot c \cdot \dfrac{l_d}{h_m}$,   (1.29)

wenn für c = 1,2 eingesetzt wird.

1.6. Formänderungsarbeit

Die zur Formänderung erforderliche Arbeit wird nach Fink wie
folgt berechnet :

$$dW = F \cdot dh = k_f \cdot A \cdot dh. \qquad (1.30)$$

Wird als Vergleichsformänderung die größte Formänderung nach
Tresca eingesetzt, und die Fläche A durch den Quotienten aus
dem Volumen V und der linearen Abmessung in Richtung der größten Formänderung ersetzt, dann gilt :

$$dW = k_f \cdot V \cdot \frac{dh}{h}. \qquad (1.31)$$

Diese Gleichung ist integrierbar, wenn die Formänderungsfestigkeit k_f durch ihren mittleren Wert k_{fm} oder für reale Prozesse
durch den mittleren Formänderungswiderstand k_{wm} ersetzt wird :

$$W = k_{wm} \cdot V \cdot \int_{h_o}^{h_1} \frac{dh}{h} = k_{wm} \cdot V \cdot \ln \frac{h_1}{h_o} = k_{wm} \cdot V \cdot \varphi \qquad (1.32)$$

Für Walzwerke besonders interessant sind Arbeitsbedarfskurven
(Bild 1.13.), die zeigen, wieviel Arbeit aufzuwenden ist, um
Walzgut zu verformen. Sie gelten streng nur für die Walzanlagen, an denen sie aufgenommen wurden, bieten aber gute Unter-
lagen für Planung und Betrieb neuer Anlagen. Weil Arbeitsbedarfskurven stets die Anteile für Reibarbeit in den Walzen-
lagern und in den Antrieben mitenthalten, sollten jedoch nur

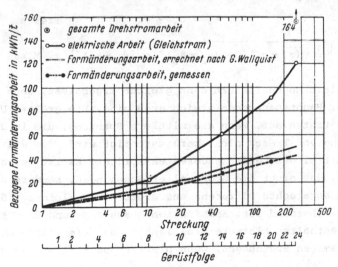

Bild 1.13. : Arbeitsbedarfskurven für das Walzen von Feinstahl.

annähernd gleichartige Anlagen über Arbeitsbedarfskurven miteinander verglichen werden. Die Formänderungsarbeit wird häufig auf das umgeformte Werkstoffvolumen bezogen und heißt dann
"spezifische Formänderungsarbeit". In der Technik ist es üblich, sie auf die durchgesetzte Masse zu beziehen. Für Wärme-
bilanzen des Walzens ist aus der Formänderungsarbeit einer der
positiven Bilanzposten zu ermitteln.

1.7. Formänderungsleistung

Die auf die Zeit bezogene Formänderungsarbeit ist die Formänderungsleistung. Durch Minimieren der Formänderungsleistung
ist der günstigste Formänderungsvorgang oder, wenn mehrere
Formänderungsschritte erforderlich sind, der günstigste Form-
änderungsverlauf zu finden.

1.8. Fließbedingung

Erreicht die aus einer beliebigen Spannungskombination er-
rechenbare Vergleichsspannung die Formänderungsfestigkeit und
damit den zum plastischen Fließen erforderlichen kritischen
Wert, dann ist die Fließbedingung erfüllt.
Sie wird durch Einsetzen der Formänderungsfestigkeit anstelle
der Vergleichsspannung in den Gleichungen von Tresca oder
v. Mises formuliert :

$$k_f = \sigma_1 - \sigma_3 \qquad \text{Tresca} \quad (1.33)$$

$$k_f = \sqrt{\frac{1}{2}\left[(\sigma_1 - \sigma_2)^2 + (\sigma_2 - \sigma_3)^2 + (\sigma_3 - \sigma_1)^2\right]} \quad \text{v. Mises} \quad (1.34)$$

Beide Gleichungen liefern dann gleiche Ergebnisse, wenn zwei
der drei Hauptspannungen gleich groß sind. Die größten Unterschiede treten auf, wenn die mittlere Spannung, die in der
Gleichung von Tresca nicht berücksichtigt wird, dem arithmetischen Mittel der beiden anderen entspricht. Es ist leicht erkennbar, daß nicht die Größe aller Spannungen, sondern die
vorzeichengerechte Differenz aus größter und kleinster Spannung entscheidend ist. Kombinationen aus Zug- und Druckspannungen enthalten kleinere Einzelspannungen als solche aus
gleichnamigen Spannungen, wenn plastisches Fließen beginnt.

21

1.9. Fließgesetz

Nachdem die Fließbedingung erfüllt ist, beginnt der Werkstoff
plastisch zu fließen. Wieweit und wohin er fließt, soll das
Fließgesetz beschreiben : Nach Levy und v. Mises, wie auch
nach Prandtl und Reuß verhalten sich die Formänderungsgeschwindigkeiten in den drei Raumrichtungen wie die zugehörigen
Komponenten des Spannungsdeviators

$$\dot{\phi}_1 : \dot{\phi}_2 : \dot{\phi}_3 = S_1 : S_2 : S_3 \ . \qquad (1.35)$$

Einfache Lösungen und die Integration auf die zugehörigen
Formänderungen sind möglich, wenn zwei Geschwindigkeitskompo-
nenten während der Formänderung miteinander ein unveränderliches Verhältnis bilden, für ebene Formänderung also. Nur für
solche Fälle darf das Fließgesetz vereinfacht werden zu

$$\varphi_1 : \varphi_2 : \varphi_3 = S_1 : S_2 : S_3 \ . \qquad (1.36)$$

Diese Form gilt daher immer dann, wenn eine der drei Deviatorkomponenten Null ist, die zugehörige Normalspannung also das
arithmetische Mittel aus den beiden anderen bildet. Dies trifft
im wesentlichen für das Bandwalzen und das Walzen dünnwandiger
Rohre zu.

1.10. Walzspalt

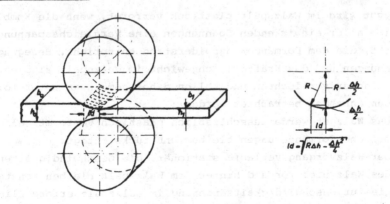

Bild 1.14. : Walzspalt.

Die Kontaktflächen von Walzen und Walzgut bilden den Walzspalt,
in dem das Walzgut mit der Höhe h_0 eintritt und den es mit der
Höhe h_1 verläßt. Die Projektion des Kontaktbogens auf die Walz-

gutmittenebene heißt "gedrückte Länge" l_d, die aus dem Walzenradius und der Höhenabnahme berechnet wird.

$$l_d = \sqrt{R \cdot \Delta h} \, , \qquad (1.37)$$

wenn $\frac{\Delta h^2}{4}$ unter der Wurzel unberücksichtigt bleibt.

Die "gedrückte Fläche" A_d ist demgemäß das Produkt aus gedrückter Länge und mittlerer Walzgutbreite

$$A_d = \sqrt{R \cdot \Delta h} \cdot b_m \, . \qquad (1.38)$$

Auf die Kontaktfläche wirkt der Formänderungswiderstand des
Walzgutes flächenpressend und verformt sie elastisch. Sie
ändert dadurch ihre Krümmung, die nach Hitchcock wieder kreis-
förmig angenommen, und deren Radius zu

$$R' = R \cdot (1 + \frac{c_H \cdot F}{b \cdot \Delta h}) \qquad (1.39)$$

c_H ....Werkstoffkonstante, für Stahl $2,2 \cdot 10^{-5} mm^2 N^{-1}$

berechnet wird. R' ist also der angenäherte Krümmungsradius
der elastisch deformierten Walzenoberfläche. Er ist keinesfalls zu verwechseln mit dem Abstand der Oberfläche von der
Walzenachse, der gegenüber dem lastfreien Zustand um weniges
kleiner wird.

1.10.1. Vorgänge im Walzspalt

Walzgut wird im Walzspalt plastisch verformt, wenn die Kombination aller einwirkenden Spannungen eine Vergleichsspannung
ergibt, die dem Formänderungswiderstand entspricht. Bewegungen,
Spannungen und das Kräftegleichgewicht im Walzspalt sind eng
miteinander verflochten und sollen daher gemeinsam unter folgenden Annahmen betrachtet werden :

1) Das Walzgut werde ausschließlich plastisch verformt, elastische Formänderungen bleiben unberücksichtigt.
2) Der Walzvorgang verlaufe stationär, die Geschwindigkeiten
   des Walzgutes vor und hinter dem Walzspalt bleiben konstant.
3) Die zur Geschwindigkeitsänderung im Walzspalt erforderlichen Beschleunigungskräfte bleiben unberücksichtigt.
4) Der Reibwert zwischen Walzgut und Walzenoberfläche sei
   weder druck- noch geschwindigkeitsabhängig.
5) Das Walzgut breite nicht, sondern fließe ausschließlich in
   der Walzrichtung. Dies gilt für dünnes, breites Walzgut,

z. B. Breitband, ausreichend genau.

Der zeitliche Volumenstrom des in den Walzspalt eintretenden
Walzgutes bleibt wegen der Volumenkonstanz an jeder Stelle
konstant.

$$v_o \cdot b_o \cdot h_o = v \cdot b \cdot h = const.$$ (1.40)

Wird $b = b_o$ gesetzt, dann ist mit

$$v = v_o \cdot \frac{h_o}{h} = v_1 \cdot \frac{h_1}{h}$$ (1.41)

der Geschwindigkeitsverlauf des Walzgutes im Walzspalt beschrieben (<u>Bild 1.15. oberer Teil</u>). Weil die Walzenumfangsgeschwindigkeit demgegenüber unverändert ist, bleibt das Walzgut

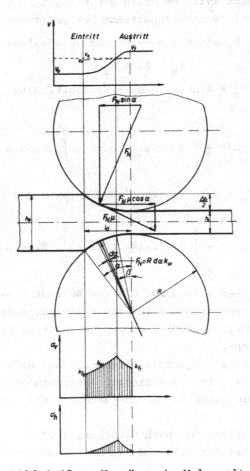

<u>Bild 1.15.</u> : Vorgänge im Walzspalt.

im Einlaufbereich hinter der Walzenoberfläche zurück und eilt
ihr im Auslaufbereich vor. In der Nacheilzone ergeben sich so
Reibkräfte, die das Walzgut in den Walzspalt hineinziehen, und
in der Voreilzone solche, die es zurückstoßen. Das Kräftegleichgewicht für die Vertikal- und Horizontalkräfte ist nach
<u>Bild 1.15.</u> (Mittelteil) :

$$\Sigma F_v = F_N \cdot \cos\alpha \overset{+}{_-} F_N \cdot \mu \cdot \sin\alpha = 0 \qquad (1.42)$$

$$\Sigma F_h = F_N \cdot \sin\alpha \overset{+}{_-} F_N \cdot \mu \cdot \cos\alpha = 0 \qquad (1.43)$$

F_v ... Vertikalkraft
F_h ... Horizontalkraft
F_N ... Normalkraft
μ .... Reibbeiwert zwischen Walze und Walzgut
α .... Walzwinkel (vom Walzspaltende her gerechnet).

Die Normalkraft F_N hängt von der Formänderungsfestigkeit k_f ab

$$F_N = R \cdot d\alpha \cdot k_f \cdot \qquad (1.44)$$

Damit folgt : $dF_v = R \cdot d\alpha \cdot k_f \cdot \cos\alpha \overset{+}{_-} R \cdot d\alpha \cdot \mu \cdot k_f \cdot \sin\alpha.$

$$F_v = \int_0^\alpha R \cdot d\alpha \cdot k_f \cdot \cos\alpha + \int_\beta^\alpha R \cdot d\alpha \cdot \mu \cdot k_f \cdot \sin\alpha - \int_0^\beta R \cdot d\alpha \cdot \mu \cdot k_f \cdot \sin\alpha. \qquad (1.45)$$

$$dF_h = R \cdot d\alpha \cdot k_f \cdot \sin\alpha \overset{+}{_-} R \cdot d\alpha \cdot \mu \cdot k_f \cdot \cos\alpha.$$

$$F_h = \int_0^\alpha R \cdot d\alpha \cdot k_f \cdot \sin\alpha + \int_0^\beta R \cdot d\alpha \cdot \mu \cdot k_f \cdot \cos\alpha - \int_\beta^\alpha R \cdot d\alpha \cdot \mu \cdot k_f \cdot \cos\alpha. \qquad (1.46)$$

Positive Vorzeichen sollen für die zum Walzgut hinweisenden
Vertikalkraftkomponenten und für die zum Walzspalteingang
rückweisenden Horizontalkraftkomponenten gelten, negative entsprechend umgekehrt.
Die Integrationsgrenzen kennzeichnen mit o das Walzspaltende
(Walzgutaustritt), mit α den Eingang (Walzguteintritt) und mit
β den Fließscheidenwinkel, der die Bereiche der Vor- und Nach-
eilung trennt.
Die Fließscheidenlage ist nach Gleichung (1.46) zu berechnen,
die für Walzwinkel bis o,35 rad mit dx = R·dα und sinα = tgα =
= $\frac{x}{R}$ vereinfacht wird.

Für zwei Walzen gilt

in der Voreilzone $\quad dF_{hv} = 2.k_f.(\frac{x}{R} + \mu).dx$, $\qquad$ (1.47)

in der Nacheilzone $\quad dF_{hn} = 2.k_f.(\frac{x}{R} - \mu).dx$, $\qquad$ (1.48)

Integriert, wozu k_f durch den Mittelwert k_{fm} ersetzt wird, lauten sie

$$F_{hv} = 2.k_{fm}.(\frac{x^2}{2R} + \mu.x + C_v) \text{ und} \qquad (1.49)$$

$$F_{hn} = 2.k_{fm}.(\frac{x^2}{2R} - \mu.x + C_n) \text{ .} \qquad (1.50)$$

Weil am Walzspalteingang, bei $x = l_d$ und am Walzspaltausgang, bei $x = 0$ keine Horizontalkräfte wirken, sind die Integrationskonstanten

$$C_v = 0 \quad \text{und} \qquad (1.51)$$

$$C_n = -(\frac{l_d^2}{2R} - \mu.l_d) \text{ .} \qquad (1.52)$$

Damit werden

$$F_{hv} = 2.k_{fm}.(\frac{x^2}{2R} + \mu.x) \text{ und} \qquad (1.53)$$

$$F_{hn} = 2.k_{fm}.(\frac{x^2}{2R} - \mu.x - \frac{l_d^2}{2R} + \mu.l_d) \text{ .} \qquad (1.54)$$

Beide Horizontalkräfte sind an der Fließscheide gleich groß, deren Lage x_f demnach folgt :

$$\frac{x_f^2}{2R} + \mu.x_f = \frac{x_f^2}{2R} - \mu.x_f - \frac{l_d^2}{2R} + \mu.l_d \text{ ,}$$

$$x_f = \frac{l_d}{2} . (1 - \frac{l_d}{2.\mu.R}) \text{ .} \qquad (1.55)$$

Im unteren Teil von Bild 1.15. ist die Horizontalspannungsverteilung angegeben, deren Höchstwert die Fließscheidenlage markiert. Aus der Fließbedingung folgt der Verlauf der Vertikalspannung oder des Formänderungswiderstandes.

$$\sigma_v = k_w = k_f + \sigma_h \text{ .} \qquad (1.56)$$

Mit veränderlichen Werten für k_f und μ ist eine geschlossene Lösung nicht möglich, die Fließscheidenlage und der Spannungsverlauf sind dann numerisch zu berechnen.

1.10.2. Walzkraft und Drehmoment

Die Walzkraft F_w ist entweder als Produkt aus dem Vertikal-
spannungsintegral über dem Kontaktbogen und der gedrückten
Fläche, oder als Integralsumme nach Gleichung (1.45) zu berechnen. In beiden Fällen ist der genaue Abstand der Resul-
tierenden von der Walzenachse nicht bekannt und damit das zum
Walzen erforderliche Drehmoment nicht genau bestimmbar. Besser
ist es, aus der Differenz der Reibkräfte am Walzenumfang das
Moment zu berechnen.

Für ein Breitenelement gilt :

$$Md = R.R'.\mu.\left(\int_{\beta}^{\alpha} k_{fn}.d\alpha - \int_{o}^{\beta} k_{fv}.d\alpha \right) \qquad (1.57)$$

R ...... Walzenradius

R' ...... Krümmungsradius der elastisch deformierten Kontaktfläche

k_{fn} .... Formänderungsfestigkeit des Walzgutes in der Nacheilzone

k_{fv} .... Formänderungsfestigkeit des Walzgutes in der Voreilzone

Fast alle einschlägigen Rechenformeln für Walzkraft und Dreh-
moment gründen auf den im vorigen beschriebenen Überlegungen.
Sie unterscheiden sich durch unterschiedliche vereinfachende
Annahmen über den Verlauf der Formänderungsfestigkeit, den
Reibungseinfluß, die elastische Deformation der Kontaktfläche
u.ä. Als gut geeignet für die Walzwerktechnik erwiesen sich
das Rechenverfahren nach Cook und McCrum mit den dazugehörigen
Werkstoffkennwerttabellen und das von Ford, Ellis und Bland,
das die beim Kaltwalzen von Bändern auftretenden Vor- und
Rückwärtszüge mitberücksichtigt. Anstelle einer eingehenden
Beschreibung soll hier der Quellenhinweis genügen. Eine einfache Methode, Walzkraft und Drehmoment überschlägig zu berechnen und insbesondere den Einfluß geometrischer Kenngrößen
abzuschätzen, sei dagegen kurz vorgestellt :
Die Walzkraft ist

$$F_w = k_{wm} \cdot A_d \, , \qquad (1.58)$$

und das Walzmoment für zwei Walzen

$$Md = 2.l_d \cdot k_x \cdot F_w \qquad (1.59)$$

mit dem Hebelarmbeiwert k_x, der näherungsweise zu 0,5 angenommen wird.

Unter Rückblick auf Kapitel 1.5. "Formänderungswiderstand" gilt folgender Rechengang :

1) $$\Delta h = h_o - h_1 .$$

2) $$h_m = \frac{h_o + h_1}{2} .$$

3) $$l_d = \sqrt{R \cdot \Delta h} .$$

4) l_d/h_m berechnen und prüfen, ob $l_d/h_m < 0,5$,

$$0,5 < l_d/h_m < 1 ,$$

$$1 < l_d/h_m \text{ ist.}$$

5) Nach Angabe aus Kapitel 1.5. aus k_f und l_d/h_m k_w berechnen.

6) $$F_w = k_w \cdot l_d \cdot b ,$$

$$F_w = k_f \cdot C \cdot h_m \cdot b \qquad \text{(f. Ber.I)} ,$$

$$F_w = k_f \cdot C \cdot l_d \cdot b \qquad \text{(f. Ber.II)} ,$$

$$F_w = k_f \cdot C \cdot l_d^2 \cdot \frac{1}{h_m} \cdot b \quad \text{(f. Ber.III)} ,$$

7) $$Md = 2 \cdot F_w \cdot \frac{l_d}{2} \cdot b ,$$

$$Md = k_f \cdot C \cdot h_m \cdot l_d \cdot b \qquad \text{(f. Ber.I)} ,$$

$$Md = k_f \cdot C \cdot l_d^2 \cdot b \qquad \text{(f. Ber.II)} ,$$

$$Md = k_f \cdot C \cdot l_d^3 \cdot \frac{1}{h_m} \cdot b \quad \text{(f. Ber.III)} .$$

Der im vorigen benutzte Quotient aus gedrückter Länge und mittlerer Walzguthöhe l_d/h_m beschreibt die Walzspaltgeometrie für das Walzen von breitem, flachem Walzgut. Er versagt, wenn die Umformgeometrie für das Walzen von schmalem Walzgut, oder das Kaliberwalzen, oder allgemein dreiachsige Formänderung zu kennzeichnen ist. An seine Stelle tritt dann, nach einem Vorschlag von E. Neuschütz, das Verhältnis aus gedrückter Fläche und mittlerer Walzgutquerschnittsfläche A_d/A_{qm}, mit dessen Hilfe gleichfalls der Formänderungswiderstand aus der Formänderungsfestigkeit und danach Kraft und Walzdrehmoment zu berechnen sind. Die Berührflächen zwischen Walzgut und Walzen sind entweder graphisch, nach den Methoden der darstellenden Geometrie, oder numerisch für schmale Streifenelemente des Walzgutes zu ermitteln.

1.11. Anstelldiagramm

Unter dem Einfluß der Walzkraft werden alle im Kraftfluß liegenden Teile eines Walzgerüstes, Walzen, Lager, Einbaustücke,
Kraftmeßzellen, Überlastsicherungen, Anstellelemente, Ständer-
querhäupter und Ständerholme, elastisch verformt, der Walzspalt federt auf.
Auffedern des Gerüstes und plastische Dickenabnahme des Walzgutes sind im Anstelldiagramm gemeinsam dargestellt
(Bild 1.16.).

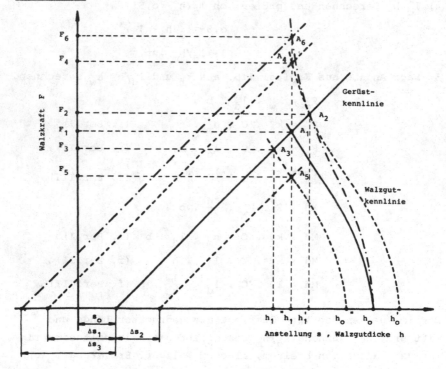

Bild 1.16. : Anstelldiagramm. F Walzkraft, s_o Walzspaltöffnung
des unbelasteten Gerüstes, Δs Anstellungsänderung,
h_o Einlaufdicke des Walzgutes, h_1 Auslaufdicke des
Walzgutes, A Arbeitspunkt.

Die linear ansteigende Federkennlinie und die "Walzgutkennkurve" schneiden sich im Arbeitspunkt, der einer definierten
Walzkraft und einer bestimmten Walzgutaustrittshöhe entspricht.
Im einzelnen bedeuten F die Walzkraft, s_o die Walzspaltöffnung
im unbelasteten Gerüst, h_o die Einlaufhöhe des Walzgutes, A_1
bis A_6 die im folgenden betrachteten Arbeitspunkte. Die Stei-

gung der Gerüstkennlinie tgα heißt Gerüstmodul C [MN/mm] , sein
Kehrwert ist die Auffederung [mm/MN] . Die mittlere Steigung der
Walzgutkennkurve tgβ wird von der Formänderungsfestigkeit des
Walzgutes, der Walzspaltgeometrie und der Reibung im Walzspalt
bestimmt. Sie ist im allgemeinen drei- bis fünffach höher als
der Gerüstmodul. Die Walzgutaustrittshöhe h_1 ist aus s_o, F und
C nach der gage-meter-Gleichung zu berechnen :

$$h_1 = s_o + \frac{F}{C} \qquad\qquad (1.60)$$

Um diese Gleichung betrieblich zu nutzen, ist der Gerüstmodul
C zu ermitteln, indem Walzgut unterschiedlicher Einlaufhöhe
oder -breite oder unterschiedlicher Formänderungsfestigkeit
gewalzt und dabei Walzkraft und Auslaufhöhe gemessen werden.
Die gemittelte Gerade durch die Meßpunkte entspricht der Gerüstkennlinie.
Im Zusammenwirken von Gerüst und Walzgut entsteht die Auslaufhöhe, deren Abweichen von einem gewünschten Wert zahlreiche
Ursachen hat, von denen zwei als Beispiele beschrieben seien :
1) Ungleichmäßige Einlaufhöhe und
2) ungleichmäßige Formänderungsfestigkeit des einlaufenden
   Walzgutes.
In ein Gerüst mit bekannter Kennlinie laufe Walzgut mit der
Höhe h_o ein. Der Walzspalt wird, der Gerüstkennlinie entsprechend, soweit auffedern, bis die Federkraft im Gleichgewicht mit der Kraft steht, die zum plastischen Verformen des
Walzgutes notwendig ist. Die dem Arbeitspunkt A_1 entsprechende
Abszisse kennzeichnet dann die Walzgutaustrittshöhe h_1, die
zugehörige Ordinate gibt die Walzkraft an. Ungewollte Änderun-
gen dieser Austrittshöhe stellen Dickenfehler am Walzgut dar.

Zu 1) Das Walzgut laufe mit größerer oder kleinerer Einlauf-
      höhe in den Walzspalt ein (h_o' oder h_o''). Die Walzgut-
      kennlinie sollte dann, weil sich das plastische Verhal-
      ten des Walzgutes nicht ändert, parallel verschoben wer-
      den. Neue Gleichgewichte werden sich bei den Arbeits-
      punkten A_2 bzw. A_3 einstellen, zu denen die Walzgutaus-
      trittshöhen h_1' bzw. h_1'' gehören. Soll die alte Austritts-
      höhe h_1 wieder erreicht werden, ist die Walzspaltkenn-
      linie um Δs_1 bzw. Δs_2 zu verschieben. Das Gerüst muß
      also angestellt werden bis zum Arbeitspunkt A_4 respekti-
      ve A_5. Die Walzguthöhe und die zugehörige Walzkraft wer-

30

den neue Werte annehmen.

Zu 2) Das Walzgut laufe mit unveränderter Höhe, aber mit veränderten plastischen Kennwerten, z.B. höherer Formänderungsfestigkeit und größerem Verfestigungskoeffizi-
enten ein. Die Walzgutkennlinie wird dann steiler ansteigen und mag im Arbeitspunkt A_2 die Walzspaltkenn-
linie schneiden. Die veränderte Walzgutaustrittshöhe und
der damit zu beobachtende Dickenfehler sind gleich groß,
wie wenn die Einlaufhöhe des Walzgutes verändert worden
wäre. Zu korrigieren ist jedoch, dem steileren Anstieg
der Walzgutkennlinie bis zum neuen Arbeitspunkt A_6 entsprechend, mit größerem Anstellweg (Δs_3).

Gerüstmodul und "Walzgutmodul" beeinflussen gegenseitig die
von Einlaufhöhenunterschieden herrührenden Auslaufhöhenfehler
Δh_1 und die zu ihrer Korrektur erforderlichen Anstellwege Δs.
Ein vergrößerter Ausschnitt des Anstelldiagramms (Bild 1.17.)

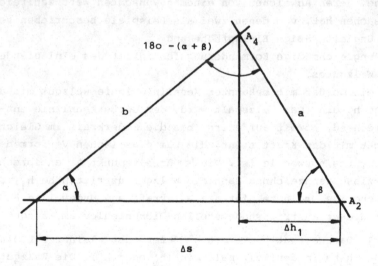

$$a : b : \Delta s = \sin\alpha : \sin\beta : \sin 180 - (\alpha + \beta)$$

$$\frac{a}{\sin\alpha} = \frac{\Delta s}{\sin(\alpha + \beta)} \qquad a = \frac{\Delta h_1}{\cos\beta}$$

$$\frac{\Delta h_1}{\sin\alpha . \cos\beta} = \frac{\Delta s}{\sin(\alpha + \beta)}; \quad \Delta h_1 = \frac{\Delta s . \sin\alpha . \cos\beta}{\sin(\alpha + \beta)}$$

Bild 1.17. : Ausschnitt aus dem Anstelldiagramm.

im Bereich des Arbeitspunktes zeigt hierzu, wie sie zu berechnen sind.

Gerüste mit großem Modul, steife Gerüste also, lassen nur
kleinere Höhenfehler aus Einlaufhöhenunterschieden entstehen,
die mit kleinen Anstellwegen zu korrigieren sind. Ungewollte
Anstellbewegungen, wie sie beispielsweise durch Walzenexzen-
trizität entstehen, verursachen aber in "steifen" Gerüsten
größere Auslaufhöhendifferenzen als in "weichen" (<u>Bild 1.18.</u>).

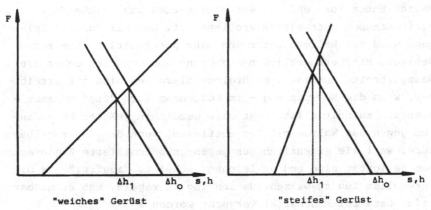

Bild 1.18. : Kennlinie eines "weichen" und "steifen" Gerüstes.

<u>1.12. Walzen mit Zugspannung, kontinuierliches Walzen</u>

Zugspannungen im Walzgut am Walzspaltein- und -austritt er-
niedrigen die zum plastischen Fließen erforderlichen Druckspannungen im Walzspalt.

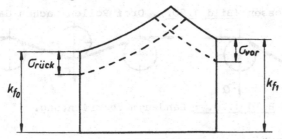

Bild 1.19. : Einfluß der Bandzüge auf die Spannungsverteilung
im Walzspalt (schematisch).

$$\sigma_{Vert.} = k_f - \sigma_{Horiz.} \qquad (1.61)$$

(aus der Fließbedingung nach Tresca, wenn die unterschiedli-

chen Vorzeichen der vertikalen Druckspannung und der horizontalen Zugspannung berücksichtigt werden).

Damit werden das Spannungsintegral und die Walzkraft kleiner,
das Walzgerüst weniger belastet und der Walzenverschleiß vermindert. Der Walzspalt federt weniger auf, so daß dünneres
Walzgut gewalzt werden kann, dessen plastische Formänderung
andernfalls verschwindend gering wäre gegenüber der elastischen Deformation der Walzen.
Walzen unter Vor- und Rückwärtszug bietet zahlreiche Vorteile,
wirft daneben aber einige Probleme auf. Dem Fließgesetz folgend wird das Walzgut unter Zug mehr gestreckt, es breitet
weniger. Mit veränderlichen Zugspannungen muß sich daher die
Walzgutbreite ändern. Enge Breitentoleranzen sind nur erreichbar, wenn die Zugspannung - im folgenden kurz "Zug" genannt -
konstant zu halten ist. Fast alle gemeinhin geäußerten Beden-
ken gegen das Walzen mit Zug entfielen, wenn der Zug regelbar
wäre, weil sie eigentlich nur gegen unkontrollierte Zugänderun-
gen gerichtet sind und es leichter scheint, "zugfrei" als mit
geregeltem Zug zu walzen. Um den Zug zu regeln, muß er meßbar
sein. Dazu ist mancherlei versucht worden :

a) Beim Bandwalzen ist der Haspelzug aus dem Haspeldrehmoment
   zu erfassen, das durch den veränderlichen Winkelradius geteilt wird, oder er ist gleich aus der Haspelleistung abzuleiten.

b) An einer von mehreren aus der Bandlauflinie versetzten Umlenkrollen wird die Querkraft gemessen und daraus auf den
   Zug geschlossen (Bild 1.20.). Drei Rollen machen das Meß-

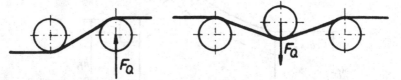

Bild 1.20. : Bandzugmeßvorrichtung.

system unabhängig vom Umschlingungswinkel der ersten und
dritten Rolle.

c) Beim kontinuierlichen Walzen von schmalem, etwa rotations-
   symmetrischem Walzgut und von Profilen ist der Zug zu ermitteln, indem die Horizontalkräfte zwischen den Gerüsten
   mit empfindlichen Kraftmeßelementen aufgenommen werden.

Dazu muß mindestens eines der beteiligten Gerüste verschieblich oder kippbar sein.

d) "Zieht" eines von kontinuierlich walzenden Gerüste ein anderes, so wird beim Anstich des Walzgutes in das ziehende Gerüst das Drehmoment des gezogenen Gerüstes abfallen. Aus dem Drehmomentabfall ist der Zug zu berechnen, allerdings nur für diesen Augenblick. Anders begründete Momentenänderungen fälschen das Meßergebnis.

e) Außen angreifende Horizontalkräfte verschieben das Kräftegleichgewicht im Walzspalt, ändern die Fließscheidenlage und damit bei konstanter Walzenumfangsgeschwindigkeit die Ein- und Auslaufgeschwindigkeit des Walzgutes. Aus Geschwindigkeitsmeßwerten ist so ein Maß für den Zug abzuleiten.

An Maßzahlen für den Zug finden sich daher neben "N/mm^2" für die Spannung, "N" für die Kraft auch "%" für die zugbedingte Geschwindigkeitsänderung, die der durch Zug verursachten Querschnittsänderung entspricht.

Mehrere Gerüste, in denen Walzgut kontinuierlich gewalzt wird, beeinflussen den Zug und damit den Stofffluß gegenseitig, wenn ihre Walzenumfangsgeschwindigkeiten oder ihre Anstellungen und damit die Walzspaltlängen, oder der Querschnitt des einlaufenden Walzgutes sich ändern. Wird die Drehzahl eines Gerüstes erhöht, dann muß die so entstehende Differenz zwischen der Auslaufgeschwindigkeit des Walzgutes hinter dem "gezogenen" Gerüst und der Einlaufgeschwindigkeit am "ziehenden" Gerüst durch zusätzliche Längenzunahme ausgeglichen werden, das Walzgut streckt mehr und breitet weniger (Bild 1.21.). Die negative Geschwindigkeitsdifferenz zwischen dem "ziehenden" und seinem Folgegerüst muß durch Drehzahländerung ausgeglichen werden, wenn nicht das Walzgut Schlingen bilden soll. Streckung und Zug hängen in weitem Bereich linear miteinander zusammen (Bild 1. 22.). Werden die Walzen im mittleren von drei kontinuierlich walzenden Gerüsten angestellt, dann nimmt die Höhenabnahme zu, der Walzspalt wird länger und demzufolge die Einlaufgeschwindigkeit des Walzgutes kleiner (Bild 1.23.). Die negative Geschwindigkeitsdifferenz zwischen der Auslaufgeschwindigkeit aus Gerüst I und der Einlaufgeschwindigkeit am Gerüst II vermindert den Zug oder läßt eine Walzgutschlinge

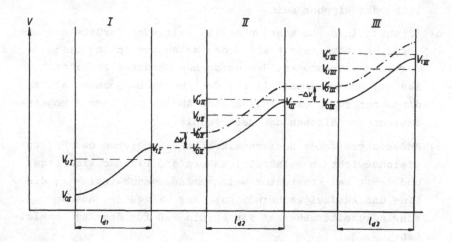

Bild 1.21. : Geschwindigkeitsverlauf über drei Walzspalten
mit Drehzahländerung in zwei Gerüsten.

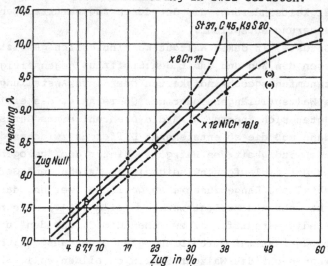

Bild 1.22. : Zusammenhang zwischen Streckung und Zug.

entstehen, wenn der Zug unter den Wert Null absinkt. Obwohl
am Ausgang des Gerüstes II die Walzgutgeschwindigkeit geringfügig ansteigt, wird zwischen den Gerüsten II und III der Zug
wachsen, weil die geringere Höhe des aus Gerüst II auslaufenden Walzgutes die Walzspaltlänge im Gerüst III verkürzt und

35

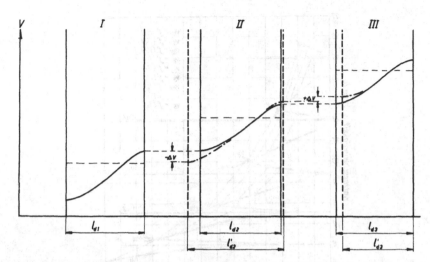

Bild 1.23. : Geschwindigkeitsverlauf über drei Walzspalten
mit Anstelländerung in einem Gerüst.

damit die Einlaufgeschwindigkeit erhöht. Herrscht zwischen
allen Gerüsten einer kontinuierlich arbeitenden Walzstaffel
genügend großer Zug - etwa 2 bis 3 % - dann bleiben geringe
Anstellbewegungen - und in ähnlicher Weise Walzspaltänderungen
durch Walzenverschleiß - ohne Einfluß auf den aus der Staffel
auslaufenden Walzgutquerschnitt. Der ist besser durch Anstellbewegungen am ersten Gerüst einer "Zugstaffel" oder an einem
zugfrei arbeitenden Vorgerüst zu beeinflussen. Anstellen der
Walzen im letzten "Zuggerüst" ändert wohl die Querschnitts-
form, kaum aber die Querschnittsfläche des Walzgutes.
Bild 1.24. zeigt die vom jeweiligen Einlaufquerschnitt abhän-
gigen gemessenen Walzgutgeschwindigkeiten vor, in und hinter
mehreren Walzgerüsten, deren Walzendrehzahlen unveränderlich
über Getriebe miteinander verbunden waren. Mit wachsendem
Anstichquerschnitt im ersten Gerüst sinkt die Walzguteinlauf-
geschwindigkeit, dem wachsenden Streckungsverhältnis λ
entsprechend. Die gestrichelten Linien zwischen je zwei zueinander gehörenden Ein- und Auslaufgeschwindigkeitswerten
sind Hyperbelstücke nach der Funktion

$$A \cdot v = \text{const.} \quad \text{oder} \quad v = \frac{\text{const.}}{A} , \qquad (1.62)$$

die der Einfachheit wegen linearisiert sind. Differenzen
zwischen den Aus- und Einlaufgeschwindigkeiten aufeinander-

36

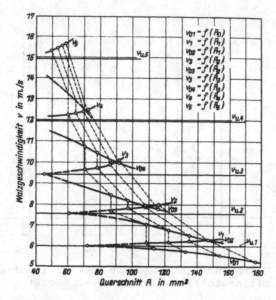

<u>Bild 1.24.</u> : Walzgeschwindigkeiten an den Walzensätzen 1 - 5
in Abhängigkeit von den Walzgutquerschnitten
(nach H. Luft).

folgender Gerüste, die beim "Einzeln-Walzen" ermittelt wurden,
müssen beim kontinuierlichen Walzen in mehreren Gerüsten durch
zug- oder druckbedingte Streckung ausgeglichen werden. Für die
im Bild dargestellten Verhältnisse erscheint mit einem Anstichquerschnitt von wenig mehr als 150 mm^2 ein günstiger Geschwindigkeitsverlauf, der an keiner Stelle negative Differenzen und nicht allzu große positive Differenzen aufweist. Wird
der Einlaufquerschnitt zu groß, etwa 180 mm^2, dann ist zwischen dem zweiten und dritten Gerüst mit einer Walzgutschlinge
zu rechnen, weil hier die Austrittsgeschwindigkeit aus Gerüst II größer wird als die Einlaufgeschwindigkeit im Gerüst III.
Vorderes und hinteres Ende des Walzgutes, die entweder noch
nicht oder nicht mehr von allen Gerüsten erfaßt sind und demzufolge ohne Vorwärts- bzw. Rückwärtszug gewalzt werden, bleiben breiter. Weil Rückwärtszug das Breiten weit mehr vermindert als Vorwärtszug, ist das hintere Walzgutende breiter als
das vordere (<u>Bild 1.25.</u>). Das "dicke Ende" bereitet beim kontinuierlichen Walzen wenig Freude, weil es den freien Lauf des
Walzgutes durch Einlaufbuchsen und Kaliber stört. Das ist der

wesentliche Grund dafür, den Zug auf möglichst kleine Beträge
zu begrenzen.

Bild 1.25. : Einfluß von Vorwärts- bzw. Rückwärtszug auf die
Breite des Walzgutes.

1.13. Bauschingereffekt

Bauschingereffekt heißt die nach ihrem Entdecker benannte Er-
niedrigung der Fließgrenze metallischer Körper unter den erwar-
teten Wert nach vorhergegangener plastischer Verformung und
Umkehr der Belastungsrichtung.
Dies heißt nicht unbedingt, daß die Fließfestigkeit unter-
schritten wird, die ein Körper im "jungfräulichen", unverform-
ten Zustand besaß, jedenfalls aber jene, die er durch Verfestigen während der ersten Formänderung erhalten hatte.
Dieser Effekt ist beispielsweise zu beachten, wenn bei der Fertigung von Stahlfedern die letzte plastische Verformung entgegengesetzt zur späteren Betriebsdehnung verläuft. Federnher-
steller "holen sich ihren Bauschingereffekt zurück" durch
einen letzten Verformungsschritt in Richtung der späteren Betriebsdehnung. Sie "setzen" die Federn. Ähnlich werden Rohre
behandelt, die im letzten Fertigungsgang expandiert und dabei
um weniges in Richtung der späteren Betriebsspannung verformt
werden.

Schrifttum

1) Bland, D.R. u. H. Ford : Proc. Instn. mech. Eng. 159
   (1948), S. 144/63.

2) Dahl, W. : Z. Metallkde. Bd. 58 (1967), S. 735/46.

3) Felberbauer, F., E.P. Lautenschlager u. J.O. Brittain :
   Transactions of the Metallurgical Society of Aime 23o
   (1964), S. 1596/6o3.

4) Ford, H., F. Ellis u. D.R. Bland : J. Iron Steel Inst.
   168 (1951), S. 57/72.

5) Heil, H.-P. u. A. Lienhart : Drahtwelt 56 (1970),
   S. 2o5/13.

6) Johannis, P. : Neue Hütte 13 (1968), S. 471/75.

7) Kochendörfer, A. : Stahleisen-Sonderbericht Nr. 5.
   Düsseldorf. 1963.

8) Lévy, M. : C. R. Acad. Sci. Paris 7o (187o), S. 1323/25.

9) Lueg, W. u. U. Krause : Stahl u. Eisen 8o (196o),
   S. 1o61/67.

1o) Lueg, W. u. H.G. Müller : Arch. Eisenhüttenwes. 28 (1957),
    S. 5o5/16.

11) Mises, R. v. : Göttinger Nachr., math.-phys. Klasse (1913),
    S. 582/92.

12) Mohr, O. : Zivilingenieur 28 (1882), S. 113/56.

13) Müller, H.G. u. P. Funke : Stahl u. Eisen 78 (1958),
    S. 1564/74.

14) Pawelski, O. : Arch. Eisenhüttenwes. 35 (1964), S. 27/36.

15) Pawelski, O. : Z. Metallkde. Bd. 61 (197o), S. 171/79.

16) Prandtl, L. : Proc. Ist Internat. Congr. Appl. Mech. Delft
    1924, S. 43/45.

17) Reuß, A. : Z. angew. Math. Mech. 1o (193o), S. 266/74.

18) Schwenzfeier, W. : Radex-Rundschau 1972, S. 186/93.

19) Stenger, H. : Bänder, Bleche, Rohre 8 (1967), S. 599/6o5.

2o) Tresca, H. : C. R. Acad. Sci. Paris 59 (1864), S. 754 u.
    64 (1867), S. 8o9.

Anke, F. u. M. Vater : Einführung in die technische Verformungskunde. Düsseldorf : Stahleisen. 1974.

Cook, P.M. u. A.W. Mc Crum : The calculation of load and
   torque in hot flat rolling. London : BISRA - Bericht. 1958.

Grundlagen der bildsamen Formgebung. Düsseldorf : Stahleisen.
   1966.

Hill, R. : The Mathematical Theory of Plasticity. Oxford,
1. Aufl. 195o, 2. Aufl. 1956.

Krause, U. : Vergleich verschiedener Verfahren zur Bestimmung
der Formänderungsfestigkeit bei der Kaltumformung.
Dissertation, TH Hannover. 1962.

Lueg, W. : Untersuchung über die Spannungsverteilung im Walzspalt. Dissertation, TH Stuttgart. 1932.

Luft, K.H. : Einfluß der Walzbedingungen auf das Formän-
derungsverhalten des Walzgutes in einer neuartigen Hoch-
geschwindigkeitswalzmaschine für Draht. Dissertation,
Bergakademie Clausthal. 1967.

Nadai, A. : Theory of Flow and Fracture of Solids. New York,
Toronto, London : Bd. I (195o), Bd. II (1963).

Neuschütz, E. : Ein Beitrag zu den Grundlagen des Walzens in
Streckkalibern. Dissertation, Bergakademie Clausthal.
1965.

Schwenzfeier, W. : Betriebsuntersuchung an einer kontinuierlichen Feinstahlstraße. Dissertation, Bergakademie Clausthal. 1962.

Sedlaczek, H. : Walzwerke. Sammlung Göschen, Bd. 58o/58o a.
Berlin : Walter de Gruyter. 1958.

Siebel, E. : Die Formgebung im bildsamen Zustande. Düsseldorf.
1952.

Thomsen, E.G., C.T. Yang u. S. Kobayashi : Mechanics of Plas-
tic Deformation in Metal Processing. New York, London.
1965.

Wusatowski, Z. : Grundlagen des Walzens. Leipzig : Deutscher
Verlag für Grundstoffindustrie. 1963.

2. Elemente

2.1. Walzen

Für die Walzwerktechnik entscheidend wichtig sind ihre Werkzeuge, die Walzen. Diese sind im einfachsten Fall zylindrische
Vollkörper (Bild 2.1. links unten) mit Lagerzapfen an beiden
Enden und einem Kuppelzapfen an einem Lagerzapfen. Bild 2.1.
zeigt darüberhinaus "kalibrierte" Walzen, deren Mantellinie
eingeschnitten ist und den zu walzenden Profilen entspricht.

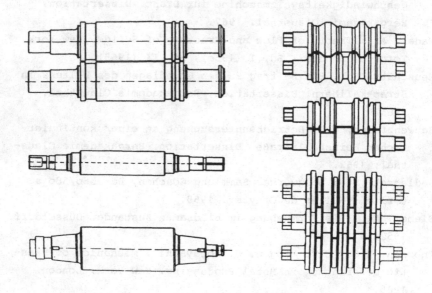

Bild 2.1. : Walzen.

Für Konstruktion und Fertigung von Walzen sind folgende Kenn-
werte von Belang :
Ballendurchmesser,
Ballenlänge,
Lagerzapfendurchmesser,
Lagerzapfenlänge,
Kuppelzapfenmaße,
Formänderungswiderstand des Walzgutes,
Walzkraft und
Walzenantriebsmoment.
Der Formänderungswiderstand entspricht der Flächenpressung
beim Walzen, ihm muß die Belastbarkeit der Walzenoberfläche

angepaßt sein. <u>Bild 2.2.</u> zeigt den Härteverlauf von der Oberfläche bis in 150 mm Tiefe für einige Walzensorten. Aus der

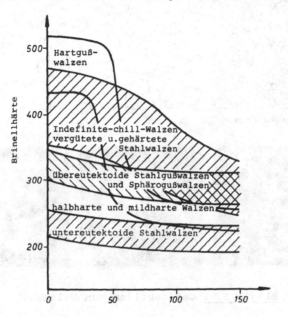

Abstand von der Ballenoberfläche in mm

<u>Bild 2.2.</u> : Härteverlauf von der Oberfläche für verschiedene
Walzensorten.

Walzkraft und den geometrischen Abmessungen sind die Biege-
spannungen im Ballen- und Lagerzapfenbereich zu ermitteln.
Die durch das Antriebsmoment verursachten Torsionsspannungen
im engsten Querschnitt sind zu berechnen und schließlich unter
Rücksicht auf alle Einzelspannungen die Vergleichsspannungen
an den kritischen Stellen von Ballen, Lagerzapfen und Kuppelzapfen zu bestimmen.
Walzen müssen gegensätzlichen Forderungen genügen :
Sie sollen einerseits am Ballen hart und verschleißfest,
andererseits im Bereich der Zapfen zäh sein. <u>Bild 2.3.</u> zeigt
schematisch, wie Bruchsicherheit und Verschleißwiderstand vom
Werkstoffgefüge abhängen.
Den unterschiedlichsten Verwendungszwecken angepaßt, werden
Walzen gegossen oder geschmiedet, legiert oder unlegiert, aus
einem Werkstoff oder als "Verbundwalzen" aus mehreren Werkstoffen hergestellt.

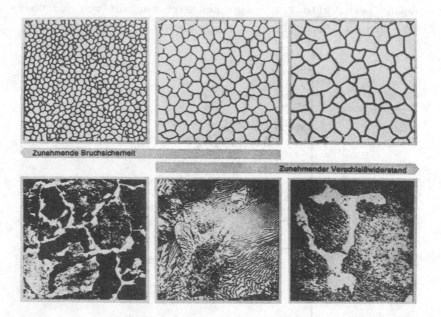

Bild 2.3. : Gefügebilder von Walzen.

Zu unterscheiden sind :

a) Stahlwalzen mit o,35 bis 1,oo % C, o,6 bis 2 % Cr, o,6 % Ni,
   o,5 % Mo, gegossen, geschmiedet, geglüht und vergütet, für
   Block- und Kaliberwalzen, für höchste Biege- und Torsions-
   beanspruchung, jedoch niedrigere Flächenpressung.

b) "Adamitewalzen", sogenannte "Halbstahlwalzen" mit 1,5 bis
   2,5 % C, unlegiert oder mit geringen Gehalten an Ni, Cr und
   Mo, gegossen, weiß erstarrt. Sie besitzen große Oberflächenhärte, aber geringe Biegewechselfestigkeit. Verwendet in
   Vor- und Zwischenstaffeln kontinuierlicher Walzstraßen.

c) Gußeisenwalzen mit 2,5 bis 3,8 % C, in Sand- oder Lehmfor-
   men mit vorgeformten Kalibern gegossen, sind zäher als
   Adamitewalzen aber weniger verschleißfest. Werden als große
   Kaliberwalzen für Schienen, Träger, Spundwandprofile u.ä.
   eingesetzt.

d) Hartgußwalzen, die in glatten Kokillen gegossen werden, in
   denen Sandformen für die Zapfen eingebracht sind. Der Walzballen erstarrt weiß und wird hart, die Zapfen bleiben zäh.
   Hartgußwalzen mit bestimmter Schrecktiefe (definite chill)

mit hoher Oberflächenhärte, gutem Verschleißwiderstand, aber
geringerer Bruchfestigkeit werden als Fertigwalzen in
Draht- und Feinstahlstraßen, in Warmband, Kaltband- und
Dressierwalzwerken eingesetzt. Hartgußwalzen mit unbestimm-
ter Schrecktiefe (indefinite chill), deren Biegewechselfestigkeit besser ist, werden in Knüppelwalzwerken oder als
Vorwalzen für Grob-, Mittel- und Feinstahlwalzanlagen benutzt. War der Walzenwerkstoff mit Ni und Cr oder mit Ni,
Cr und Mo legiert, dann wird der Graphit im Gefüge lamellar
eingebaut (GGL), im Mg-legierten Walzenwerkstoff globuliert
der Graphit (GGG).

e) Verbundwalzen, die einen Mantel aus hochlegiertem, ver-
schleißfestem, hartem Werkstoff und einen unlegierten,
zähen, biegewechselfesten Kern besitzen. Sie herzustellen,
bedarf besonderer Sorgfalt : Zunächst wird der Mantelwerk-
stoff steigend in die Walzenform gegossen, wo er im Bereich
des Ballens als Hohlzylinder erstarrt. Beim nachfolgenden
Öffnen der Gießzuleitung läuft der flüssig gebliebene Teil
aus. Der verbliebene Hohlraum wird schließlich mit Kernwerkstoff vollgegossen (Bild 2.4.). Nach neueren Verfahren
wird der Walzenmantel in eine rotierende Kokille gegossen
(Schleuderguß) und danach der Kernwerkstoff eingegossen.

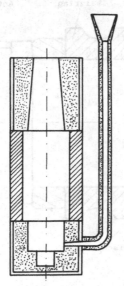

Bild 2.4. : Schematische Darstellung einer Walzenform.

Verbundwalzen werden als Fertigwalzen in Breitbandstraßen und in Grobblechwalzwerken eingesetzt.

f) Hartmetallwalzen, die aus Schwermetallkarbiden, z.B. Wolframkarbid, pulvermetallurgisch hergestellt werden. Das Hartmetallpulver wird in eine Walzenform gerüttelt, gepreßt und gesintert. Der so entstandene Walzenwerkstoff ist extrem hart und verschleißfest, jedoch empfindlich gegen mechanisch oder thermisch verursachte Zugspannungen. Hartmetallwalzen werden daher ausschließlich als Walzringe auf Trägerwellen montiert und vorzugsweise in den Fertiggerüsten schneller Drahtstraßen eingesetzt. Ihre Verschleißfestigkeit ist 3o bis 5o mal so groß wie die von Hartgußwalzen. Sie sind damit trotz hoher Kosten preiswert. Schwierigste Aufgabe beim Einsatz von Hartmetallwalzen ist es, die Wanddicke der Ringe mit den Außenmaßen der Trägerwellen abzustimmen, weil die Elastizitätsmoduln und die thermischen Dehnungen sehr unterschiedlich sind. Das Walzmoment wird meist durch axialen Kraftschluß auf die Ringe übertragen, um tangentiale Zugspannungen möglichst zu vermeiden (Bild 2.5.).

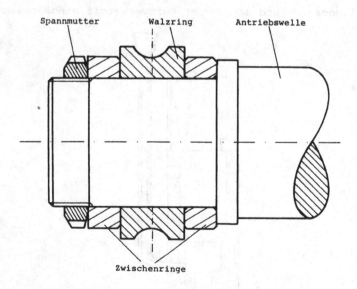

Bild 2.5. : Befestigung eines Walzringes auf der Antriebswelle.

Walzen, insbesondere große Walzen, sind herstellbedingt in
sehr komplexer Weise eigenverspannt. Beim Abkühlen nach dem
Guß oder nach der Wärmebehandlung entsteht eine von der Kühl-
geschwindigkeit, der Wärmeleitfähigkeit und der Wärmekapazität
des Werkstoffes abhängige Temperaturdifferenz zwischen Kern
und Mantel und daraus folgend eine thermische Dehnung (Schrump-
fung), die im Mantel tangentiale und longitudinale Zugspannungen aufbaut (<u>Bild 2.6.</u>). Steigen solche Spannungen bis über

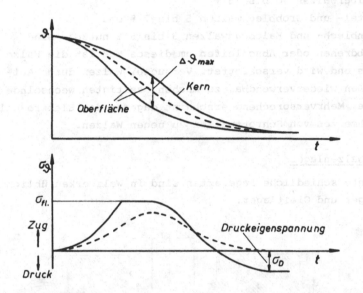

<u>Bild 2.6.</u> : Spannungsverlauf aus der thermischen Dehnung durch
Temperaturdifferenzen zwischen Oberfläche und Kern
für große (————) und kleine (- - - -) Abkühlge-
schwindigkeiten.

die Fließfestigkeit, dann verformt sich ein Teil der Walze
plastisch. Nach dem völligen Abkühlen und dem Verschwinden der
Temperaturdifferenz bleibt im Mantel eine Druckeigenspannung
zurück, der im Kern Zugeigenspannungen entgegenstehen. Wandelt
der Werkstoff während des Abkühlens allotrop um, dann sind sowohl die Umwandlungswärmen zum genauen Ermitteln des Tempera-
turverlaufes, als auch die umwandlungsbedingten Dehnungen zu
berücksichtigen, um die entstehenden Eigenspannungen richtig
vorauszuberechnen. Noch mehr verflochten wird die Rechnung,
wenn für Verbundwalzen die unterschiedlichen Werkstoff- und
Wärmekennwerte für Kern und Mantel einbezogen werden müssen.

Kunst und Geschick des Walzenherstellers nutzen die herstell-
bedingten Eigenspannungen und bauen sie durch geeignete Maßnahmen so auf, daß sie die Betriebsspannungen an den kritischen Stellen der Walze vermindern.

Walzen sind teure Betriebsmittel des Walzwerks. Das erscheint
besonders deutlich beim Betrachten der nutzbaren Anteile des
Walzendurchmessers, von dem

an Blockwalzen nur 12 bis 18 %,

an Kaliberwalzen 10 bis 18 %,

an Mittel- und Grobblechwalzen 5 bis 7 % und

an Feinblech- und Kaltbandwalzen 3 bis 6 % nutzbar sind.

Nach Abdrehen oder Abschleifen um dieses Maß ist die Walze
wertlos und wird verschrottet. Versuche, Walzen durch Auf-
schweißen wiederverwendbar zu machen, zeitigten wechselnde
Erfolge. Mehrversprechend erscheint dagegen das Elektroschlak-
keumschmelzen von Schrottwalzen zu neuen Walzen.

2.2. Walzenlager

Zwei unterschiedliche Lagerarten sind in Walzwerken üblich :
Wälzlager und Gleitlager.

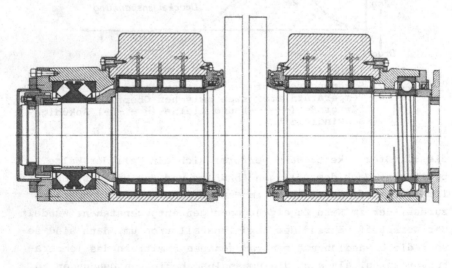

Bild 2.7. : Lagerung der Horizontalwalzen eines Doppel-Univer-
salgerüstes. Zylinderrollenlager, Axial-Pendelrol-
lenlager und Rillenkugellager.

1) Unter den Wälzlagern sind Zylinderrollen-, Pendelrollen-,
   Kegelrollen- und Kugellager in Ein- und Mehrreihenausfüh-
   rung zu finden, die nach Bauart und Größe dem jeweiligen
   Zweck angepaßt sind (<u>Bilder 2.7., 2.8. und 2.9.</u>).

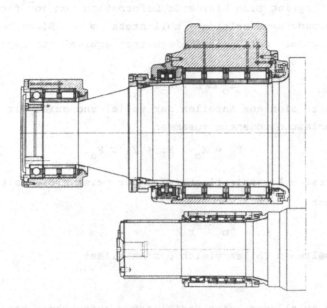

<u>Bild 2.8.</u> : Lagerung der Stütz- und Arbeitswalze eines Quarto-
           walzgerüstes. Zylinderrollenlager, Axial-Kegel-
           rollenlager, Rillenkugellager.

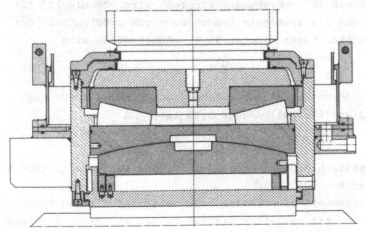

<u>Bild 2.9.</u> : Drucktopf mit Axial-Kegelrollenlager zur Abstüt-
           zung der Anstellspindel.

Lebensdauererwartung, zulässige Lasten und Drehzahlen werden folgendermaßen berechnet :

Die statische Tragzahl C_O, die die Last nennt, unter der
die Wälzkörper eines Lagers an ihrer Berührstelle mit dem
äußeren Tragring eine bleibende Deformation vom 10^{-4}fachen
ihres Durchmessers erleiden, soll stets um den Sicherheits-
faktor s größer sein, als die statisch äquivalente Lagerlast

$$C_O \geq s \cdot F_O. \tag{2.1}$$

Diese setzt sich aus Anteilen der radial und axial wirkenden Lagerlastkomponenten zusammen

$$F_O = X_O \cdot F_r + Y_O \cdot F_a. \tag{2.2}$$

Die statische Äquivalentlast ist daher meist größer als die
Radiallast

$$F_O \geq F_r \tag{2.3}$$

und in seltenen Fällen gleich der Axiallast

$$F_O = F_a , \tag{2.4}$$

wenn ein Axiallager keine Radiallasten aufzunehmen hat. Die
dynamische Tragzahl C berücksichtigt den Lagerlauf. Sie
kennzeichnet die Last, unter der eine nominelle Lagerlebens-
dauer L von 10^6 Umdrehungen erreicht wird. "Nominell" heißt
dabei, daß die erwartete Lebensdauer vom größten Teil der
betrachteten Lager - meist 9o % - übertroffen wird

$$L = \frac{C^\varepsilon}{F}. \tag{2.5}$$

Darin bedeutet ε den Lebensdauerexponenten, der für Kugellager 3 und für Rollenlager ·3,33 ist, und

$$F = X \cdot v \cdot F_r + Y \cdot F_a \tag{2.6}$$

die dynamisch äquivalente Last, für die der Umlauffaktor v
einzurechnen ist.

Unter veränderlichen Lasten, mit unterschiedlichen Drehzahlen und mit variablen Wirkdauern der einzelnen Betriebs-
zustände wird die mittlere dynamisch äquivalente Last

$$F_m = \sqrt[\epsilon]{\frac{F_1^\epsilon \cdot n_1 \cdot t_1 + F_2^\epsilon \cdot n_2 \cdot t_2 + \ldots + F_n^\epsilon \cdot n_n \cdot t_n}{n_1 \cdot t_1 + n_2 \cdot t_2 + \ldots + n_n \cdot t_n}} \qquad (2.7)$$

mit den dynamisch äquivalenten Einzellasten F_1, F_2, $\ldots$ F_n, den Drehzahlen in den einzelnen Betriebszuständen n_1, n_2, $\ldots$ n_n und den Wirkdauern t_1, t_2, $\ldots$ t_n, deren Summe der gesamten Betriebsdauer entspricht

$$T = t_1 + t_2 + \ldots + t_n. \qquad (2.8)$$

Für große Walzwerklager (z.B. an der Stützwalze in <u>Bild 2.8.</u>), die nicht in sehr großen Stückzahlen gefertigt werden, erweist sich neben der Lebensdauerberechnung das Beobachten der Schadenshäufigkeit als zweckmäßig. Nach einem Vorschlag von Griese und Kruse wird die Schadenshäufigkeit in mehrdimensionalen Diagrammen aufgetragen, die das Zusammenwirken von Lagerlast und Drehfrequenz zeigen (<u>Bild 2.1o.</u>).

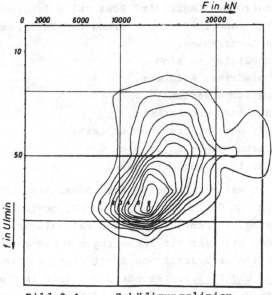

Isoklinen: Schädigungsanteile pro Klasse in %

<u>Bild 2.1o.</u> : Schädigungslinien.

Liegt die größte Schadenshäufigkeit nicht bei den höchsten Drehzahlen oder den größten Lasten, dann deutet dies auf Resonanz von schwingend belasteten Teilen im Lager hin.

Sinnvoll wäre es daher, den "gefährdenden" Drehzahlbereich
zu meiden. Die Eigendynamik der Wälzlagerteile, insbesondere des Käfigs und der Wälzkörper begrenzt die höchstzu-
lässige Lagerdrehzahl. Kühlung und Schmierung von schnell-
laufenden Wälzlagern erfordern besondere Sorgfalt. Beliebt
ist die Ölnebelschmierung, die beide Aufgaben löst : Mit
kleinen Ölmengen beladene Druckluft wird durch das Lager
geblasen, in dessen Innenraum sich beim Entspannen der Luft
und damit verbundenem Ändern der Geschwindigkeit Öl auf den
Wälzkörpern und -bahnen niederschlägt. Entscheidend wichtig
für einwandfreies Funktionieren der Ölnebelschmierung sind
krümmungsarm verlegte Luftkanäle, deren Querschnitte bis
zum Eintritt in das Lager möglichst immer gleich bleiben.
Häufig beobachtete Schäden an Wälzlagern in Walzwerken
sind : Brüche an Wälzkörpern und Wälzbahnen verursacht
durch Materialfehler, Überlasten oder thermische Dehnungen,
die in der Konstruktion des Lagergehäuses nicht oder mangelhaft berücksichtigt waren, Passungsrost zwischen Welle
und Lagerinnenring und in der Folge Bruch durch unzulässiges Verringern der Lagerluft, Rost auf Wälzkörpern und
Laufbahn durch mangelhafte Schmierung und fehlerhafte
Dichtung des Lagerraumes.
Vorteile von Wälzlagern sind
a) ihr sehr niedriger Reibwert,
b) unproblematische Wartung,
c) die leichte Austauschbarkeit,
d) Möglichkeit des Anfahrens unter Last,
e) drehzahlunabhängiges Lagerspiel und
f) vergleichsweise niedriger Preis.

2) Gleitlager, in Walzwerken heute fast ausschließlich in der
modernen Form von Ölflutlagern gebraucht, bestehen aus
einem Außenring, in dem entweder der Walzenlagerzapfen unmittelbar oder häufiger ein Innenring mit dem für den
tragenden Ölfilm erforderlichen Spalt eingepaßt ist
(Bilder 2.11. und 2.12.). Besondere Sorgfalt in Konstruktion, Betrieb und Wartung erfordert die Lagerdichtung, damit zuverlässig jeder Schmutz aus dem Lagerspalt ferngе-
halten wird. Innen- und Außenteil des Lagers werden beim
Betrieb durch einen tragenden Ölfilm voneinander getrennt,
der sich entweder hydrodynamisch mit wachsender Relativ-

geschwindigkeit zwischen Innen- und Außenring aufbaut
(Bild 2.13), oder hydrostatisch durch eine Fremddruckquelle
gehalten wird. Die Lagerschalen sind mit geeigneten Werkstoffen (z.B. Weißmetall, Teflon o.ä.) beschichtet, um
dann, wenn der Ölfilm noch nicht, oder nicht mehr trägt,

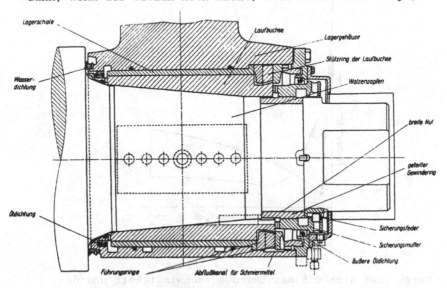

Bild 2.11. : Ölflutlager.

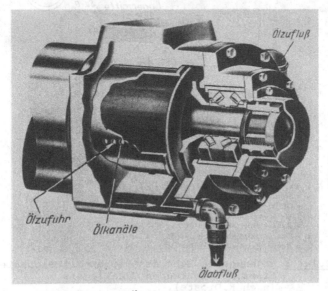

Bild 2.12. : Ölflutlager.

den Verschleiß beim "Notlauf" zu vermindern. Aus dem Stillstand sollen belastete Ölflutlager nur dann anlaufen, wenn
sie entweder hydrostatisch geschmiert sind, oder eine
hydrostatische Anfahrhilfe haben. Die Lage des Lagerzapfens

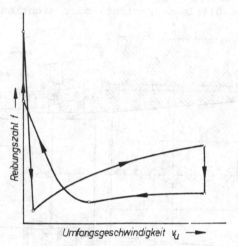

Bild 2.13. : Stribeckdiagramm.

verschiebt sich mit der Umfangsgeschwindigkeit und der

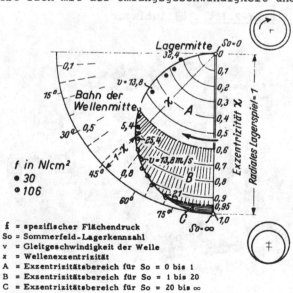

f = spezifischer Flächendruck
So = Sommerfeld-Lagerkennzahl
v = Gleitgeschwindigkeit der Welle
x = Wellenexzentrizität
A = Exzentrizitätsbereich für So = 0 bis 1
B = Exzentrizitätsbereich für So = 1 bis 20
C = Exzentrizitätsbereich für So = 20 bis ∞

Bild 2.14. : Angenäherte Bahn des Zapfen-Mittelpunktes
             eines hochlaufenden Gleitlagers
             (nach K.Droste).

Viskosität des Schmiermittels (Bild 2.14.). Nach einem Vorschlag von A.Spenlè sollte das Lageröl aus zwei unterschiedlich temperierten Kreisen über einen Mischer auf die
Walzenlager gegeben werden, um feinfühlige Anstellbewegungen zu erzielen.

2.3. Einbaustücke

Sie sitzen im Ständerfenster zwischen Verschleißleisten, um-
schließen die Walzenlager und übertragen die Lagerkräfte auf
die Walzenständer (Bild 2.15.). Ihre Außenmaße - Breite, Höhe
und Länge - sind den Ständerfenstermaßen angepaßt. Die Breite
entspricht dem größten Walzendurchmesser, wenn die Walzen
durch das Fenster ein- und ausgebaut werden sollen, die Länge
der Lagerzapfenlänge. Die Höhe soll einerseits möglichst klein

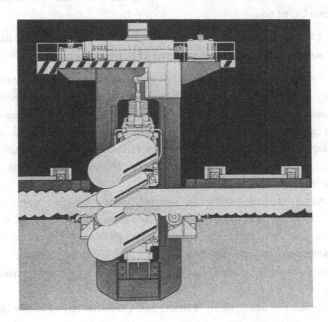

Bild 2.15. : Blick auf die Gerüsteinbauten.

sein, um große Anstellwege im Ständer zu erlauben, muß andererseits aber genügend groß sein, um ausreichende Biegesteifig-
keit zu gewährleisten und so das Lager vor unzulässiger Deformation zu schützen. Einbaustücke nehmen die Leitungen und An-
schlüsse für Kühl- und Schmiermittel der Lager auf.

2.4. Überlastsicherungen

Maschinen und Maschinenteile werden bisweilen mit Kräften beaufschlagt, welche die der Konstruktion zugrunde gelegten
übersteigen, sie werden überlastet. Folgen davon sind Ausfälle
und Anlagenstillstände und damit wirtschaftliche Schäden, die
vermieden werden sollten.

Für Hüttenbetriebe wurden dazu bisher drei Vorstellungen entwickelt :

a) Die Betriebsabläufe sind so zu steuern, daß keine Überlasten auftreten.

b) Die tatsächliche Belastung gefährdeter Bauteile ist fortlaufend zu messen und aufzuzeichnen. Überlastfälle sind
   zu zählen und nach der Lasthöhe zu bewerten. Nach bekannten
   Schadenerwartungsfunktionen, z.B. Wöhler-Kurven, kann dann
   entschieden werden, ob und wann hochbelastete Bauteile aus-
   zuwechseln sind.

c) Selbsttätige Überlastsicherungen sollen, wenn unzulässig
   hohe Lasten auftreten, den Kraftfluß unterbrechen.

Das Vorgehen nach a) wäre zweifellos das Beste, ist aber -
zumindest in der Hüttentechnik - bisher nicht anwendbar. Das
nächstbessere Verfahren b) erfordert sehr sicheres Messen und
zuverlässiges Auswerten der Meßergebnisse über längere Zeit.
Es kann daher auf die Dauer wahrscheinlich nur von Automaten
übernommen werden, die bisher nicht vorhanden oder aber sehr
aufwendig sind.

Hochbelastete, teure Bauteile werden daher häufig nach c)
gegen Überlasten geschützt, indem Sollbruchglieder, wie z.B.
Brechtöpfe und Scherstifte, oder federbelastete Auslöser, wie
z.B. Rutschkupplungen, in den Kraftfluß eingebaut werden.
Überlastsicherungen dieser Art haben einige schwerwiegende
Nachteile :

1. Bruchelemente sind nach einmaligem Auslösen nicht wieder
   zu verwenden. Sie sprechen normalerweise nicht unter eindeutig reproduzierbaren Lasten an, weil je nach der Bela-
   stungsgeschwindigkeit und der Lastwechselfrequenz der durch
   plastische Verformung vor dem Bruch aufgenommene Arbeitsan-
   teil veränderlich ist. Ermüdung und Alterung eines Werkstoffes, aus dem die Sollbruchelemente bestehen, ändern die
   Ansprechschwelle in nicht vorhersehbarer Weise.

2. Federbelastete, wegabhängige Auslöser sind vom Reibwert an
   allen gegeneinander bewegten Elementen abhängig, der unter
   veränderlichen Betriebsbedingungen nicht konstant bleibt
   und im allgemeinen auch nicht bekannt ist.
Eine Überlastsicherung ohne die genannten Nachteile zeigt
Bild 2.16. Um die Auslösekraft in möglichst engen Grenzen reproduzierbar zu halten, wird die Überlastsicherung hydraulisch
vorgespannt. In einem zylindrischen Gefäß drückt ein hydrauli-
sches Medium (z.B. Öl) mit dem Druck p_i einen im Zylinder

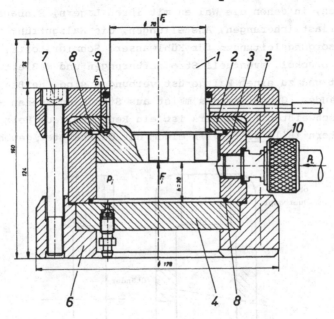

Bild 2.16. : Hydraulische Überlastsicherung.
         1 Stempel, 2 Deckelring, 3 Zylinder, 4 Bodenplat-
         te, 5 u. 6 Flansch, 7 Zylinderschraube, 8 u. 9
         O-Ring, 1o Pumpenanschlußstück.

geführten Stempel mit der Kraft F_i gegen eine ringförmige
Dichtfläche. Wird der Stempel mit einer äußeren Kraft F_a belastet, so vermindert diese die Kraft an der Dichtleiste. Nach
Unterschreiten eines kritischen Wertes wird die Dichtung "abblasen". Das Druckmedium kann abströmen, der Innendruck bricht
zusammen, damit wird der Kraftfluß unterbrochen, und der Stempel kann um den Weg h heruntergedrückt werden. Für die Lastauf-
nahme und das Auslösen gelten folgende Gleichungen :

$$F_a + F_D - F_i = 0 \qquad (2.9)$$

Die äußere Last F_a darf bis zur Grenze $F_{a,max}$ ansteigen :

$$F_{a,max} = F_i - F_{D,krit.} \qquad (2.1o)$$

wobei $F_{D,krit.}$ die Dichtkraft unmittelbar vor dem "Abblasen" ist.

2.5. Walzenständer

Die Rahmen, in denen die Walzen mit ihren Lagern, Einbaustük-ken, Überlastsicherungen, Anstellungen, die Walzgutführungen, alle Versorgungsleitungen für Kühlwasser, Schmierstoffe, Druck-luft und Drucköl, eventuell Stromzuführungen und Meßleitungen eingebaut und zu einem Walzgerüst verbunden sind, heißen Walzenständer. Grundform des meist aus Stahl gegossenen - sel-tener geschweißten - Ständers ist ein Rechteck, aus Holmen und Querhäuptern (<u>Bild 2.17.</u>). In einem der Querhäupter, gewöhnlich

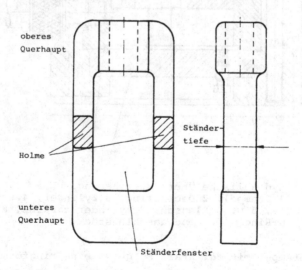

<u>Bild 2.17.</u> : Walzenständer (schematisch).

im oberen, ist die Anstellung untergebracht. Walzenständer sollten so ausgelegt sein, daß die Walzkraft sie nur wenig aufdehnen kann. Dazu müssen die Querhäupter hoch und die Holme in ihren Querschnitten reichlich bemessen sein (<u>Bild 2.18.</u>).

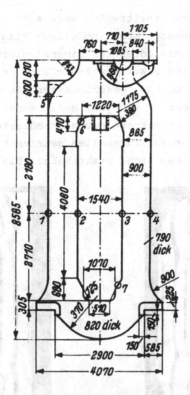

<u>Bild 2.18.</u> : Walzenständer mit Maßen.

Weil aber die gesamte elastische Walzspaltdeformation im wesentlichen von der Walzen- und Lagerzapfenbiegung abhängt, ist
für die Ständerkonstruktion sorgfältig zu überlegen, welche
Teile größer oder kleiner zu dimensionieren sind. Würde beispielsweise das Ständerfenster enger gemacht, um breitere Holme zu erhalten, dann wären nur dünnere Walzen einzubauen,
deren Durchbiegung mit der vierten Potenz der Durchmesserab-
nahme ansteigt. Würde der Ständer breiter gemacht, dann wüchse
die Biegelänge der Querhäupter und quadratisch damit die Quer-
hauptsdurchbiegung. Mit größerer Ständertiefe schließlich
müßten die Walzenlagerzapfen länger werden und sich demgemäß
mehr biegen. Angüsse, Aussparungen, Nuten und Löcher für
Schrauben und Rohre beeinflussen das Dehnverhalten eines Ständers in kaum mehr durchschaubarer Weise. Optimale Ständer-
konstruktionen, nach denen außerdem noch kostengünstig zu fertigen ist, entstehen daher nicht spontan. Sie wachsen aus der

58

Erfahrung und werden schrittweise verbessert durch geeignete
Versuche mit dehnungsoptischen Modellen (Bild 2.19.) oder mit
systematischen Rechenstudien zur Dimensionierung. Holme und
Querhäupter der meisten Walzenständer sind unlösbar miteinander verbunden. An solchen "geschlossenen" Ständern sind die
Walzen durch das Fenster ein- und auszubauen. Für "offene"
Walzstraßen, in denen mehrere nebeneinanderstehende Gerüste
von einem Motor über Zwischenwellen getrieben werden, ist der
seitliche Walzeneinbau nicht praktikabel. Die Ständer solcher

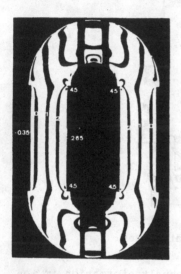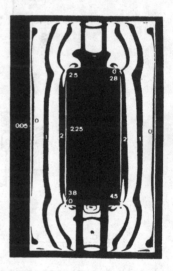

Bild 2.19. : Dehnungsoptische Untersuchung eines Walzen-
ständermodells.

Gerüste erhalten abnehmbare obere Querhäupter und heißen
"offene Ständer". Konstruktion und Wartung der Verbindungs-
elemente zwischen Holmen und Querhaupt verdienen einige Aufmerksamkeit. Es mögen Zuganker mit Keilen (Bild 2.2o.),
Schrumpfringe über passenden Vorsprüngen (Bild 2.21.), hydraulisch spannbare Muttern an entsprechenden Gewindebolzen
(Bild 2.22.) oder andere Verbindungen sein, immer wird das
Spannelement einen kleineren Querschnitt als der Ständerholm
haben. Damit wird entscheidend wichtig, die Druckspannung in
der Trennfuge zwischen Holm und Querhaupt mindestens so groß
oder größer als die höchste erwartete Zugspannung im Holm zu
halten, weil andernfalls beim Walzen unter wechselnden Walz-
kräften die Fuge klaffen und sich die Ständerdehnung unstetig

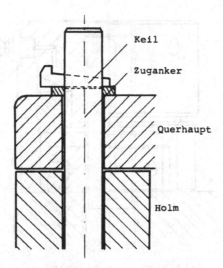

Bild 2.20. : Zuganker.

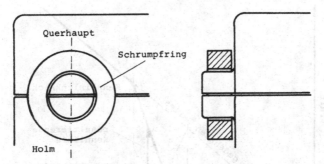

Bild 2.21. : Schrumpfring.

ändern würde (Bild 2.23.). Beschädigte Auflagen, Schmutz in
Trennfuge, mangelhafte Funktion der Hydraulikmutter u.v.a.
können die Ursache für Dickensprünge beim Walzen in offenen
Straßen sein, wenn mit geringem Ansteigen der Walzkraft ein
offener Walzenständer sprunghaft um einige Zehntel Millimeter
auffedert.

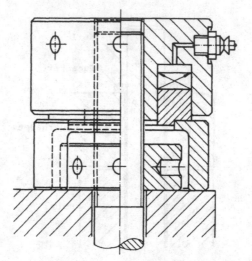

Bild 2.22. : Hydraulikmutter.

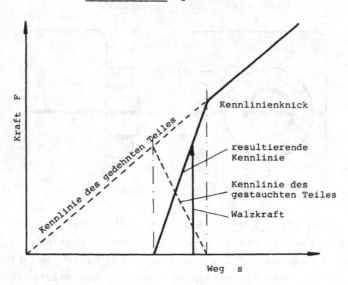

Bild 2.23. : Verspannungsdiagramm.

61

2.6. Walzgerüste

Die miteinander verbundenen Walzenständer mit allen Ein- und
Zubauten, mit Walzen, mit Lagern, Walzgutführungen und den
Montageelementen zum Fundament heißen Gerüst. Nach Verwen-
dungszwecken und Konstruktionsmerkmalen sind zahlreiche Gerüst-
varianten zu unterscheiden, von denen im folgenden einige vor-
gestellt seien.
Anzahl, Lage und Anordnung der Walzen erklären die Namen
(Bild 2.24.) :

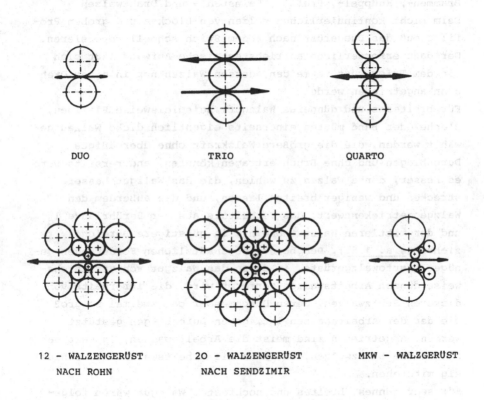

DUO   TRIO   QUARTO

12 - WALZENGERÜST   20 - WALZENGERÜST   MKW - WALZGERÜST
NACH ROHN   NACH SENDZIMIR

Bild 2.24. : Walzgerüste.

Zweiwalzen- oder Duogerüst,
Dreiwalzen- oder Triogerüst,
Vierwalzen- oder Quartogerüst,
Zwölfwalzengerüst und
Zwanzigwalzengerüst, die auch nach ihren Erfindern Rohn- und
Sendzimirgerüst genannt werden,

MKW-Gerüst (Typenzeichen der Fa.Schloemann-Siemag für Mehr-
        zweck-Kaltwalzgerüst),
Universalgerüst, dessen Walzen das Walzgut von mehreren Sei-
        ten bearbeiten,
Quer- und Schrägwalzgerüst, und einige Spezialitäten, wie die
Planetenwalzgerüste, das Pendelwalzgerüst, Planetenschrägwalz-
gerüst, Ring- und Scheibenwalzgerüst.
Duogerüste sind bauartbedingt billiger als alle anderen und
werden daher bevorzugt eingesetzt, beispielsweise zum Block-,
Brammen-, Knüppel-, Profil-, Feinstahl- und Drahtwalzen.
Beim nicht kontinuierlichen Walzen von Blöcken und groben Pro-
filen muß das Duogerüst nach jedem Stich schnell reversieren.
Der dazu erforderliche antriebstechnische Aufwand läßt sich
mit dem Triogerüst vermeiden, dessen Walzen nur in einem Dreh-
sinn angetrieben werden.
Für breiteres und dünneres Walzgut, beispielsweise Platinen,
Bleche oder Band müßten einerseits eigentlich dicke Walzen gewählt werden, die die größere Walzkraft ohne übermäßiges
Durchbiegen und ohne Bruch ertragen könnten, andererseits wäre
es besser, dünne Walzen zu wählen, die das Walzgut besser
strecken und weniger breiten lassen, und die außerdem den
Walzgeometriekennwert, das Verhältnis aus der Berührlänge l_d
und der mittleren Walzguthöhe h_m, in günstigere Bereiche
ziehen (s.a. 1.5.). Den beiden gegensätzlichen Forderungen genügen Quartowalzgerüste, in denen das Walzgut von vergleichsweise dünnen Arbeitswalzen verformt wird, die ihrerseits von
dickeren Stützwalzen, deren Durchmesser ca. zweimal so groß
wie der der Arbeitswalzen ist, gegen Durchbiegen gestützt
werden. Angetrieben sind meist die Arbeitswalzen, in seltenen
Fällen die Stützwalzen, die dann die Arbeitswalzen reibschlüssig mitdrehen.
Für sehr dünnes, breites und hochfestes Walzgut wären folgerichtig immer dünnere Walzen erwünscht, die sich aber nicht
ohne weiteres an genügend dicken Walzen abstützen lassen. Sind
sie nämlich aus walztechnischer Sicht genügend dünn, dann
können sie nicht das Antriebsmoment übertragen. Werden sie
aber reibschlüssig von den Stützwalzen getrieben, dann biegen
sie sich tangential zu den Stützwalzen. Vielwalzengerüste,
wie das Rohn-, Sendzimir- und MKW-Gerüst entstanden daher aus
dem Wunsch, die Arbeitswalzen nicht nur normal zur Walzrich-

tung, sondern auch in Walzrichtung zu stützen. Das Vektordia-
gramm aller beteiligten Kraftkomponenten ist in Bild 2.25. für
das MKW-Gerüst gezeigt. Die Lage aller Walzen ist so aufeinander abzustimmen, daß für jede Drehrichtung eine genügend
große Restkraft die Arbeitswalze zur Stützwalze hinzieht, um
ausreichenden Reibschluß sicherzustellen.

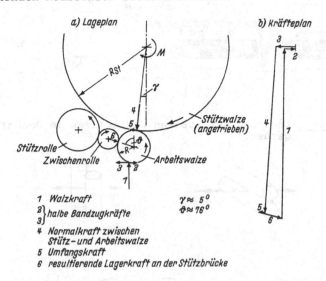

1 Walzkraft
2 ⎫
3 ⎬ halbe Bandzugkräfte
4 Normalkraft zwischen
   Stütz- und Arbeitswalze
5 Umfangskraft
6 resultierende Lagerkraft an der Stützbrücke

$\gamma \approx 5°$
$\vartheta \approx 76°$

Bild 2.25. : Auf die Arbeitswalze einwirkende Kräfte bei ein-
seitiger seitlicher Abstützung.

Chrakteristisch für Sendzimirgerüste ist die Lagerung der
äußeren Stützwalzen : Eine Vollwelle trägt mehrere Wälzlager,
deren Außenringe an den mittleren Stützwalzen anliegen.
Zwischen den Lagern ruht die Welle in Sätteln, die ihrerseits
über Exzenter gegen das Gerüstgehäuse gestützt sind
(Bild 2.26.). Gemeinsames Verdrehen der Exzenter stellt die
Walzen an. Verdrehen einzelner Exzenter läßt differenziertes
Anstellen über der Walzballenlänge zu.
In Horizontalgerüsten sind die Walzen mit waagrecht liegenden
Achsen so angeordnet, daß das Walzgut horizontal läuft
(Bild 2.27. l.o.). Stauchstiche, mit denen die Walzgutbreite
vermindert werden soll, erfolgen in Vertikalgerüsten mit senk-
recht gelagerten Walzen (Bild 2.27. r.o.). Die Walzgutlauf-
richtung bleibt gleichfalls horizontal. Vertikalgerüste finden
sich in Brammenwalzanlagen, Knüppel-, Profil-, Feinstahl- und

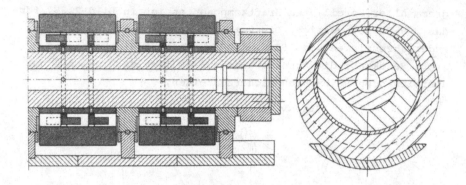

Bild 2.26. : Lagerung der äußeren Stützwalzen im Sendzimirgerüst.

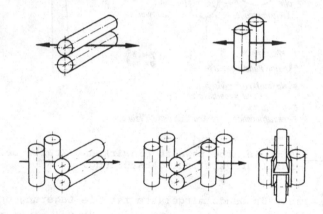

Bild 2.27. : Walzgerüste (schematisch).

Drahtwalzwerken.

Universalgerüste sind Kombinationen aus Horizontal- und Vertikalgerüsten, deren Abstand voneinander, in Walzrichtung gesehen, möglichst gering sein sollte (Bild 2.27. l.u.). Für
spezielle Zwecke, beispielsweise zum Parallelflanschträger-
walzen, werden Universalgerüste verwendet, deren Vertikal-
walzenachsen mit den Horizontalwalzenachsen in einer Ebene
liegen (Bild 2.27. r.u.).

Aus maschinentechnischer Sicht diffizil sind die Antriebe der
Vertikalwalzen. Die Frage, ob der Vertikalwalzenantrieb von
unten oder von oben kommen soll, wurde in den letzten Jahren
eindeutig zugunsten des hochgestellten Motors mit waagrechter

65

Welle, obenliegendem Kegelradgetriebe und hängenden Gelenk-
spindeln zu den Walzen beantwortet (Bild 2.28.).

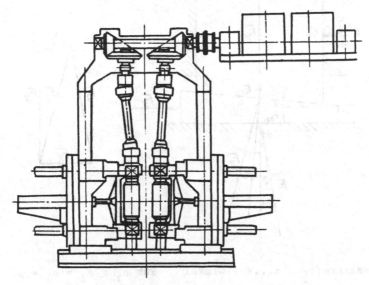

Bild 2.28. : Vertikalwalzgerüst mit obenliegendem Antrieb.

Kombinationen aus mehreren Gerüsten zu sogenannten Walzblöcken
und Walzgerüste für besondere Zwecke, wie beispielsweise zum
Querwalzen oder Rohrpilgern sind in den einschlägigen Kapiteln
beschrieben.

2.7. Anstellungen

Anstellungen sind dazu da, den Abstand der Walzen im Gerüst zu
verändern. Zu unterscheiden sind :
Keilanstellungen (Bild 2.29.),
Exzenteranstellungen (Bild 2.3o.),
Schraubenanstellungen, die entweder von Hand (Bild 2.31.) oder
motorisch (Bild 2.32.) betrieben werden und
hydraulische Anstellungen (Bild 2.33.).
Anstellungen müssen den verschiedensten Zwecken entsprechen :
In Blockwalzgerüsten sind lange Anstellwege in möglichst kurzen Zeiten zu durchfahren, dabei ist das Gerüst lastfrei, so
daß nur kleine Anstellkräfte auftreten.
In Profilwalzgerüsten, Draht- und Feinstahlwalzanlagen reichen
handbetriebene Walzenanstellungen aus, wenn nicht gegen die

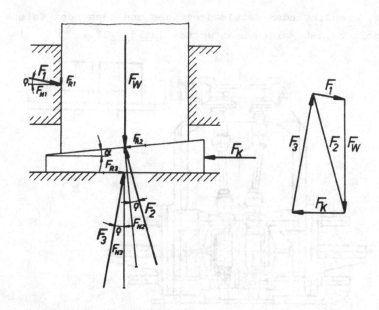

F_W...Walzkraft α...Keilwinkel   Für $\rho_1 = \rho_2 = \rho_3 = \rho$

F_k...Keilkraft ρ...Reibwinkel   gilt :

$$\frac{F_W}{F_2} = \frac{\sin\left[90 - (\alpha + 2\rho)\right]}{\sin(90 + \rho)} = \frac{\cos(\alpha + 2\rho)}{\cos\rho}$$

$$\frac{F_k}{F_2} = \frac{\sin(\alpha + 2\rho)}{\sin(90 - \rho)} = \frac{\sin(\alpha + 2\rho)}{\cos\rho}$$

$$F_k = F_W \cdot tg(\alpha + 2\rho)$$

Bild 2.29 : Keilanstellung.

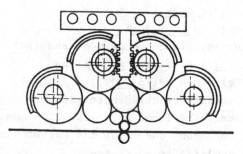

Bild 2.30.: Exzenteranstellung.

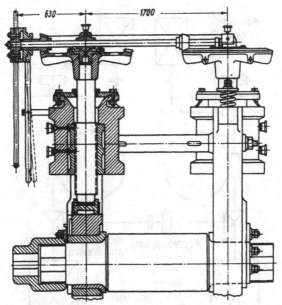

Bild 2.31. : Anstellung beider Gerüstspindeln durch Kegelräder
und seitliches Handrad.

Walzkraft angestellt werden muß. Die Walzspaltöffnung kann
demgemäß nur solange verändert werden, wie kein Walzgut gewalzt wird.
Höchsten Anforderungen müssen die Anstellungen von Bandstraßen
genügen, in denen die Walzen gegen die Walzkraft um kleinste
Wege mit höchstmöglicher Geschwindigkeit angestellt werden
sollen. Die dazu erforderliche Anstelleistung ist :

$$P_{anst.} = \frac{F_W \cdot \Delta s}{t \cdot \eta} \quad , \qquad (2.11)$$

F_W ... Walzkraft
Δs ... Anstellweg
t ... zulässige Anstellzeit
η ... mechanischer Wirkungsgrad des Anstellsystems

Die Walzleistung steigt mit der Walzkraft und dem Stellweg an
und wächst weiter mit kürzeren zulässigen Zeiten. Der aus be-
triebswirtschaftlicher Sicht verständliche Wunsch, immer
schneller zu walzen, verringerte die verfügbaren Zeiten immer
mehr. Bessere mechanische Wirkungsgrade könnten die Anstell-
leistung vermindern. Der Wirkungsgrad elektromechanischer An-

68

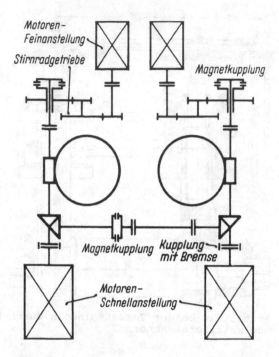

Bild 2.32. : Schraubenanstellung mit Motorantrieb.

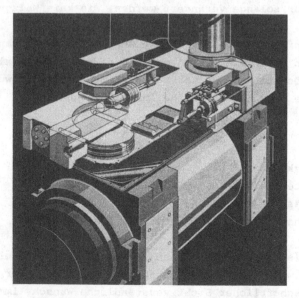

Bild 2.33. : Hydraulische Anstellung.

stellungen lag - und liegt zum Teil heute noch - sehr im argen : Für ein einfaches System aus zweistufigem Schnecken- getriebe und Anstellspindel wird er kaum besser als o,2 sein, wie ein Rechenbeispiel zeigt :

Gegeben sei $n_{Schnecke} = 0,75$; $n_{Zweifachschnecke} = 0,56$;

Für die Spindel mit 55o mm Durchmesser und 8o mm Ganghöhe ent- spricht der Wirkungsgrad dem Verhältnis der Umfangskräfte ohne und mit Reibung.

$$n_{Sp} = \frac{F_u}{F_{u\mu}} = \frac{tg\alpha}{\mu + tg\alpha} , \qquad (2.12)$$

$$F_u = F_w \cdot tg\alpha , \qquad (2.13)$$

$$F_{u\mu} = F_w \cdot (\mu + tg\alpha), \qquad (2.14)$$

wenn - anders als bei der Keilanstellung - die Reibkraft nur an einer Gewindeflanke wirkt, weil sie am Spindelende in einem Wälzlager bis auf einen vernachlässigbaren Rest vermindert ist (Bild 2.9.).

Mit der Spindelsteigung

$$tg\alpha = \frac{8o}{\pi \cdot 550} \approx 0,05 \qquad (2.15)$$

und $\mu = 0,1$ wird

$$n_{Sp} = \frac{0,05}{0,15} = 0,33 \qquad (2.16)$$

und

$$n_{gesamt} = 0,56 \cdot 0,33 = 0,18. \qquad (2.17)$$

Die für schnelles Anstellen erforderliche Leistung wird in elektromechanischen Systemen (Bild 2.32.) entweder von großen Motoren mit entsprechendem Drehmoment, oder von kleineren schneller laufenden Motoren aufgebracht. Beide Versionen re- agieren umso träger, je mehr sie leisten müssen. Folgerichtig entstanden in den letzten 15 Jahren sehr interessante Gerüst- konstruktionen und Anstellsysteme, die den erforderlichen An- stellweg verkürzen, die zu überwindende Kraft vermindern oder den Wirkungsgrad verbessern sollen. Einige von ihnen seien hier stellvertretend für die Vielzahl aller anderen genannt : Werden nach Bild 2.34. die Ständereinbauten gegen das Walzge- rüst von innen her hydraulisch vorgespannt, so wirken die Hy- draulikzylinder neben den Einbaustücken für die Arbeitswalzen in gleicher Richtung wie die Walzkraft und dehnen die Ständer. Ist die Gesamtkraft F_g als Summe aus der Walzkraft F_w und der Kraft der Hydraulikzylinder F_h konstant zu halten,

$$F_w + F_h = F_g = const., \qquad (2.18)$$

dann ist die Ständerdehnung gleichfalls konstant. Die erforderliche Anstellkraft muß nur so groß sein wie die größte erwartete Walzkraftabweichung (Bild 2.35.).

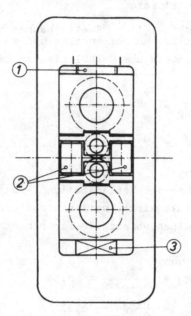

Bild 2.34. : Hydraulisch vorgespanntes Gerüst (Bauart Achenbach). 1 Mechanische Anstellung, 2 Hydraulikzylinder, 3 Kraftmeßeinrichtung.

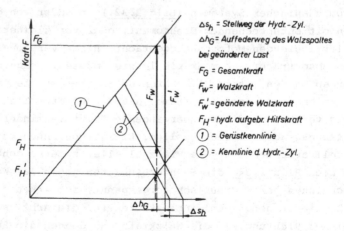

Δs_h = Stellweg der Hydr.-Zyl.

Δh_G = Auffederweg des Walzspaltes bei geänderter Last

F_G = Gesamtkraft

F_W = Walzkraft

F_W' = geänderte Walzkraft

F_H = hydr. aufgebr. Hilfskraft

① = Gerüstkennlinie

② = Kennlinie d. Hydr.-Zyl.

Bild 2.35. : Kraft-Weg-Diagramm zum hydraulisch vorgespannten Gerüst.

Nach einem anderen Vorschlag wird eine hydrostatisch ge-
schmierte, steilgängige Anstellspindel von einem "Momenten-
motor", dessen Drehmoment der Walzkraft proportional gehalten
wird, gegen Losdrehen fixiert. Ein viel kleinerer Stellmotor
kann nun das ausgeglichene System allein gegen die Gewinde-
reibung in beiden Richtungen drehen. Hier wurden die Stellkraft vermindert und der Wirkungsgrad erhöht.
Eine dritte Konstruktion benutzt neben der hydrostatisch ge-
schmierten Anstellspindel Planetengetriebe anstelle der alten
Schneckengetriebe, womit der Wirkungsgrad weitgehend verbessert wurde.
Letzte Konsequenz war die vollhydraulische Anstellung, zu der
zwei zwingende Gedanken führten : Erstens ist ihr Wirkungsgrad
sehr gut und zweitens muß die nach Gleichung (2.11) zu berech-
nende Leistung ja nicht dauernd verfügbar sein, sondern nur in
kurzen Stellzeiten. Damit bietet sich der Speicherbetrieb für
Anstellsysteme an und dementsprechend die vollhydraulische Anstellung oder Kombinationen aus lastfrei arbeitender elektromechanischer Anstellung für größere Stellwege und einer zusätzlichen hydraulischen Anstellung für kleine, unter Last
und mit hohen Stellgeschwindigkeiten zu verfahrende Wege.
Bild 2.36. zeigt den Weg-Zeit-Verlauf herkömmlicher und neuzeitlicher Anstellsysteme unter vergleichbaren Parametern,
hier für o,1 mm Sollwertsprung und 2o MN Stellkraft.
Der Anstellweg und die damit erreichte Walzgutenddickenände-
rung verhalten sich an gängigen Walzgerüsten und für nicht besonders hochfestes Walzgut (nichtlegierter, niedrig gekohlter
Stahl, Elektrolytkupfer, unlegiertes Aluminium u.ä.) etwa wie
5 : 1. Um Dickenfehler von 2o µm auszugleichen, muß daher die
Anstellung um ca. 1oo µm laufen. Kleinere Fehler von weniger
als 5 µm sind kaum schneller auszugleichen, weil zwar der
Stellweg kürzer wird, die Zeiten für das Anlaufen und Bremsen
des Anstellsystems aber mehr zu Buche schlagen. Sprunghaft
auftretende Dickenfehler sind daher beim Walzen mit hohen Geschwindigkeiten, z.B. mit 2o m/s, frühestens nach 2 m zu
korrigieren.

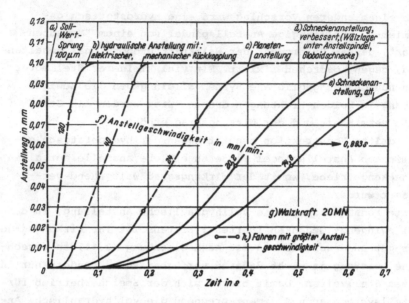

Bild 2.36. : Weg-Zeit-Verlauf herkömmlicher und neuzeitlicher
Anstellsysteme (nach Meyer, Pfeffer u. Reihlen).

2.8. Antriebselemente

Spindeln, Gelenke und Kupplungen sollen das zum Antrieb erforderliche Drehmoment von den Getriebewellen auf die Kuppelzapfen der Walzen übertragen, dabei aber leicht lösbare Verbindungen bilden, damit Walzen oder Gerüste schnell zu wechseln sind (Bild 2.37.). Kritische Stellen der Antriebsspindeln

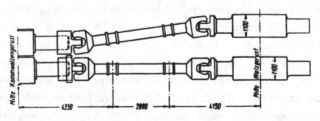

Bild 2.37. : Walzenantrieb.

sind Gelenksteine (Bild 2.38.), die sich um kleine Wege hin
und her bewegen, wenn die Spindelgelenke ausgelenkt sind. Bei
dieser Oszillation wird jeder Schmierstoff von den beteiligten
Reibflächen weggeschoben, so daß sie rasch verschleißen. Um
den Verschleiß zu mindern, muß entweder dauernd geschmiert oder

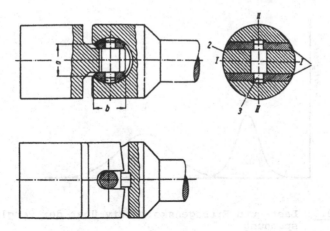

Bild 2.38. : Gelenkstein.

ein selbstschmierender Werkstoff verwendet werden. Gelenksteine aus reibungsarmen Kunststoffen, mit fein verteilten Schmier-
stoffdepots auf den Reibflächen ersetzen mehr und mehr die
älteren Bronzesteine, die aber in besonders hochbelasteten
Spindelgelenken ihren Platz behaupten.
Konstruktion und Fertigung aller Antriebselemente müssen zunehmend die dynamische Belastung und das daraus folgende Verhalten der Antriebselemente berücksichtigen. Drehschwingen im
Resonanzbereich verursacht unzulässig hohe Lasten an kritischen Stellen, wie Kerben an ungenügend verrundeten Übergängen
oder Querschnittsprüngen. Trotz sorgfältiger Konstruktion und
bester Fertigung treten zuweilen Schäden auf, weil Nennspannung und zulässige Spannung, die in der Rechnung vorausgesetzt
wurden, nicht den wahren Sachverhalt beschreiben konnten. Nach
Bild 2.39. folgt die Vergleichsspannung oder Belastung eines
Bauteiles einer Häufigkeitskurve, dem Lastkollektiv. Wäre dieses Kollektiv genau bekannt, dann könnte die Höchstspannung
als Nennspannung angegeben werden. Weil es meistens nicht bekannt ist, wird eine Nennspannung "genannt", die zwar viel
größer als die häufigste Spannung, aber kleiner als der sehr
selten erreichte Spitzenwert ist. Das allein wäre weniger
schlimm, wenn nicht für die Werkstoffkennwerte ähnliches
gälte : Die an vielen Proben beobachtete häufigste Bruchspannung (oder Streckgrenze) bildet den Wert, aus dem die zulässi-

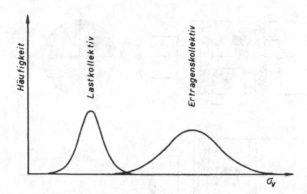

<u>Bild 2.39.</u> : Last- und Ertragenskollektiv über der Vergleichs-
            spannung.

ge Spannung abgeleitet wird. "Sicher" ausgelegte Maschinenteile zeigen einen möglichst weiten Abstand zwischen der Nennspannung und der zulässigen Spannung. Unsicher werden sie in
den Fällen, wo der äußerste rechte Zipfel des "Lastkollektivs"
den linken Bereich des "Ertragenskollektivs" überdeckt.

2.9. Walzwerkantriebe

Walzwerke werden heute fast ausschließlich elektrisch angetrieben. Die wenigen, noch arbeitenden Dampfantriebe zu beschreiben, wäre lehrreich und interessant, jedoch nicht mehr
ihrer schwindenden Bedeutung angemessen.
Von den Elektromotoren finden sich in Walzwerken im wesentlichen drei Arten :

a) Drehstrom-Asynchron-Motoren $(AC_{asynchr.})$
b) Drehstrom-Synchron-Motoren $(AC_{synchr.})$
c) Gleichstrom-Nebenschluß-Motoren (DC_{NS})

a) Drehstrom-Asynchron-Motoren sind, verglichen mit den anderen, billig, weil sie keine besondere Stromversorgung brauchen. Sie werden entweder unmittelbar aus dem Werkstromnetz
   oder, wenn sie besonders groß und leistungsfähig sind, über
   einen eigenen Transformator aus dem öffentlichen Netz gespeist. Die Funktion des abgegebenen Drehmoments über der
   Drehzahl (<u>Bild 2.4o.</u>) erklärt einige Besonderheiten des
   $AC_{asynchr.}$-Motors : Im Stillstand entwickelt er beim Ein-
   schalten nur ein kleines Anlaufmoment, das zum Anfahren

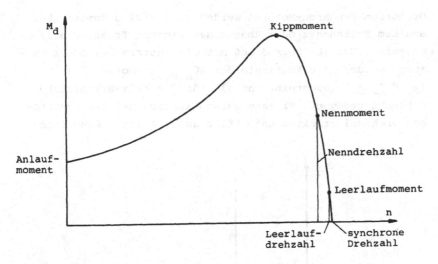

Bild 2.4o. : Kennlinie des Drehstrom-Asynchron-Motors.

unter Last nicht ausreicht. Er muß entweder lastfrei anlaufen, oder Anfahrhilfen erhalten. Nach dem lastfreien Anlaufen erhöht er seine Drehzahl bis zur Leerlaufdrehzahl,
die dicht unter der synchronen Drehzahl liegt. Synchrone
Drehzahl wäre erreicht, wenn die Polwechselfrequenz des
laufenden Motors der Netzfrequenz entspricht. Mit der Anzahl seiner Polpaare ist für den Drehstrommotor daher seine
synchrone Drehzahl fixiert. Die Differenz zwischen der jeweiligen Motordrehzahl und der synchronen Drehzahl heißt
"Schlupf". Mit abfallender Drehzahl und damit wachsendem
Schlupf steigt das Drehmoment des Asynchron-Motors über das
Nennmoment an der Stelle, wo die Kennlinie flacher zu werden
beginnt, bis zum Höchstmoment oder Kippmoment, mit dessen
Erreichen Drehmoment und Drehzahl abfallen, der Motor also
stehenbleiben würde, wenn er nicht bis unter das Anlaufmoment entlastet wird. Wegen des engen nutzbaren Drehzahlbe-
reiches eignet sich der Drehstrom-Asynchron-Motor als Antrieb für solche Walzgerüste, deren Walzen ihre Drehzahl nur
wenig und ihre Drehrichtung nicht ändern, so z.B. für Trio-
walzgerüste, Schrägwalzwerke und Pilgerwalzwerke. Wenn das
Walzmoment nicht dauernd, sondern periodisch gefordert wird
und geringe Drehzahländerungen zulässig sind, erfüllt ein
Drehstrom-Asynchron-Motor zusammen mit einem Schwungrad die
Antriebsaufgabe sehr gut.

b) Drehstrom-Synchron-Motoren werden gleichfalls unmittelbar
aus dem Hüttennetz oder über einen eigenen Transformator
gespeist. Nur ihr Polrad muß mit Gleichstrom besonders ver-
sorgt werden. Die Kennlinie des AC$_\text{synchr.}$-Motors
(Bild 2.41.) beschreibt ihn als für die Walzwerkantriebe
schlecht geeignet. Er kann ausschließlich bei der synchronen Drehzahl arbeiten und "fällt außer Tritt", wenn sein

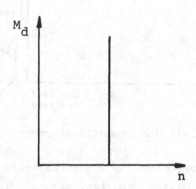

Bild 2.41. : Kennlinie des Drehstrom-Synchron-Motors.

Maximalmoment überfordert wird. Er kann nicht selbständig
anlaufen und die Frage nach seinem eigentlichen Nutzen
liegt auf der Hand. Mit der Erregung des Polrades vermag
der Synchron-Motor die Phasenlage von Strom und Spannung
zu verändern. Während beim Betrieb aller induktiven Verbraucher, das sind im wesentlichen die Motoren, der Strom
der Spannung nacheilt und damit im elektrischen Netz Blind-
leistung fließt, eilt in einem überregten Synchron-Motor
der Strom der Spannung voraus. Beim kombinierten Betrieb
von Synchron-Motoren mit anderen zusammen wird demnach der
Blindleistungsaufwand vermindert.
In einigen Walzwerken werden die Vorgerüste vollkontinuierlich arbeitender Bandstraßen von Synchron-Motoren angetrieben.

c) Der für Walzwerke bestgeeignete Motor ist der fremderregte
Gleichstrom-Nebenschluß-Motor (Bild 2.42.). Er wird über
besondere Stromrichter gespeist, die den Drehstrom des
Hüttennetzes gleichrichten. Früher waren dies Maschinen-
sätze aus einem Drehstrom-Asynchron-Motor mit angekuppeltem

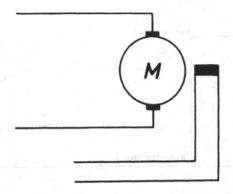

<u>Bild 2.42.</u> : Schaltsymbol des fremderregten Gleichstrom-
Nebenschluß-Motors.

Gleichstromgenerator, unter Umständen auch mit einem
Schwungrad auf der gleichen Welle, später ersetzten Queck-
silberdampfstromrichter die Maschinenumformer, und seit
etwa 15 Jahren werden fast ausschließlich Feststoffstrom-
richter, Dioden, Transistoren und Thyristoren zum Strom-
richten benutzt. Die Stromversorgung zum Gleichstrommotor
stellt den größten Teil des Mehraufwandes gegenüber Dreh-
strommotoren dar. Im drehenden Teil des Motors (Rotor oder
Anker) treibt die außen angelegte Ankerspannung den Ankerstrom über den Widerstand der Leiterstäbe oder Wicklungen
im Rotor. Im stehenden Motorteil (Stator) wird das elektro-
magnetische Feld durch den Erregerstrom aufgebaut. Nach den
Formeln :

$$Md = c \cdot \phi \cdot I_A \quad \text{und} \quad (2.19)$$

$$n = (U_K - I_A \cdot R_A) \cdot \frac{1}{c \cdot \phi} \quad (2.2o)$$

c .... Maschinenkonstante
ϕ .... magnetischer Fluß
I_A ... Ankerstrom
U_K ... Klemmenspannung
R_A ... Ankerwiderstand

sind Drehmoment und Drehzahl für die Kennlinie (<u>Bild 2.43.</u>)
zu ermitteln. Das Maximalmoment ist bereits beim Anlauf verfügbar und fällt bis zur Grunddrehzahl nur unwesentlich ab,
wenn der Ankerwiderstand genügend klein ist.

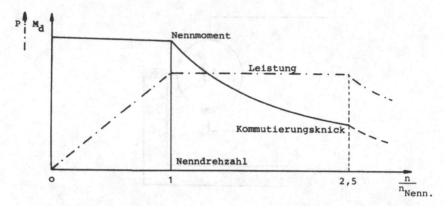

__Bild 2.43. :__ Kennlinie des Gleichstrom-Nebenschluß-Motors.

Der Bereich zwischen Null und der Grunddrehzahl wird durch
Ändern der am Anker angelegten Spannung durchfahren (Anker-
spannungsstellbereich). Mit der höchstzulässigen Spannung
ist die Grunddrehzahl erreicht, die bis zum 2,5 fachen
überschreitbar ist, wenn die Felderregung vermindert wird
(Feldschwächbereich). In diesem Bereich sinkt das Moment
hyperpolisch ab.
Die Motorleistung wächst bis zur Grunddrehzahllinie an,
bleibt dann bis zur Höchstdrehzahl konstant.
Gleichstrom-Nebenschluß-Maschinen ändern ihre Drehrichtung,
wenn entweder der Ankerstrom oder der Erregerstrom seine
Richtung ändert. Weil sie auch generatorisch arbeiten,
können sie mit geeigneter Stromversorgung in jeder Drehrichtung sowohl positives als auch negatives Drehmoment
aufbringen, sie können sowohl beschleunigen als auch bremsen, und arbeiten demnach in allen Quadranten des Drehmo-
ment-Drehzahl-Diagramms (Vierquadrantenbetrieb).
Für Reversiergerüste in Block-, Grobblech-, Band-, Knüppel-
und Profilstraßen, für Kontiwarmbandfertigstraßen, für zug-
geregelte Kaltbandstraßen, für Draht- und Feinstahlstraßen
und viele andere ist der fremderregte Gleichstrom-Nebenschluß-Motor der geeignete Antrieb.

Schrifttum

1) Amtec-Informationsblatt Nr. 1o.o5.1o2.o1.

2) Baumann, H.G. u. Ch. Wagner : Bänder, Bleche, Rohre 15
   (1974), S. 153/6o.

3) Bühler, H. u. A. Rose : Arch. Eisenhüttenwes. 4o (1969),
   S. 411/23.

4) Dahmer, D. : Fachberichte 1977. S. 884/98.

5) Droste, K. : Stahl u. Eisen 77 (1957), S. 1196/2o4.

6) Funke, P. u. H. Reihlen : Stahl u. Eisen 86 (1966),
   S. 245/61.

7) Gerhardt, K. : Bänder, Bleche, Rohre 11 (197o), S. 574/83.

8) Kuske, A., P. Funke, V. Röth u. E.R. Koch : Stahl u. Eisen
   92 (1972), S. 913/22.

9) Lederer, A. : Bänder, Bleche, Rohre 17 (1976), S. 15/2o u.
   47/51.

1o) Meyer, P., H. Pfeffer u. H. Reihlen : Neue Entwicklungen
    von Walzenanstellvorrichtungen für Bandwalzwerke. Stahl u.
    Eisen 9o (197o), S. 263/7o.

11) Moberg, R. : Kugellager Zeitschrift 197. S 22/24.

12) Mundt, M. : Kugellager Zeitschrift 182. S. 16/19.

13) Neuschütz, E. u. O. Pawelski : Stahl u. Eisen 88 (1968),
    S. 1o21/27.

14) SACK : Druckschrift 1o 1o6-o777.

15) Schmidt, W. : VDI-Z. 118 (1976), S. 1o23/27.

16) Schwenzfeier, W. u. A. Herzog : Maschinenmarkt 81 (1975),
    S. 1344/46.

17) Schwenzfeier, W. u. K. Wiesbauer : Stahl u. Eisen 98
    (1978), S. 442/45.

18) Siefer, W. : Gießerei 54 (1967), S. 588/64.

19) Sprenger, B. : Stahleisen-Sonderbericht H. 3, Düsseldorf.
    1963.

Anke, F. u. M. Vater : Einführung in die technische Verfor-
    mungskunde. Düsseldorf : Stahleisen. 1974.

Fischer, F. : Spanlose Formgebung in Walzwerken. Berlin-New
    York : Walter de Gruyter. 1972.

Herstellung von Halbzeug und warmgewalzten Flacherzeugnissen.
    Düsseldorf : Stahleisen. 1972.

Herstellung von kaltgewalztem Band. Teil 1 und 2. Düsseldorf :
    Stahleisen. 197o.

Kruse, K.A. : Erfassung und Analyse zweidimensionaler Last-
   Drehfrequenz-Kollektive radial beanspruchter Walzenzapfen-
   lager. Dissertation, TH Clausthal. 1972.
Ziegler, R. : Bestimmung von Eigenspannungen in hochgekohlten
   Verbundwalzen unter Berücksichtigung der Spannungsab-
   hängigkeit von Elastizität und Querkontraktion. Dissertation, Montanuniversität Leoben. 1977.

3. Einige Begriffe aus der Walzwerktechnik

3.1. Ausbringen

Das Verhältnis aus den Massen der verwendbaren Erzeugnisse
und der des Einsatzmaterials heißt Ausbringen.

$$\text{Ausbringen} = \frac{\text{Masse der guten Erzeugnisse}}{\text{Einsatzmasse}} \quad \%$$

Die Differenz aus Einsatzmasse und guten Erzeugnissen ist im
allgemeinen Schrott. In besonderen Fällen wird ein Teil der
Erzeugnisse für eingeschränkt brauchbar erachtet und "IIa-
Produkte" genannt.

Ein Beispiel für das Ausbringen einer Brammenstraße mit nach-
geordneter Warmbandstraße ist im Bild 3.1. gezeigt.

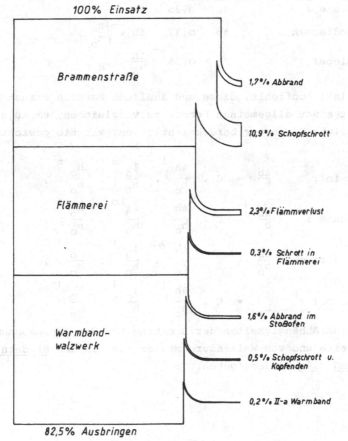

100% Einsatz

Brammenstraße   *1,7°/o Abbrand*

10,9°/o Schopfschrott

Flämmerei   *2,3°/oFlämmverlust*

0,3°/o Schrott in Flämmerei

Warmband-walzwerk   *1,6°/o Abbrand im Stoßofen*

0,5°/o Schopfschrott u. Kopfenden

0,2°/o II-a Warmband

82,5% Ausbringen

Bild 3.1. : Ausbringen an einer Brammenstraße mit nachgeordne-
ter Warmbandwalzanlage.

3.2. Durchsatz

Die in der Zeiteinheit angefallene Masse an Erzeugnissen, beispielsweise in Tonnen pro Monat (moto) oder Tonnen pro Jahr (jato) angegeben, ist der Durchsatz einer Walzanlage.

3.3. Breitung

Die Formänderung des Walzgutes in Richtung der Walzenachsen wird Breitung genannt. Sie wäre mit bekannten Randbedingungen aus dem Fließgesetz berechenbar, wird jedoch im allgemeinen nach empirisch ermittelten Formeln bestimmt, die jeweils in den Bereichen ihrer Herkunft zutreffende Werte liefern. Die einfachsten für das Walzen unlegierter Stähle mit niedrigem Kohlenstoffgehalt sind :

Nach Geuze :
$$\Delta b = 0,35 \cdot \Delta h, \tag{3.1}$$

nach Sedlaczek :
$$\Delta b = 0,17 \cdot \Delta h \cdot \sqrt{\frac{R}{h_o}}, \tag{3.2}$$

nach Siebel :
$$\Delta b = 0,35 \cdot \frac{\Delta h}{h_o} \cdot l_d \cdot \tag{3.3}$$

O.Pawelski empfiehlt, diese und ähnliche Formeln umzustellen und mit einer allgemeinen Formel zu vergleichen, um zu erkennen, welche Parameter berücksichtigt und wie sie gewichtet werden.

Allgemein :
$$\frac{\Delta b}{b_o} = C \cdot \frac{\Delta h}{h_o}^1 \cdot \frac{l_d}{h_o}^m \cdot \frac{h_o}{b_o}^n, \tag{3.4}$$

nach Geuze :
$$\frac{\Delta b}{b_o} = C \cdot \frac{\Delta h}{h_o}^1 \cdot \frac{l_d}{h_o}^o \cdot \frac{h_o}{b_o}^1, \tag{3.5}$$

nach Sedlaczek :
$$\frac{\Delta b}{b_o} = C \cdot \frac{\Delta h}{h_o}^{0,5} \cdot \frac{l_d}{h_o}^1 \cdot \frac{h_o}{b_o}^1, \tag{3.6}$$

nach Siebel :
$$\frac{\Delta b}{b_o} = C \cdot \frac{\Delta h}{h_o}^1 \cdot \frac{l_d}{h_o}^1 \cdot \frac{h_o}{b_o}^1 \cdot \tag{3.7}$$

Gemessene Abhängigkeiten der Breitung von der Höhenabnahme, der Breite und vom Walzendurchmesser sind in den Bildern 3.2., 3.3. und 3.4. wiedergegeben.

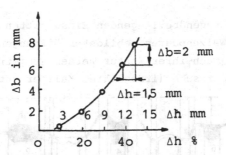

Bild 3.2. : Breitung in Abhängigkeit von der Höhenabnahme.

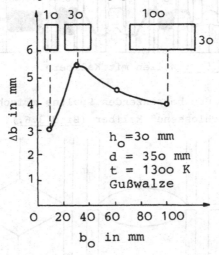

Bild 3.3. : Breitung in Abhängigkeit von der Breite.

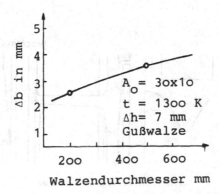

Bild 3.4. : Breitung in Abhängigkeit vom Walzendurchmesser.

3.4. Kaliber

Die aus einander gegenüberliegenden Einschnitten in die Man-
tellinien eines Walzenpaares gebildeten Öffnungen heißen Kaliber (Bild 3.5.). Nach ihrer Kontur werden symmetrische (regu-
läre) und unsymmetrische (irreguläre) Kaliber unterschieden,

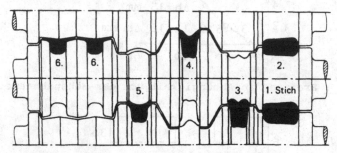

Bild 3.5. : Walzen mit Kalibern.

nach Art und Lage des begrenzenden Spaltes zwischen den Walzen
"offene" und "geschlossene" Kaliber (Bild 3.6.).

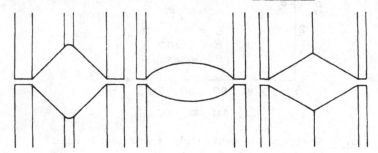

offene symmetrische Kaliber

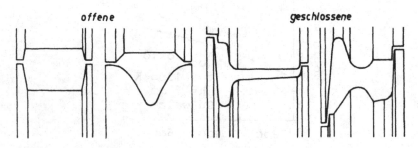

unsymmetrische Kaliber

Bild 3.6. : Symmetrische und unsymmetrische, offene und geschlossene Kaliber.

Nach ihrer walztechnischen Aufgabe unterscheiden sich Streckkaliber (<u>Bild 3.7.</u>), die den Walzgutquerschnitt in möglichst

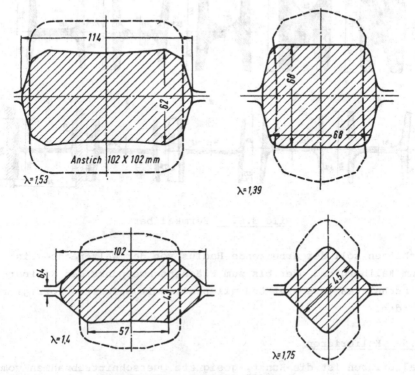

<u>Bild 3.7.</u> : Streckkaliber.

wenigen Schritten (Stichen) vermindern, von Formkalibern
(<u>Bild 3.8.</u>), die das erwünschte Walzgutprofil in allen Fein-
heiten mit gleichmäßig über dem Querschnitt verteilter Strek-
kung formen sollen. Letzteres gilt speziell für unsymmetrische
Kaliber, aus denen sonst nur krummes Walzgut ausliefe, das
beim nachfolgenden Kaltrichten partiell verformt und damit
eigenverspannt werden müßte.
Durch unterschiedliche Abstände der Kaliberoberflächen von der
Walzenachse ergeben sich Umformgeschwindigkeitsdifferenzen,
so daß es keine eindeutigen Bezugsgrößen für Voreilung und
Rückstau gibt.
Der "arbeitende" oder "repräsentative" Radius ist eine gedach-
te Größe zum Berechnen der Umfangsgeschwindigkeit im Kaliber-
bereich. Sie wird so gewählt, daß wahrscheinliche mittlere
Werte für Voreilung und Rückstau entstehen. Nach anderen Vor-

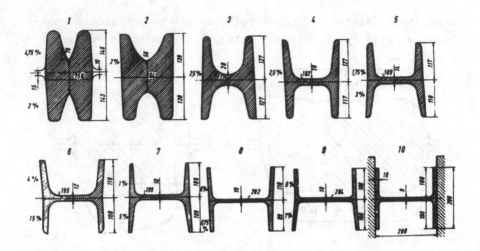

Bild 3.8. : Formkaliber.

schlägen soll der arbeitende Radius von der Walzenachse bis
zum Kalibergrund oder bis zum Flächenschwerpunkt des Kaliber-
einschnittes gerechnet und allenfalls mit Beiwerten korrigiert
werden.

3.5. Kalibrieren

Kalibrieren ist die Kunst, geeignete Querschnittsabnahmen vom
Einsatzstück bis zum Fertigprofil schrittweise zu berechnen,
zu einer Kaliberfolge zu kombinieren und die beste Form der
Walzeneinschnitte zu entwerfen. Darüberhinaus muß der Kali-
breur die Kaliber sinnvoll auf den verfügbaren Walzen anordnen
und schließlich in Stichplänen die Kaliberfolgen ablaufgerecht
auf die vorhandenen Gerüste verteilen (Bild 3.9.).
Stichpläne werden mehr und mehr mit Hilfe von Rechenautomaten
erstellt. Trotzdem sei hier ein bewährtes graphisches Verfahren vorgestellt, mit dem die Gesamtstreckung des Walzgutes,
seine mittlere Streckung in jedem Stich, die Streckungsvertei-
lung und die Stichanzahl überschlägig zu ermitteln und an-
schaulich darzustellen sind.

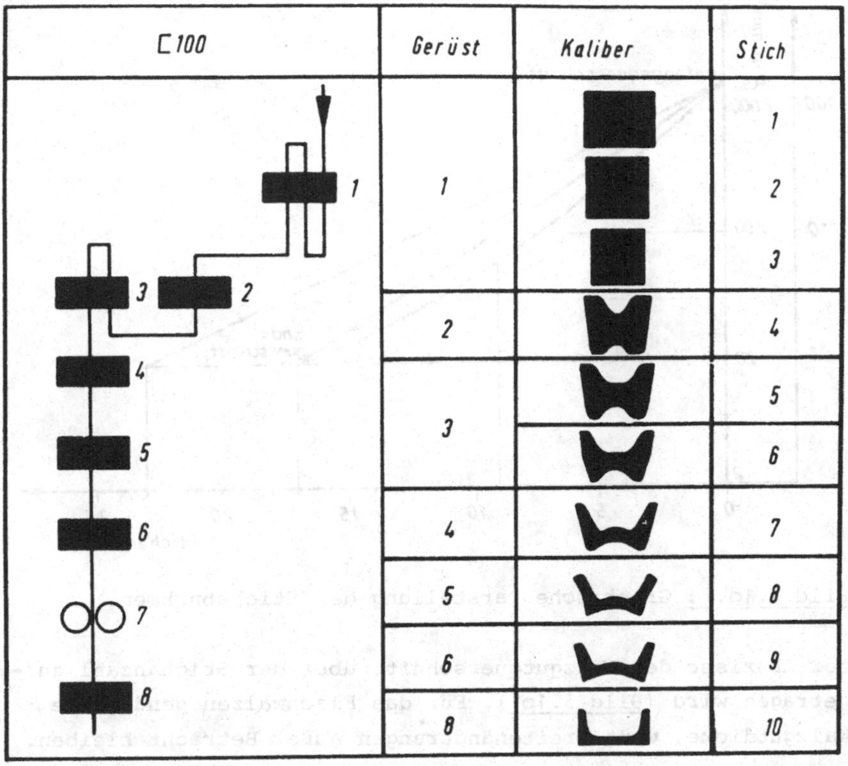

87

⊏ 100	Gerüst	Kaliber	Stich
	1		1
			2
			3
	2		4
	3		5
			6
	4		7
	5		8
	6		9
	8		10

Bild 3.9. : Stichplanbeispiel.

Die Gesamtstreckung $\lambda_{ges} = \dfrac{A_o}{A_1}$ ist die n-te Potenz der mittleren Einzelstreckungen

$$\lambda_{ges} = \lambda_m^n ,\qquad\qquad (3.8)$$

mit

$$\lambda_m = \frac{A_{n-1}}{A_n} . \qquad\qquad (3.9)$$

Die mittlere Streckung wäre nach

$$\lambda_m = \sqrt[n]{\lambda_{ges}} = \sqrt[n]{\frac{A_o}{A_1}} \quad \text{und} \qquad (3.1o)$$

die erforderliche Stichanzahl nach

$$n = \frac{\log\lambda_{ges}}{\log\lambda_m} \qquad\qquad (3.11)$$

zu berechnen oder graphisch zu ermitteln, wenn in einem Diagramm mit logarithmisch geteilter Ordinate und linear skalier-

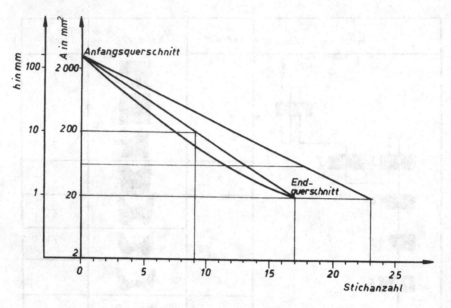

<u>Bild 3.1o.</u> : Graphische Darstellung der Stichabnahmen.

ter Abszisse der Walzgutquerschnitt über der Stichanzahl aufgetragen wird (<u>Bild 3.1o.</u>). Für das Flachwalzen genügt die
Walzgutdicke, wenn Breitenänderungen außer Betracht bleiben.

Stichplanvariationen mit anderen Stichzahlen, veränderten
Einzelstreckungen aber auch mit ungleichmäßigen Streckungs-
verteilungen (gekrümmte Kurve im Bild 3.1o.) werden in der
Graphik leichter verständlich sein als in einer Zahlenta-
belle.

Degressiv verlaufende Stichabnahmen lassen die Verbindungs-
kurve zwischen den Anfangs- und Endquerschnitt nach unten
durchhängen. Progressiv steigende Abnahmen werden durch Kurven bezeichnet, die nach oben konvex gebogen sind. Sollen in
den ersten Stichen mit Rücksicht auf die Umformbarkeit kleine
Stichabnahmen gewählt, und dafür die letzten Stiche entsprechend härter gefahren werden, dann entstehen Kurven mit Wen-
depunkten. In allen Fällen sind für beliebige Stichanzahlen
die Querschnittsabnahmenverläufe auf einen Blick erkennbar.

3.6. Halbzeug

Zwischenerzeugnisse im Herstellgang von der ersten gegossenen
Form bis zum fertiggewalzten Endprodukt heißen Halbzeuge. Sie
fallen an, weil nicht alle Umformschritte in einer Hitze ausgeführt werden können, weil die Durchsätze aller beteiligten
Walzanlagen nicht gleich, und daher Speicher nötig sind, oder
der Produktionsgang sich verzweigt, und weil schließlich alle
Schäden und Oberflächenfehler möglichst frühzeitig erkannt und
ausgeschlossen werden sollten.
Zu den Halbzeugen zählen :
Vorblöcke, Knüppel, Röhrenrund, Brammen, Platinen und Luppen,
über deren Herkunft und Einsatzzweck,Gestalt und Maße im folgenden zu berichten ist.

3.6.1. Vorblöcke

Aus gegossenen Rohblöcken mit 5 bis 15 t Masse und quadrati-
schem Querschnitt mit Seitenlängen bis 6oo mm, deren Form
einem schlanken Pyramidenstumpf oder einem Prisma mit geneig-
ten Seitenflächen gleicht, werden in Blockwalzanlagen Vorblök-
ke gewalzt, deren Querschnitt quadratisch, rechteckig oder dem
später angestrebten Profil angepaßt sein kann (Bild 3.11.).

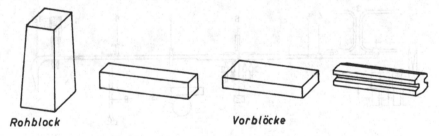

Rohblock   Vorblöcke

Bild 3.11. : Blockformate.

Die aus dem Stahlwerk kommenden Rohblöcke werden in Tieföfen
gewärmt, bis eine der jeweiligen Werkstoffqualität angepaßte
Ziehtemperatur zwischen 142o und 152o K (115o und 1250° C) erreicht ist. Sie sind, je nach Stehzeit, Stripp-Zeitpunkt,
Transportzeit und Witterungsbedingungen unterschiedlich warm,
weil sie dem Gießtakt folgend, der selten mit dem Walzwerktakt
übereinstimmt, ankommen. Dadurch müssen zwangsläufig, wenn die
Tiefofenkapazität nicht viel zu groß ausgelegt wurde, manche
Blöcke vor dem Einsatz in den Tiefofen warten und werden dann

"der Reihe nach" eingesetzt. Dieses Vorgehen ist nicht optimal.
Besser wäre es, den zuletzt gekommenen Block zuerst einzusetzen , weil er inzwischen erst wenig Wärme verloren hat, der
zu erwartende Wärmeverlust jedoch mit der vierten Potenz der
Temperatur ansteigt. Die länger wartenden, inzwischen kälteren
Blöcke werden zwar noch weiter abkühlen, alle zusammen jedoch
weniger Wärme verloren haben und so insgesamt schneller erwärmt oder zu höheren Ziehtemperaturen gebracht werden können.
Besser durchwärmte und höher temperierte Blöcke haben geringere Formänderungsfestigkeit. Sie lassen daher höhere Stichabnahmen zu und erlauben höhere Walzgeschwindigkeiten mit gegebenen Antriebsleistungen.
In den meisten Hüttenwerken ist die Blockstraße der Produk-
tionsengpaß, so daß geraten erscheint, einige Gesichtspunkte
zum zeit- und kostensparenden Blockwalzen zu erörtern.
Ausbringen und Durchsatz von Walzanlagen wachsen mit steigenden
Einsatzgewichten. Es überrascht nicht, daß in den vergangenen
Jahren die eingesetzten Blockmassen mehr und mehr erhöht wurden. Größere Blöcke brauchen mehr Platz und mehr Zeit zum
Wärmen, erfordern daher mehr und größere Tieföfen, deren mitt-
lere Entfernung zum Walzgerüst dadurch größer wird
(Bild 3.12.). Kurze Wege für den Blocktransport böten hufeisen-

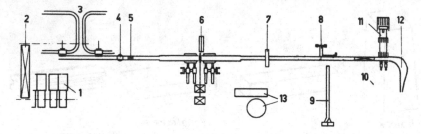

1 TIEFÖFEN	7 FLÄMMASCHINE
2 TIEFOFENKRAN	8 WARMSCHERE
3 BLOCK-TRANSPORTEINRICHTUNG	9 SCHOPFENDENFÖRDERBAND
4 BLOCK-DREHVORRICHTUNG	10 BLOCKWAAGE
5 WAAGE	11 QUERTRANSPORT
6 DUO-WALZGERÜST MIT KANT- UND	12 KURVENROLLGANG
VERSCHIEBEVORRICHTUNG	13 GROBSINTEREINRICHTUNG

Bild 3.12. : Lageplan eines Blockwalzwerkes.

förmig um das Gerüst angeordnete Öfen. Zur Tiefofenreihe parallel oder quer zur Walzanlage gehören seilgezogene, schnell-
fahrende Blocktransportwagen (bis 6 m/s), die ohne eigenen

Fahrantrieb besser zu beschleunigen und zu bremsen sind
(Bild 3.13.). Am Zulaufrollgang zum Gerüst, der so lang bemes-

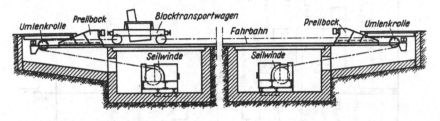

Bild 3.13. : Seilgezogener Blocktransportwagen.

sen ist, daß das Walzgut auch nach dem vorletzten Stich noch
ausreichende Auslauflänge findet, wird der Block vom Transportwagen mit dem Blockkipper abgelegt. Ein Drehtisch läßt
frei wählen, ob der Block mit dem "Kopf" oder dem "Fuß" voran
angestochen werden soll. Größere Höhenabnahme gestattet der
Fuß-voraus-Anstich, weil der Blockfuß dünner ist als der Kopf
und deshalb die Greifbedingung besser erfüllt. Aus metallur-
gischen Rücksichten ist, besonders für Stähle mit mehr als
5 % Legierungsanteil, häufiger der Kopf-voraus-Anstich zu
empfehlen.
Zwischen Drehtisch und Gerüst liegt die hydraulische Entzunderungsanlage, die Wasser unter hohem Druck, mit 8o bis 12o
bar, in scharfen, flachen Strahlen unter spitzem Winkel auf
die Walzgutoberfläche spritzt. Die anhaftende Zunderschicht
wird dabei örtlich abgekühlt, versprödet und platzt ab. Der
völlig entzunderte Block kann nun gewalzt werden, ohne Gefahr,
Zunderstücke in die Oberfläche zu drücken.
Das Blockgerüst ist, bis auf wenige Ausnahmen, ein Zweiwalzen-
umkehrgerüst, dessen Antrieb außer dem Walzmoment für schnelles Reversieren hohe Brems- und Beschleunigungsmomente aufbringen muß. Bild 3.14. zeigt schematisch den Momenten- und Geschwindigkeitsverlauf für zwei aufeinanderfolgende Stiche. Um
den nach einem Walzstich auslaufenden Block möglichst schnell
wieder zum Walzgerüst zurückzubringen, ist er mit dem Rollgang
zu bremsen und in der Gegenrichtung wieder zu beschleunigen.
Größtmögliche Verzögerung und Beschleunigung werden erreicht,
wenn die Geschwindigkeiten des Blockes und der Rollen stets einander gleich sind, also Haftreibung besteht. Die Reibkraft F_R
zwischen Block und Rollgang beträgt ohne Schlupf :

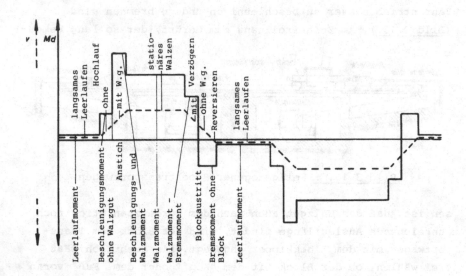

Bild 3.14. : Momenten- und Geschwindigkeitsverlauf an einer Blockstraße.

$$F_R = F_N \cdot \mu_o, \qquad (3.12)$$

$$F_N = m \cdot g. \qquad (3.13)$$

F_R ... Reibkraft zwischen Block und Rolle

F_N ... auf die Rolle wirkende Normalkraft

μ_o ... Reibkoeffizient zwischen Rolle und Block beim Haften

m .... Blockmasse

g .... Erdbeschleunigung.

Damit folgt : $\qquad\qquad F_R = m \cdot g \cdot \mu_o. \qquad (3.14)$

Mit der Reibkraft F_R wird der Block beschleunigt

$$F_R = m \cdot a_{max}. \qquad (3.15)$$

a_{max} ... maximale Beschleunigung des Blockes.

Nach Gleichsetzen von (3.14) und (3.15) folgt :

$$m \cdot g \cdot \mu_o = m \cdot a_{max},$$

$$a_{max} = g \cdot \mu_o. \qquad (3.16)$$

Die Maximalbeschleunigung hängt damit ausschließlich vom Reibwert ab, wenn der Antrieb genügend stark ist.

Die minimale Beschleunigungszeit t errechnet sich zu

$$t = \frac{v}{a_{max}} = \frac{v}{g \cdot \mu_o} \qquad (3.17)$$

v .... Endgeschwindigkeit des Blockes.

Wird der Rollgang höher als mit a_{max} beschleunigt, dann
rutscht der Block auf der Rolle, der Reibkoeffizient sinkt und
somit auch die Beschleunigung des Blockes (Gleichung 3.16),
die Beschleunigungszeit wächst (Gleichung 3.17).
Der Kalibrierung und dem Stichplan folgend ist der Block auf
dem Rollgang quer zu verschieben, um in das jeweils erforderliche Kaliber zu gelangen, und zu kanten, wenn seine Breite
durch Stauchstiche vermindert werden soll. Verschieben, Kanten
und das Anstellen des Gerüstes auf die gewünschte Walzspalthöhe sind zeitaufwendige Vorgänge, die die Blockfolgezeit entscheidend beeinflussen. Sie laufen in modernen Blockwalzwerken
programmgesteuert ab. Vorteilhaft ist es, wenn der Steuermann
von mehreren Stichprogrammen das jeweils günstigste wählen
kann, weil diese entweder auf größtmöglichen Durchsatz, oder
auf schonenden Betrieb, auf unempfindliches oder legiertes
Walzgut mit mancherlei walztechnischen Rücksichten ausgelegt
sein können.
Die Bilder 3.15. und 3.16. zeigen kalibrierte Blockwalzen. Um
das Walzmoment besser zu übertragen, liegt im ersten Beispiel
der nicht eingeschnittene Walzballen, die Flachbahn, an der
Antriebsseite, die kleineren Kaliber folgen. Im zweiten Beispiel erhält die Walze ein höheres Biegewiderstandsmoment
durch die Flachbahn in der Mitte.

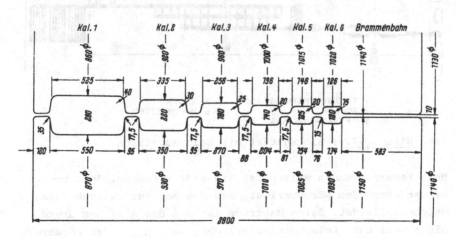

Bild 3.15. : Kalibrierung mit außenliegender Flachbahn.

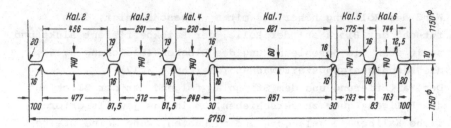

Bild 3.16. : Kalibrierung mit innenliegender Flachbahn.

3.6.2. Knüppel, Röhrenrund

Gewalzte Halbzeuge mit kleineren Querschnittsseitenflächen als
125 mm heißen Knüppel. Kommen sie aus Stranggießanlagen, dann
ist diese Grenze fließend und meistens zu größeren Querschnitten verschoben. Bevorzugte Knüppelabmessungen sind 8o x 8o mm^2
bis 14o x 14o mm^2 in Längen bis 14 m. Knüppel könnten in der
Blockstraße fertiggewalzt werden, schränkten damit aber deren
Durchsatz ein. Meistens finden sich daher, der gewünschten
Knüppelerzeugung gemäß, ein- oder zweigerüstige Trio-Knüppel-
straßen, mit einem preiswerten Drehstromantrieb (Bild 3.17.),
oder mehrgerüstige, kontinuierlich arbeitende Knüppelwalzanla-
gen, in denen die Stauchstiche in Vertikalgerüsten laufen.

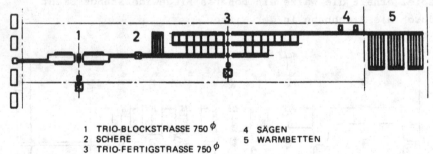

1 TRIO-BLOCKSTRASSE 750 $^\phi$ 4 SÄGEN
2 SCHERE   5 WARMBETTEN
3 TRIO-FERTIGSTRASSE 750 $^\phi$

Bild 3.17. : Blockgerüst mit Halbzeugstraße.

Beim reversierenden Walzen ist die größte Knüppellänge begrenzt durch den Wärmeverlust, den das Walzgut zwischen den
Stichen erleidet. Seine Maßtreue ist aus dem gleichen Grund
nicht sehr gut. Beim kontinuierlichen Walzen ist der Wärmeverlust viel geringer, so daß die Vorblöcke ungeteilt zu Knüppeln
oder Röhrenrund verwalzt und in beliebige Längen beim Auflauf
auf das Kühlbett geteilt werden können. Durch Anpassen der

Einsatzgewichte und Ausnutzen der zulässigen Querschnittsto-
leranzen wird es sogar möglich, restendenlos zu teilen und damit das Ausbringen zu verbessern.

Halbzeug ist besonders sorgfältig auf Quer- und Längsrisse,
Oberflächenschäden und Walzfehler, Fältelungen, Überwalzungen,
Querschnittsunsymmetrien und dergleichen zu kontrollieren, damit fehlerhaftes Material frühzeitig ausgesondert werden kann
und nicht den weiteren Produktionsgang belastet. Zur Quali-
tätskontrolle darf das Walzgut höchstens 37o K (1oo° C) warm
sein, und muß daher aus der Walzhitze auf Kühlbetten abkühlen.

3.6.3. Vorbrammen, Platinen

Aus gegossenen Rohbrammen mit 1o bis 55 t Masse, deren Form
den Rohblöcken ähnelt, aber rechteckigen Querschnitt besitzt,
werden Vorbrammen und Platinen gewalzt. Vorbrammen sind 1oo
bis 6oo mm dick, bis zu 23oo mm breit und bis zu 13ooo mm lang.
Dünnere Brammen heißen Platinen. Der Jahresdurchsatz moderner
Brammenwalzanlagen beträgt bis zu 6 Mio t (Bild 3.18.).

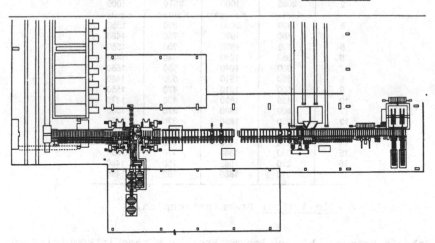

Bild 3.18. : Lageplan einer Brammenstraße.

Der Walzablauf für Brammen ist dem für Blöcke analog. Dem
Brammentransportsystem wird, wegen der größeren Tiefofenlage,
noch mehr Bedeutung beigemessen. Neuzeitliche Brammentransport-
wagen sind für zwei Brammen ausgelegt, die beim sogenannten
Tandemwalzen hintereinander laufend gewalzt werden. Dieses
Verfahren erhöht den Durchsatz beträchtlich und wurde möglich

mit höheren Walzgeschwindigkeiten.

Um die zeitaufwendige Leerfahrt zwischen den Brammenaufgaben
am Rollgang und dem Tiefofen einzusparen, fahren in modernen
Brammenwalzanlagen die Transportwagen einbahnig um die Tief-
ofenanlage herum oder daran entlang (Karussellbetrieb), deren
Länge damit keine Rolle mehr spielt. Die Wagen müssen dazu
allerdings mit eigenem Fahrantrieb ausgestattet sein.

Über den Kipper, dem Drehtisch und die Entzunderungsanlage
kommt die Bramme zum Gerüst, wo sie dem Stichplan gemäß verwalzt wird (Bild 3.19.).

Stich-Nr.	Stichplan a Bramme 2180 x 900, 2300 mm lang, 29,4 t, auszuwalzen auf 1850 x 210		Stichplan b Bramme 1655 x 850, 2400 mm lang, 20,5 t, auszuwalzen auf 1460 x 130	
	Abstand der Horizontal-walzen	Abstand der Vertikal-walzen	Abstand der Horizontal-walzen	Abstand der Vertikal-walzen
1	2110	1000	1590	1000
2	2030	1000	1510	1000
	Kanten	Kanten	Kanten	Kanten
3	820	2000	820	1550
4	760	1970	760	1480
5	705	1970	700	1550
6	650	1940	640	1480
7	600	1940	580	1550
8	550	1910	520	1480
9	500	1910	470	1550
10	450	1880	420	1475
11	400	1880	370	1550
12	350	1850	320	1475
13	300	1880	270	1550
14	250	1850	220	1475
15	230	1880	170	1550
16	220	1865	150	1480
17	210	1885	130	1495

Bild 3.19. : Brammenstichplan.

Schmale Brammen, bis zu 6oo mm Breite, können in kombinierten
Block-Brammen-Walzwerken gewalzt werden. Für Stauchstiche, die
die Breite des Walzgutes verändern, ist dabei die Bramme hoch-
kant zu stellen. Dazu müssen die Walzen schnell um lange Wege
angestellt werden. Um zeitaufwendiges Kanten und schwieriges
Hochkantwalzen zu vermeiden, haben spezielle Brammenwalzanlagen mindestens ein Stauchgerüst mit Vertikalwalzen. Seltener
sind Universalgerüste für Brammen.

Sowohl beim Walzen im Horizontal- und Stauchgerüst, als auch

im Universalgerüst, sind über einem beträchtlichen Teil der
Brammenlänge beide Walzenpaare gemeinsam im Eingriff, wobei
dann die Regeln für das kontinuierliche Walzen gelten. Die
Walzenanfangsgeschwindigkeiten sind dabei sorgfältig aufeinander abzustimmen, nicht allein darum, ungewollte zug- oder
druckbedingte Formänderungen des Walzgutes zu vermeiden, sondern hauptsächlich darum, die Antriebe der über das Walzgut
miteinander gekoppelten Walzen zu schonen. In ungünstigsten
Fällen könnten sonst beispielsweise die Antriebsmomente der
Stauchwalzen ein mehrfaches des normal erforderlichen Walzmoments betragen. Dies ist besonders gefährlich wegen der
ungünstigen Walzgeometrie beim Brammenstauchen. Die gedrückte
Länge ist vergleichsweise klein, weil die Stichabnahme nicht
allzu groß sein wird, die mittlere Höhe ist sehr groß, weil
sie der Brammenbreite entspricht, und so wird der Quotient
aus Kontaktlänge und Höhe viel kleiner als $0,5$, der Formänderungswiderstand daher mehrfach größer als die Formänderungsfestigkeit. Überlastete und beschädigte Staucherantriebe sind
vielfach die Ursache ungewollter Betriebsstillstände gewesen.
Mit dem Wunsch, schneller zu walzen, kamen dynamische Probleme
ins Walzwerk, von denen eines das "Rattern" der Walzen in Block-
und Brammenwalzwerken ist. Rattern ist das Drehschwingen der
Walzen und Antriebsmaschinenmassen in Resonanz mit den zwi-
schenliegenden Spindeln als elastische Elemente. Es entsteht,
wenn das Walzmoment bei Drehzahlen, die der Eigenfrequenz der
Spindeln entsprechen, das schwingfähige Gebilde anregt, und es
wegen ungünstiger Reibverhältnisse zwischen Walzen und Walzgut
nicht ausreichend gedämpft wird. Um schwere Schäden zu vermeiden, müssen ratternde Walzen sofort verlangsamt werden, eine
Aufgabe, die früher von den Steuerleuten hohe Aufmerksamkeit
erforderte, heute jedoch meistens von der Rechnersteuerung des
Walzwerkes übernommen wird, wenn nicht durch geeignete konstruktive Maßnahmen die Drehschwingfrequenz des Antriebes in
ungefährliche Bereiche verlegt werden konnte.
Eine der größten, nach 1970 gebauten Brammenwalzanlagen wird
mit folgenden Kenndaten beschrieben :
Duo-Horizontalgerüst mit 1350 mm Walzendurchmesser, 2800 mm
Ballenlänge, 9 MNm Antriebsmoment, 2 x 6,7 MW Leistung,
40 min^{-1} Grund- und 80 min^{-1} Höchstdrehzahl.
Vertikalgerüst mit 1050 mm Durchmesser, 3000 mm Ballenlänge,

2,2 MNm Antriebsmoment, 5 MW Leistung, 8o min^{-1} Grund- und
2oo min^{-1} Höchstdrehzahl.

Die Drehzahlen der Hauptantriebe vom Horizontal- und Stauchgerüst sind nicht gleich, weil Horizontalwalzen und Vertikalwalzen im Durchmesser verschieden und jene direkt, diese über
Kegelradgetriebe angetrieben sind. Alle Walzen sind wälzge-
lagert.

Neben Oberflächenfehlern, nichtmetallischen Einschlüssen, un-
zulässigen Maßfehlern in der Dicke und Breite, neben Walz-
fehlern wie Zundernarben, Dopplungen, Falten, Kanten- und
Randrissen wiegen Formatfehler an Brammen besonders schwer,
weil sie das Ausbringen beeinträchtigen. Durch die Ungleich-
förmigkeit der Verformungsvorgänge beim Auswalzen großer Brammen ist die Ausbildung der Enden unterschiedlich (Bild 3.2o.).

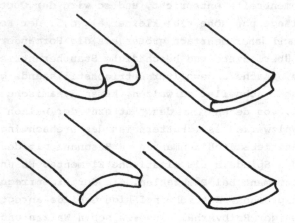

Bild 3.2o. : Mögliche Ausbildung der Enden.

Sie hängt von den Höhenabnahmen in beiden Verformungsrichtun-
gen ab. Eine gute Vorbrammenform und damit das bestmögliche
Ausbringen wird erreicht, wenn die Vertikal- und Horizontal-
verformung ein definiertes, aus dem Brammenformat errechenbares
Verhältnis miteinander bilden, das normalerweise nur in Bram-
menuniversalgerüsten erreichbar ist.

Fertiggewalzte Brammen werden allseitig im Durchlauf heißge-
flämmt. Dazu sollte ihre Temperatur möglichst nicht unter
127o K (ca. 1ooo$^{\circ}$ C) abfallen. Der Flämmsauerstoff muß rein
sein, mindestens 99,5 %. Die Flämmgeschwindigkeit liegt zwischen 15 und 7o m/min mit Werkstoffabträgen von 4,5 bis

99

8,o mm. Der Werkstoffverlust beim allseitigen Flämmen ist erheblich höher als beim früher üblichen partiellen Handflämmen,
wird jedoch in Kauf genommen, weil der hohe Durchsatz an Brammen anders nicht zu bewältigen wäre. Von Hand kaltgeflämmt
werden nur die in der Endkontrolle fehlerhaft befundenen Brammen.
Nach dem Schopfen und Teilen an der Brammenschere werden die
Vorbrammen mit Wasser abgekühlt, da das Abkühlen an Luft zu
langsam wäre und zu große Ablageflächen erforderte. Zwei Kühl-
verfahren haben sich bewährt : Das Eintauchen in Wasserbecken
mit "Wasserrädern" oder mit Tauchkränen (Bilder 3.21. und
3.22.) oder das Besprühen mit Wasser, während des Transports

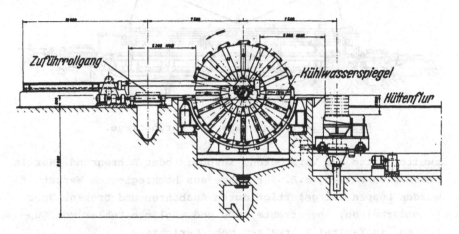

Bild 3.21. : Brammenkühlsystem (Wasserrad).

auf Querförderketten (Bild 3.23.).
Zu beachten ist, daß die Bramme gleichmäßig kühlt, damit nicht
thermisch verursachte Dehnungen sie krümmen. Dazu muß das Wasser im Tauchbecken genügend schnell umgewälzt werden oder die
Sprühintensität und der Dampfabzug allseitig gleichmäß sein.

3.6.4. Luppen

Vorformen nahtloser Rohre, kurze, dickwandige Hohlzylinder mit
Außendurchmessern von 5o bis 9oo mm und Wanddicken bis 25o mm
heißen Luppen.
Sie entstehen nicht, wie das bisher behandelte Halbzeug, in
erster Hitze, sondern in der ersten Rohrfertigungsstufe in

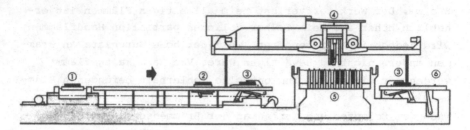

Bild 3.22. : Tauchkran. 1 Rollgang, 2 Hubwagen, 3 Kippstuhl,
4 Manipulator, 5 Kühlbecken, 6 Klinkenschlepper.

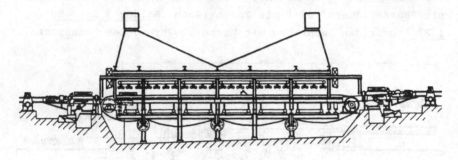

Bild 3.23. : Quertransport-Sprühanlage.

zweiter Hitze aus Vorblöcken, Knüppeln oder Röhrenrund. Nur in
besonderen Fällen, z.B. für Rohre aus hochlegiertem Werkstoff
werden Luppen kaltgefertigt durch Ausbohren und Drehen. Über
Besonderheiten, angestrebte Maße und mögliche Fehler von Luppen sei im Kapitel Rohrwalzen mehr berichtet.

3.7. Planheit

"Plan" heißt nach dem lateinischen planies "eben" und wird
gewöhnlich in diesem Sinne gebraucht : "Ein Blech oder Band
ist plan, wenn es ohne Wellen flach auf einer ebenen Unterlage
liegt." Diese Definition sagt nichts über den Spannungszustand
aus, unter dem zu beobachten ist. Unter Zugspannung könnte ein
Band sehr wohl plan sein, das im entspannten Zustand Wellen
wirft. Umgekehrt könnten Eigenspannungen ein Blech beim Zerschneiden wellig oder unplan machen, die vorher durch den Zu-
sammenhalt der Blechteile ausgeglichen waren.
Für das Bandwalzen unter Zug muß zum Beschreiben der Planheit
die Spannungsverteilung über der Bandbreite herangezogen werden : "Ein unter Zugspannung wellen- und beulenfrei erschei-

nendes Band ist plan, wenn die Spannung über seiner Breite
homogen verteilt ist."

3.8. Walzspaltdeformation und -korrektur

Ursachen und Effekt der elastischen Walzspaltdeformation seien
für einen Quartowalzensatz beschrieben. Für Duowalzen gelten
vereinfachte, für Mehrwalzengerüste kompliziertere Zusammen-
hänge.

Die vom Walzgut auf die Arbeitswalzen wirkende homogen verteilte Flächenlast wird von den Stützwalzen und ihren Lagern
aufgenommen. Da die Lagerkräfte außerhalb des Flächenlastbe-
reiches angreifen, biegen sich die Stützwalzen annähernd para-
bolisch. Die dünneren, biegeweicheren Arbeitswalzen legen sich
an, verändern dabei aber die Flächenlastverteilung zwischen
Arbeits- und Stützwalzen so, daß in den Randbereichen mehr,
in der Mitte weniger abgeplattet wird (<u>Bild 3.24.</u>), die Inte-
grale der Flächenlasten jedoch gleich bleiben. Die entstehende

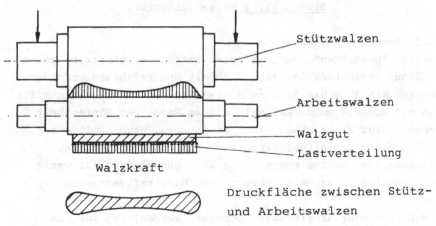

<u>Bild 3.24.</u> : Lastverteilung und Berührfläche zwischen Stütz-
und Arbeitswalze.

Biegelinie ist hyperbelartig gekrümmt. Beim Warmwalzen tritt
thermische Dehnung der Walzen hinzu, die für den stationären
Walzzustand nach einer Gauß'schen Verteilungskurve verläuft.
Das Ergebnis ist eine Kurve höherer Ordnung (<u>Bild 3.25.</u>), die
den Walzspalt begrenzt, der eigentlich rechteckig sein sollte.

Zur Walzspaltkorrektur sind folgende Maßnahmen bekannt und bewährt : Bombage der Stütz- oder Arbeitswalzen, Walzenbiegen

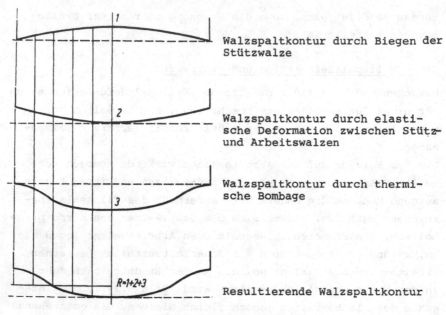

Walzspaltkontur durch Biegen der Stützwalze

Walzspaltkontur durch elastische Deformation zwischen Stütz- und Arbeitswalzen

Walzspaltkontur durch thermische Bombage

Resultierende Walzspaltkontur

Bild 3.25. : Walzspaltkontur.

und thermisches Bombieren.

Walzen "bombieren" oder ballig schleifen ist ein seit langem
geübtes Verfahren, das viel Sorgfalt und Erfahrung erfordert.
Walzen mit 3ooo bis 5ooo mm Ballenlänge sollen in Ballenmitte
um o,3 bis o,4 mm dicker sein als am Rand. Der Einfachheit
wegen folgt die Bombage einem Kreisbogen, obwohl mit numerisch
gesteuerten Schleifmaschinen auch die genau richtige Kurve
nachgebildet werden könnte. Sie wäre ohnehin nur für wenige
Kombinationen aus Walzgutbreite und Walzkraftverteilung optimal.

Ob Stütz- oder Arbeitswalze bombiert werden, ist für den
Effekt einerlei. Für das Balligschleifen der Arbeitswalzen
spricht die bessere Anpaßfähigkeit an das Walzprogramm durch
leichteren Walzenwechsel, dagegen spricht die größere relative
Durchmesseränderung, die damit verbundene größere Relativbewe-
gung zwischen den Walzen und der daraus resultierende höhere
Verschleiß.

Ein jüngeres, inzwischen aber weit entwickeltes Korrekturver-
fahren ist das Walzenbiegen durch zusätzliche Kräfte, die an
den Arbeitswalzenlagerzapfen oder an verlängerten Stützwalzen-
lagerzapfen angreifen (Bild 3.26.). Während die Stützwalzen-

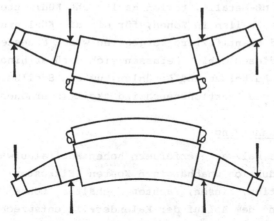

Bild 3.26. : Stützwalzenrückbiegung.

biegung über der ganzen Ballenlänge wirkt und unter günstigen
Umständen die Walzendurchbiegung völlig kompensieren kann, beeinflußt die Arbeitswalzenbiegung nur Randbereiche des Walzspaltes, etwa bis zum Eineinhalbfachen des Arbeitswalzendurch-
messers (Bild 3.27.). Je nach Kraftangriffsrichtung wird beim
Arbeitswalzenbiegen die Abplattung im Randbereich vergrößert
oder verkleinert, so daß in Kombination mit gut gewählter
Balligkeit größere Walzspaltkorrekturen möglich sind.

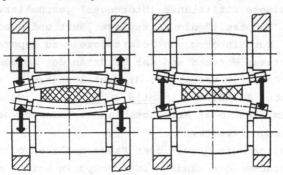

Bild 3.27. : Arbeitswalzenbiegung.

"Thermisches Bombieren" ist - mindestens qualitativ - so alt
wie das Walzen mit gekühlten Lagern. Alte Walzwerker berichten,
wie beim Blechwalzen die Walzspaltkontur mit der Menge des
Kühlwassers beeinflußt wurde, das die den Arbeitswalzen vom
Walzgut zufließende Wärme von den Walzballenrändern oder den
Lagerzapfen abführte. In modernen Walzanlagen, insbesondere

solchen für NE-Metalle, teilen zahlreiche Kühlmittelspritz-
düsen die Walzballen in Zonen, für die die Kühlintensität unabhängig und quantifiziert vorgegeben wird. Neueste Entwicklungen auf diesem Gebiet befassen sich darüber hinaus mit dem
zonenweisen Aufheizen und Abkühlen, um den Stellbereich zu er-
weitern und die Reaktionsgeschwindigkeit zu erhöhen.

3.9. Zeitausnutzung

Neuzeitliche Walzwerke erfordern hohen Kapitalaufwand. Ihre
von der Produktion unabhängigen Kosten (Fixkosten) für Kapi-
talamortisation, Zinsen, Pachten, Gehälter, Löhne[x] und dergleichen sind dem Ablauf der Kalenderzeit entsprechend aufzubringen. Erträge können dagegen nur in der für die Produktion
tatsächlich genutzten Betriebszeit entstehen. Daher ist es
Aufgabe des Walzwerkers, den Anteil der "Nutzungshauptzeit"
möglichst hoch zu halten und in dieser Zeit möglichst viel und
fehlerfrei zu produzieren. Bild 3.28. zeigt die Zeitausnutzung
schematisch : Die um die gesetzlich vorgeschriebenen Ruhezei-
ten - Sonn- und Feiertage - verminderte Kalenderzeit ist die
Betriebszeit. Von dieser sind für Anlagenpflege, geplante Reparaturen, präventive Wartung, Programmumstellung und ähnliches, Rüst- oder Nebenzeiten abzuziehen. Die übrige Zeit wird
durch ungeplante Stillstände (Störungen) geschmälert, so daß
nur in der "Hauptzeit" die Walzanlage läuft und produktions-
bereit ist. Der Einbezug von Feiertagszeit zu Reparaturen
oder präventiver Wartung und das Umrüsten der Anlage während
längerer Störzeiten verbessert die Zeitausnutzung, wie die
entsprechenden Zeitflüsse im Bild 3.28. zeigen. Ungeplante
Störungen im Rüst- oder Wartungsablauf vermindern demgegenüber
die Einsparungen wieder.
Reversierzeiten beim Block- oder Brammenwalzen, oder Zeitin-
tervalle zwischen den Bändern oder Knüppeln beim kontinuierlichen Walzen vermindern die "Hauptzeitnutzung" ebenso wie zu
langsames Walzen. Folgerichtig mußte die Walzwerktechnik Methoden entwickeln, Neben- und Störzeiten möglichst gering zu
halten und mit kürzesten Reversierzeiten und höchsten Walzgeschwindigkeiten die Hauptzeit besser zu nutzen. Kürzere Nebenzeiten wurden mit schnellarbeitenden Walzenwechselvorrichtun-

[x] Löhne gehören nominell nicht, de facto aber wohl zu den Fixkosten.

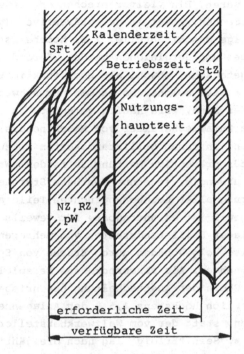

SFt Sonn-u.Feiertage StZ Störzeit
NZ Nebenzeit RZ Rüstzeit
pW präventive Wartung

Bild 3.28. : Schematische Darstellung der Zeitausnutzung.

gen, Wechselgerüsten und Mehrlinienwalzanlagen erreicht, wenn
der Walzprogrammfächer zahlreiche Formate und Profile enthielt.
Ähnlich oder besser wirksam sind Bereinigungen des Programm-
fächers und Verlängerungen der Programmperioden. Die zu den
Nebenzeiten gehörenden Kaliberwechselzeiten konnten an Drahtstraßen durch den Einsatz hochverschleißfester Walzen zu mehr
als 9o % eingespart werden. Die Hauptzeit wird in kontinuierlich arbeitenden Band-, Feinstahl- und Drahtwalzanlagen durch
ständig steigende Walzgeschwindigkeit und wachsende Anstichquerschnitte mit daraus folgend weniger Intervallen immer besser genutzt. Die ungeplante Stillstandszeit (Störzeit) ist bis
heute nicht in befriedigendem Maße vermindert worden. Sie
hängt äußerst komplex von zu vielen Einflußgrößen ab, als daß
genügend verständliche Voraussagen zum Ort und Zeitpunkt einer

Störung möglich wären. Ein vielversprechendes Mittel, Störungen seltener zu machen, liegt in der präventiven (vorbeugenden) Wartung : Anfällige Maschinenteile, z.B. hochbelastete Lager, Ketten, Kupplungen und dergleichen werden während geplanter Stillstände ausgetauscht, obwohl sie noch funktionsfähig sind. Weil Nutzen und Kosten solcher Maßnahmen nur schwer gegeneinander aufzurechnen sind, wird häufig versucht, in Simulationsstudien, die den Zufallscharakter von Maschinenausfällen berücksichtigen, und in denen Stillstandskosten vorzugeben sind, gültige Regeln für präventive Wartung zu finden. Wahrscheinlich ist es zu aufwendig, jede nur denkbare Störquelle durch ständige Erneuerung aller hochbeanspruchten Teile auszuschalten, aber ganz gewiß ist es untragbar, für jeweils ein ausgefallenes Walzenlager Stillstandszeiten von mehreren Minuten und möglicherweise Folgeschäden durch Brüche von Spindeln oder Kupplungen hinzunehmen. Als abschreckendes Beispiel sei das Verhalten eines Chefs der Instandhaltung beschrieben, der sich damit rühmte, jährlich höchstens 1,5 % der Anlagenbeschaffungskosten auszugeben, statt der vom Walzwerkhersteller empfohlenen 3 bis 3,5 %. Sein "Erfolg" lag nach dreijährigem Betrieb der Anlage bei fast 2o % Störzeit.
Ungeplante Stillstandszeiten von mehr als 5 % der Betriebszeit im Jahresmittel dürfen keinesfalls hingenommen werden. Als Richtwert zum Abschätzen der Störzeitkosten gelten etwa o,o2 % des Anlagenwertes je ausgefallener Betriebsstunde.

Schrifttum

1) DEMAG : Druckschrift W 11.1.
2) Klement, H.D. : Konstruktion 31 (1979), S. 79/83.
3) Kortzfleisch, B. v., O. Pawelski u. U. Krause : Stahl u. Eisen 87 (1967), S. 588/97.
4) Lederer, A. : Bänder, Bleche, Rohre 17 (1967), S. 15/2o, 47/51 u. 87/9o.
5) Niederhacke, W. : Stahl u. Eisen 93 (1973), S. 345/ 51.
6) Schwenzfeier, W. : Arch. Eisenhüttenwes. 42 (1971), S. 7o7/12.
7) Schloemann-Siemag AG : Druckschrift W 1/1116.
8) Siebel, E. : Stahl u. Eisen 57 (1937), S. 413/19.

Anke, F. u. M. Vater : Einführung in die technische Verformungskunde. Düsseldorf : Stahleisen. 1974.

Fastenrath, F. : Die Eisenbahnschiene. Berlin-München-Düssel-
dorf : Wilhelm Ernst & Sohn. 1977.

Fischer, F. : Spanlose Formgebung in Walzwerken. Berlin-New
York : Walter de Gruyter. 1972.

Grundlagen der bildsamen Formgebung. Düsseldorf : Stahleisen.
1966.

Herstellung von Halbzeug und warmgewalzten Flacherzeugnissen.
Düsseldorf : Stahleisen. 1972.

Kösters, F. : Walzwerke für Profil- und Stabstahl. Düsseldorf:
Stahleisen. 1971.

Sedlaczek, H. : Walzwerke. Sammlung Göschen, Bd. 58o/58o a.
Berlin : Walter de Gruyter. 1958.

108

4. Rundquerschnitte und Profile

Unter den Begriffen Rundquerschnitte und Profile sei die immen-
se Vielfalt von Rund-, Quadrat-, Breitflach-, Polygon-, Win-
kel-, I-, U-, T-, Z-Stahl, Schienen, Schwellen, Spundbohlen und
diversen Sonderprofilen verstanden, die der Handel unter anderem nach der Euronorm 79-69 in Formstahl, Stabstahl, Breit-
flach, Eisenbahnoberbauprofile und Walzdraht unterteilt.
Zum Formstahl gehören alle I-Träger, Breitflanschträger und
U-Stähle ab 8o mm Höhe (Bild 4.1.).

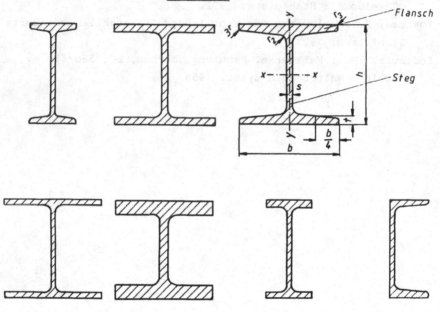

Bild 4.1. : Formstahl.

Zum Stabstahl (Bild 4.2.) zählen rotationssymmetrische Profile,
Flachquerschnitte bis 15o mm Breite, Winkel-, T- und Z-Profile,
Wulstflach und Rundprofile mit auf- oder eingewalzten Rippen.
Mehr als 15o mm breite Flachprodukte bilden die Breitflach-
stahlgruppe, Eisenbahnschienen (Bild 4.3.), Schwellen, Unter-
legplatten und Spundbohlen sind in der Gruppe Eisenbahnoberbau
zusammengefaßt.
Kleine Profile, die nicht in Stabform gekühlt und abgelegt werden, heißen Walzdraht, Hohlprofile jeder Form sind Rohre, und
der Rest fällt unter Sonderprofile.

109

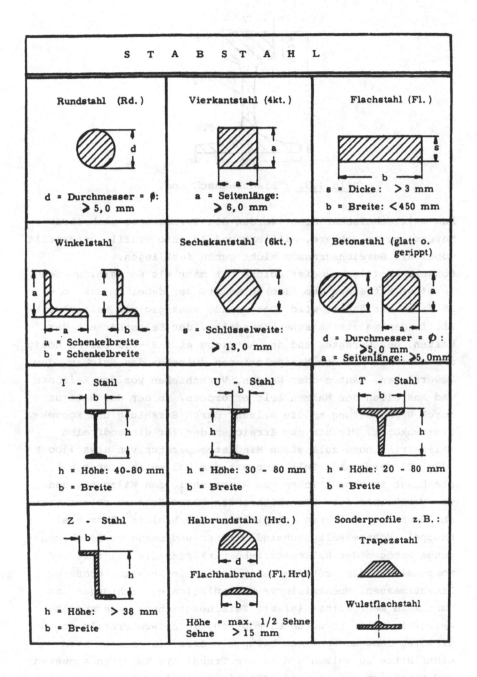

Bild 4.2. : Stabstahl.

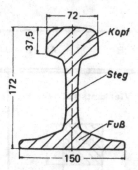

Bild 4.3. : Eisenbahnschiene.

Aus walztechnischer Sicht werden die Erzeugnisse nach ihrer
Metermasse in schwere, mittlere und leichte Profile unterteilt,
wobei die Bereichsgrenzen nicht genau festliegen.
Schwere Profile, zumeist solche mit mehr als 6o kg/m, werden
in einer Hitze aus dem Block gewalzt, der dabei um das 1o -
15 fache verlängert wird. Dazu sind, abhängig vom Walzgutwerk-
stoff, den walztechnischen Kenndaten, der Belastbarkeit der
Walzen, des Gerüstes und des Antriebs etwa 9 - 15 Stiche nötig,
die zusammen mit den Manipulationen zwischen den Stichen, dem
Reversieren, Kanten oder Wenden, Verschieben vor den Kalibern
und Anstellen der Walzen Zeit erfordern, in der das Walzgut
durch Wärmeleitung an die Walzen, durch Strahlung und Konvektion abkühlt. Die bis zum Erreichen der für einwandfreien
Walzbetrieb noch zulässigen Mindesttemperatur von etwa 1100 K
(83o° C) vergehende Zeit begrenzt das Walzen in erster Hitze.
Sie hängt im wesentlichen vom Wärmeinhalt des Walzgutes und
vom Verhältnis der wärmeabführenden Oberfläche zu seiner Masse
ab. Schienen verlieren beispielsweise schneller Wärme als
Knüppel. Höhere Walzgeschwindigkeiten und besseres Beschleuni-
gungsvermögen der Walzenantriebe verkürzen die Walzzeit und
kompensieren den größeren Zeitbedarf beim Abwalzen größerer
Einsatzmassen. Mechanisierte Manipulationseinrichtungen und
zunehmend mehr automatisierte Zwischenstichvorgänge sparen
weiterhin Zeit. So wurde es möglich, leichtere Profile in
größeren Längen, Schienen beispielsweise bis über 6o m in
einer Hitze zu walzen und so die Trennlinie zwischen schweren
und mittleren Profilen zu verschieben. Alle Maßnahmen, schneller zu walzen und zu manipulieren, erhöhen selbstverständlich

auch den Durchsatz. Während aber das Verteilen der Walzarbeit
auf mehrere Gerüste die Blockfolgezeit erniedrigt und damit
den Durchsatz erhöht, spart es nur dann Walzzeit für jeden
Block, wenn die nachgeschalteten Gerüste schneller walzen.

4.1. Walzanlagen für schwere Profile

Grobwalzanlagen sind einzuteilen in :
a) Eingerüstige Trio- oder Reversierduostraßen
b) Zwei- und mehrgerüstige offene Triostraßen (<u>Bilder 4.4.</u>
   <u>und 4.5.</u>)
c) Teilkonti-Walzstraßen (<u>Bild 4.6.</u>)

Zu a) Sollen kleine Blöcke von weniger als 8 Tonnen Masse zu
   Halbzeug oder einfachen Profilen mit annähernd quadra-
   tischem Querschnitt verwalzt werden, dann genügt diesem
   Zweck die eingerüstige Walzanlage. Je kleiner die Einsatzmassen und Fertigwalzlängen sind, desto besser eignet sich ein Triogerüst. Für größere Walzgutlängen
   rechtfertigt das Reversierduo den höheren Aufwand, weil
   Hebe- oder Wipptische wegfallen, und damit die Manipula-
   tion des Walzgutes zwischen den Stichen leichter wird.
   Die Walzen mit Durchmessern zwischen 7oo und 95o mm und
   Ballenlängen vom 2,4 bis 2,8 fachen des Durchmessers
   haben neben der Flachbahn oder einem breiten Kastenka-
   liber wenige schmale, meistens rechteckige Kaliber. Die
   Stichfolge ist einfach, möglichst viele Stiche laufen
   auf der Flachbahn, auch die ersten Kant- oder Stauchstiche.

Zu b) Kompliziertere Profile, beispielsweise I-Träger, Schienen und dgl., werden bereits nach den ersten Stichen in
   speziellen Kalibern vorprofiliert, von denen nicht alle
   auf einer Walze Platz finden. Daher sind mehrere Gerüste erforderlich, die entweder nebeneinanderstehend
   gemeinsam angetrieben werden (<u>Bild 4.4.</u>) und so eine
   "offene" Straße bilden, oder in Staffeln hintereinander
   und seitlich versetzt stehen, so daß das Walzgut aus
   jedem Gerüst frei auslaufen kann (<u>Bild 4.5.</u>). Die Gerüste offener Straßen sind meistens Trios, Einzelge-
   rüste in Staffeln eher Reversierduos. Ein Gesichtspunkt
   neben vielen anderen zur Entscheidung für Duo- oder

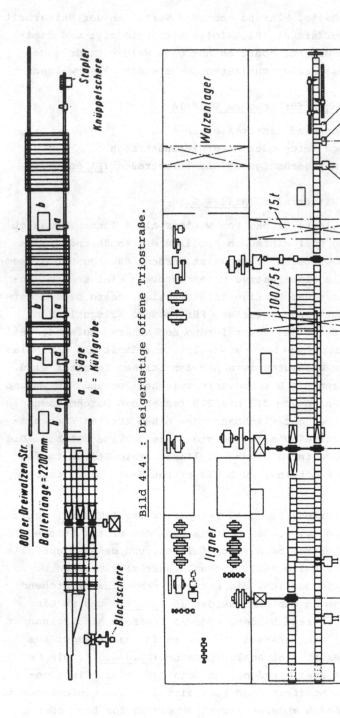

800 er Dreiwalzen-Str.

Ballenlänge = 2200 mm

Stapler
Knüppelschere
a = Säge
b = Kühlgrube
Blockschere

Bild 4.4. : Dreigerüstige offene Triostraße.

Walzenlager
Warmsägen
Kaltsäge
64 m
15 t
100/15 t
58 m
60 m
Ilgner

Bild 4.5. : Zweigerüstige Triostraße mit Vor- und Fertiggerüst.

113

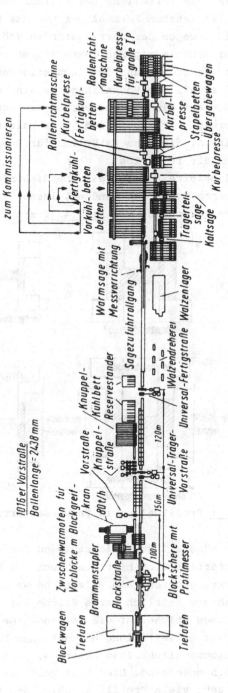

Bild 4.6. : Teilkonti-Walzstraße.

Triogerüste ist die Verteilung der Kaliber nach ihrer
Haltbarkeit. Die letzten Formkaliber und das Fertigkaliber verschleißen wegen der dort laufenden größeren Walzgutlängen, der mit niedrigeren Temperaturen höheren
Formänderungswiderstände und der ungünstigeren Walzgeometrie schneller als die Vorkaliber. Es sind demnach
mehr Endkaliber auf einer Walze vorzusehen oder, wenn
nur wenige Gerüste vorhanden sind, mehr Walzensätze mit
gleichen Kalibern, die dann natürlich für Duogerüste
weniger kosten als für Trios.
Einfacher kalibrierte Walzen, die überdies nicht ausschließlich einem Formstich genügen, lassen sich in Universalgerüsten verwenden, wie Bild 4.7. zeigt.

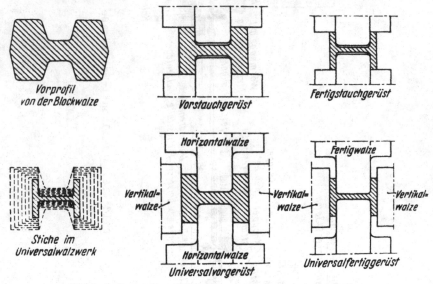

Bild 4.7. : Profilwalzen in Universalgerüsten.

Der erheblich höhere Investitionsaufwand für Universalgerüste rechtfertigt sich hier u.a. auch aus den Erspar-
nissen an Werkzeugkosten. Die Walzstiche werden so verteilt, daß mehrere zeitlich kurze Stiche auf das erste
und weniger lange Stiche auf die folgenden Gerüste entfallen. Die Walzzeitverteilung gelingt umso besser, je
mehr Kombinationsmöglichkeiten bestehen, je mehr Gerüste also vorhanden sind. Dies gilt besonders, wenn das
Walzprogramm sehr viele Profile enthält, die unter-

schiedliche Einzelstichzeiten und Gesamtwalzzeiten erfordern.

Zu c) Walzprofile mit vergleichsweise kleiner Metermasse laufen lange in den letzten Stichen. Es ist daher nicht
mehr sinnvoll, mehr als einen Stich auf die letzten Gerüste zu legen. Damit entsteht die Teilkonti-Walzstraße
(Bild 4.6.) mit Trio- oder Reversierduogerüsten im vor-
deren, und Einwegduogerüsten im hinteren Teil der Anlage. Die Walzen sind den jeweiligen Gegebenheiten angepaßt und haben in den hinteren Gerüsten kleinere Durchmesser bis zu 65o mm und Ballenlängen bis etwa 18oo mm.

Der Durchsatz von Grobstraßen variiert erheblich mit dem Walzprogramm. Mittelwerte liegen zwischen 3oo.ooo und 7oo.ooo t
pro Jahr.
Interessante Aufgaben beim Walzen schwerer Profile liegen in
der Auswahl und im Anpassen geeigneter Kalibrierungen, im Erstellen zeitsparender Stichpläne, in der Korrektur des für gute Profilausbildung erforderlichen Werkstoffflusses, der Min-
derung des Walzenverschleißes und in der erheblichen Organi-
sationsarbeit zur Kombination des geforderten Walzprogramms
mit den Gegebenheiten einer Walzanlage und deren Walzenpark.

Mögliche Maßfehler an schweren Walzprofilen sind: Unzulässig
dicke Stege, ungenügend oder ungleichmäßig ausgebildete Flansche, Profilunsymmetrien, aufgebogene Flansche, Durchmesser-
fehler an Rundprofilen und andere Oberflächenfehler, beispielsweise Riefen, entstehen durch schlecht justierte Ab-
streifmeißel an den Walzspaltaustritten, Querrisse an expo-
nierten Profilkanten durch zu niedrige Walzguttemperatur oder
durch ungünstige Abnahmeverteilung über dem Walzgutquerschnitt,
durch die das Profilinnere mehr streckt als das äußere und damit Zugspannungen im Randbereich verursacht.
Längsfalten (Bild 4.8.) treten auf, wenn nicht genügend großer
Querdruck im Kaliber bestand oder wenn örtlich zu geringe
Querschnittsabnahmen vorlagen. Die Ursachen von Ungänzen, Lunkern und nichtmetallischen Einschlüssen liegen nicht im Walzwerk. Nichtsymmetrische Profile, beispielsweise U-Stahl und
Schienen krümmen sich beim Kühlen auf dem Kühlbett, da die
Wärme nicht gleichmäßig schnell aus allen Querschnittsteilen
entweicht. Die dadurch entstehenden Temperaturdifferenzen ver-

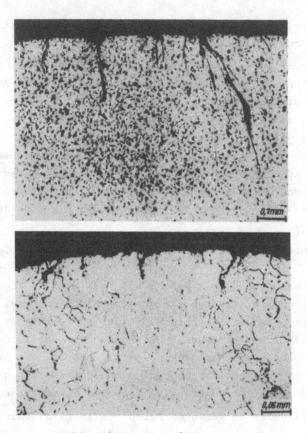

Bild 4.8. : Längsfalten.

ursachen partiell thermische Dehnungen bis in den plastischen
Bereich. Das später folgende Kaltrichten gekrümmter Profile
vermittelt ihnen Eigenspannungen, die bisweilen bei der Wei-
terverwendung ganz erheblich stören. Besser wäre es, ungleichmäßig abkühlende Profile langsamer zu kühlen oder so gekrümmt
abzulegen, daß sie sich beim Kühlen gerade strecken.

4.2. Walzanlagen für mittelschwere Profile

Mittelschwere Rundquerschnitte und Profile bis 1oo m Länge
werden in 1o bis 18 Stichen aus vorgewalztem Halbzeug in zweiter Hitze oder aus stranggegossenem Vormaterial gewalzt. Um
einige Stiche einzusparen, könnten die Einsatzmaterialabmes-
sungen dem jeweils gewünschten Fertigquerschnitt angepaßt werden. Weil Mittelstahlstraßen aber im allgemeinen einen sehr
breiten Produktfächer belegen, erforderte dies zahlreiche ver-

schiedene Halbzeugformate in einem aufwendigen Vormateriallager, das noch teurer wird, wenn mehrere unterschiedliche Werkstoffqualitäten zu verarbeiten sind. Als zweckmäßiger gelten daher möglichst flexibel arbeitende Walzanlagen, entweder in offener Bauart mit bis zu 6 Trio- oder Reversierduogerüsten, als Teilkonti-Straße mit bis zu 11 Gerüsten oder als Vollkonti-Straße mit bis zu 27 Duo-Einweggerüsten (Bild 4.9.).

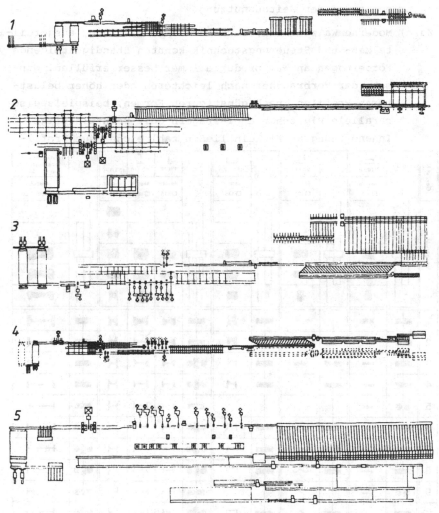

Bild 4.9. : Mittelstahlstraßen. 1 Offenes Triowalzwerk, 2 offenes Duowalzwerk, 3 Zickzack-Anordnung, 4 Zwei-Linien-Bauart, 5 kontinuierliche Ein-Linien-Bauart.

Walzen für Mittelstahl haben Durchmesser von 45o bis 75o mm
und Ballenlängen vom 1 bis 2,2 fachen des Durchmessers. Die
Entwicklung neuzeitlicher Mittelstahlstraßen verfolgte zwei
Ziele :

a) Weitgehende Flexibilität im ständig breiter werdenden Erzeugungsprogramm und

b) Erhöhen der Wirtschaftlichkeit durch Verbessern des Aus-
   bringens und der Zeitausnutzung.

Zu a) Moderne Walztechnik, bessere Wärmebehandlung, ausgefeil-
   te Meß- und Steuerungstechnik konnten ständig steigende
   Forderungen an Walzprodukte immer besser erfüllen. Wünsche der Verbraucher nach leichteren oder höher belast-
   baren Profilen, nach günstigeren Formen, beispielsweise
   parallele Flanschen an I-Trägern oder rechtwinkelige
   Innenöffnung an Winkeln ließen zahlreiche neue Profil-

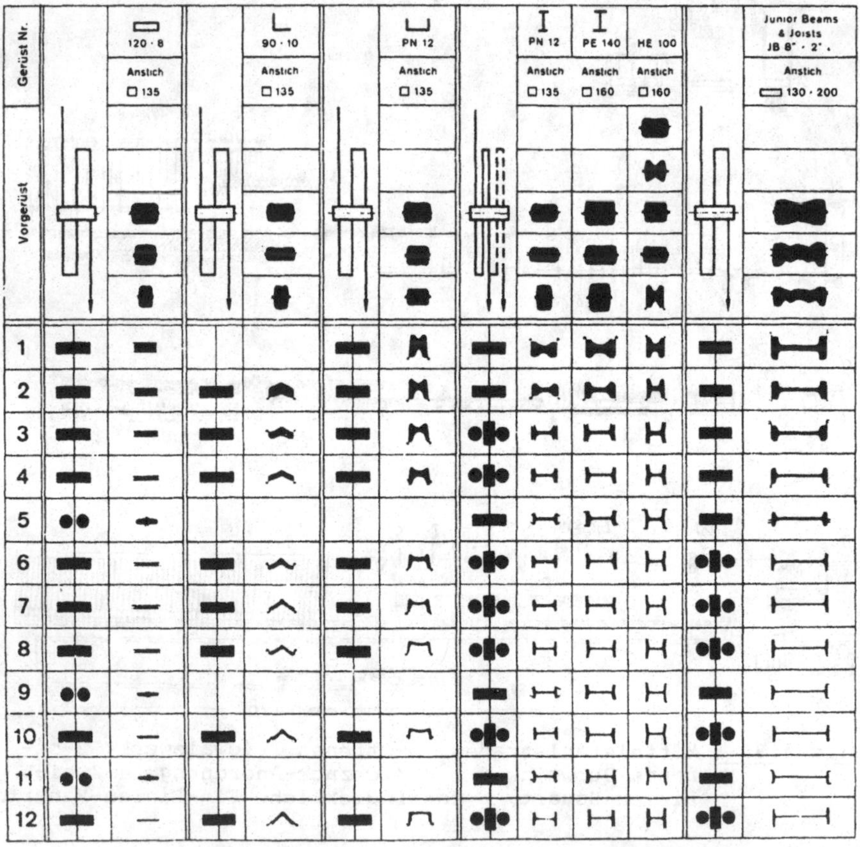

Gerüst Nr.	120·8 Anstich □135	90·10 Anstich □135	PN 12 Anstich □135	PN 12 Anstich □135	PE 140 Anstich □160	HE 100 Anstich □160		Junior Beams & Joists JB 8"·2" Anstich 130·200
Vorgerüst								
1								
2								
3								
4								
5								
6								
7								
8								
9								
10								
11								
12								

Bild 4.1o. : Kalibrierungsschema für verschiedene Profile.

reihen entstehen (Bild 4.1o.). Neben den Normalabmes-
sungen erschienen die verstärkte Ausführung, die Junior-
beam-Reihe, die Parallelflansch- und die Breitflansch-
reihen und viele andere, die alle zusammen den Bedarf an
Walzprodukten wohl erhöhten, die Einzellosgrößen aber
drastisch senkten. Schnellwechselvorrichtungen für die
Walzen, Austauschkassetten mit Walzen, Lagern und Einbaustücken oder ganze Wechselgerüste (Bild 4.11.), die in

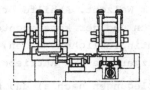

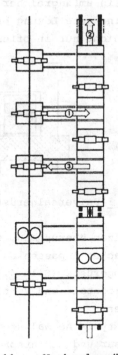

Bild 4.11. : Wechselgerüste.

der Walzenwerkstatt vorbereitet, und beim Walzprogrammwechsel anstelle der bisher benutzten Gerüste in wenigen
Minuten auf die Sohlplatten des Fundaments gesetzt und
mit den Antriebsspindeln und Versorgungsleitungen ver-

bunden werden, machen das Bearbeiten kleiner und kleinster Walzlose im Erzeugungsprogramm wirtschaftlich.

Zu b) Das nach einigen Walzstichen erforderliche Schopfen am
Stabanfang und meistens auch am Ende und die beim Auf-
teilen fertiggewalzter Stäbe in Kühlbett- oder Handels-
längen anfallenden Restenden beeinträchtigen das Ausbringen. Größere Einsatzmassen können es verbessern, sie
erfordern aber längere Walzzeiten und damit ungünstigere
Temperaturprofile im Walzgut. Abhilfe bringen höhere
Walzgeschwindigkeiten und der konsequente Ausbau der
Walzanlagen zum kontinuierlichen Walzen, zu dem entsprechend viele Walzgerüste und Antriebe gehören.

Hier divergieren die Überlegungen nach a) und b), weil zahlreiche Wechselgerüste und ein umfangreicher Walzenpark sehr
aufwendig werden müßten. Eine gute Lösung brachten Universalgerüste (Bild 4.12.), die nicht nur in offenen Straßen mehrere

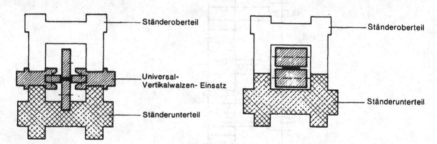

Bild 4.12. : Universalgerüst.

Stiche mit anstellbaren Walzen übernehmen, sondern in Konti-
Straßen schnelles und einfaches Anpassen an geänderte Profil-
abmessungen gestatten. Kippgerüste (Bild 4.13.) erlauben
schnelles Wechseln von Horizontal- und Vertikalgerüsten an
unterschiedlichen Positionen.
Das für Mittelstahlstraßen typische Walzprogramm enthält Rund
von 2o bis 18o mm Durchmesser und dementsprechende Polygonal-
profile, Flach von 5o bis 3oo mm Breite in variablen Dicken,
symmetrische und asymmetrische Winkel mit Schenkellängen von
35 bis 2oo mm, T-Stahl von 35 bis 15o mm, U-Stahl von 35 bis
24o mm, I-Profile PE 8o bis PE 4oo, Breitflanschprofile PB 1oo
bis PB 4oo, IPE-Träger, die dünnwandiger, um weniges leichter
als Normalprofile sind und parallele Flansche haben, und

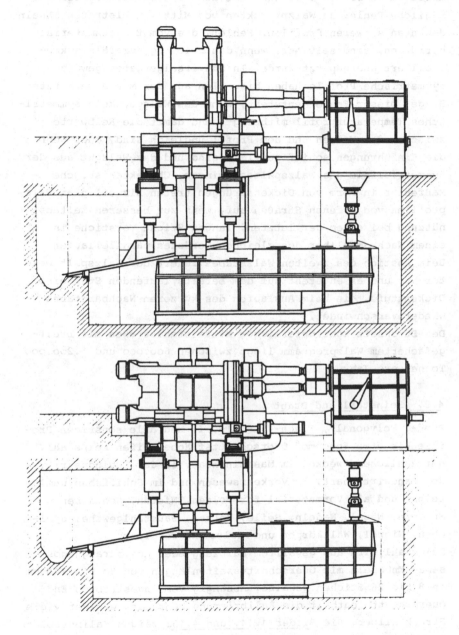

Bild 4.13. : Kippgerüst.

Junior-beams, die amerikanische Version leichter Träger, deren
Masse um 15 bis 4o % kleiner ist als die von Normalprofilen.
Mögliche Fehler an Walzprodukten von Mittelstahlstraßen ähneln
denen an schweren Profilen. Fehler, die vom Einsatzmaterial
herrühren, sind seltener, wenn das Halbzeug sorgfältig kon-
trolliert und geputzt wurde. In Universalgerüsten gewalzte
symmetrische Profile haben bisweilen aus der Mitte versetzte
Stege. Dieser Fehler entsteht, wenn das Walzgut kein symmetri-
sches Temperaturprofil mitbringt, und damit die Reibwerte
zwischen den Walzen und dem Profil ungleich sind, oder wenn
die Einführungen schief justiert sind und das Walzgut aus der
Symmetrielinie des Walzspaltes zwingen. Charakteristische
Maßfehler in Form von Dickensprüngen treten bisweilen an Walzprofilen von offenen Straßen auf, wenn zur besseren Zeitaus-
nützung bei einem der letzten, langen Stiche Vorstiche in
einem Nachbarkaliber des gleichen Gerüstes parallellaufen.
Beim Anstich des zweiten Walzstabes federt der Walzspalt weiter auf und es entsteht auf dem bereits laufenden Stab eine
Dickenstufe, die beim Auslaufen des kürzeren Nachbarstabes
wieder verschwindet.
Der Durchsatz kontinuierlicher Mittelstahlstraßen mit breit-
gefächertem Walzprogramm liegt zwischen 6oo.ooo und 1.2oo.ooo
Tonnen pro Jahr.

4.3. Feinstahl und Draht

Rund-, Polygonal-, Flach-, L-, T-, I- und alle sonstigen Profile bis etwa 1ooo mm^2 Querschnittsfläche heißen Feinstahl,
der zahllosen Zwecken im Maschinenbau, in der Bauindustrie,
der Landwirtschaft, im Verkehrswesen und im Schiffsbau unmittelbar und als Vormaterial für Bolzen, Nieten, Schrauben,
Muttern, Nägel, Nadeln, Seile, Ketten, Baustahlgewebe, Spei-
chen, Nippel, Wälzkörper und vieles andere dient.
Feinstahl wird aus gewalztem Halbzeug oder aus stranggegossenen Knüppeln mit Querschnittsseitenlängen von 8o bis 14o mm
in 8 bis 26 Stichen gewalzt. Abhängig vom angestrebten Endquerschnitt, enthält die Kalibrierung mehr oder weniger viele
Streckkaliber. Die Bilder 4.14. und 4.15. zeigen Kaliberfolgen
zum Walzen kleinerer und größerer Rundquerschnitte und zum
Profilstahlwalzen.
Weit mehr noch als im Mittelstahlsektor erweiterte sich der

123

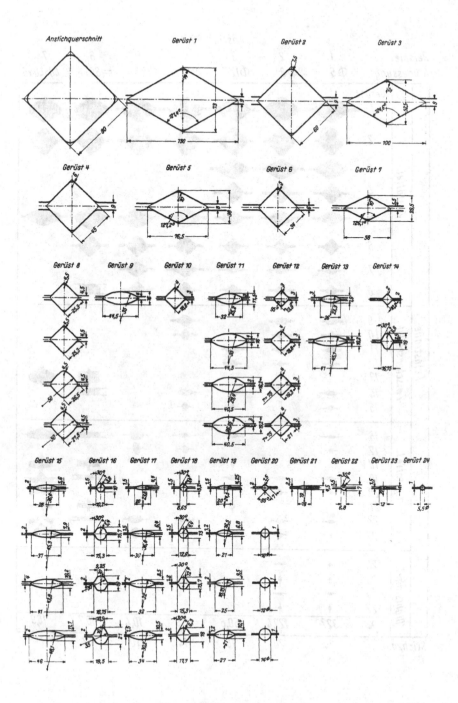

Bild 4.14. : Kalibrierungsbeispiele für eine Feinstahlstraße.

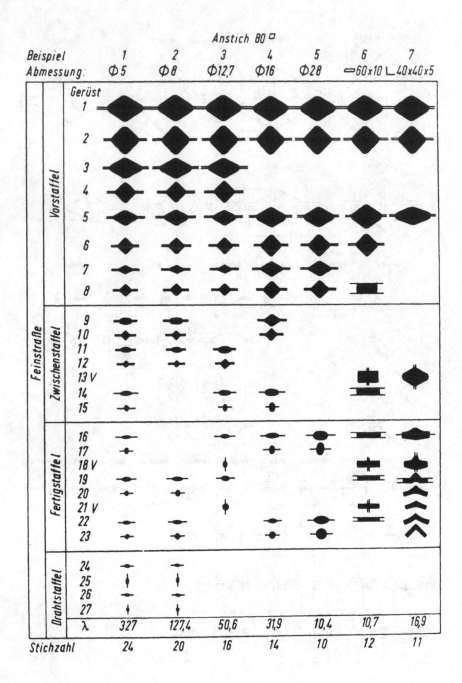

Bild 4.15. : Stichfolge einer kontinuierlichen Feinstahlstraße.

Produktfächer im Feinstahlbereich. Immer mehr feinere und
leichtere Profile sind in größerer Vielfalt, das heißt in
kleineren Walzlosen zu erzeugen. Bis in die frühen 6oer Jahre
versuchte die Walzwerktechnik, den Markterfordernissen mit
Walzanlagen zu folgen, die möglichst jedes Profil erzeugen
konnten. Feinstahlstraßen, die Rundprofile von 5,5 bis 4o mm
Durchmesser mit und ohne Rippen, L, T und U-Profile bis 6o mm
Steghöhe, Flachstahl bis 1oo x 1o mm^2 Querschnitt und außerdem noch Schmalband walzen, waren der Stolz der Walzwerker.
Straßen dieser Art hatten großzügig ausgelegte Kühlbetten für
jedes stabförmige Erzeugnis, Haspelanlagen für dicken Draht
(Garetthaspeln), schnellaufende Haspeln (Edenbornhaspeln) für
dünnen Draht und nachgeschaltete Drahtkühlanlagen. Ihre Walzenantriebe mußten einen weiten Drehzahl- und Leistungsbereich
überstreichen, einige konnten dies nur mit schaltbaren Wech-
selgetrieben. Vertikalgerüste für Stauchstiche beim Träger-
walzen waren ebenso vorhanden wie die Einrichtungen zum mehradrigen Walzen rotationssymmetrischer Profile, unter anderem
eigene mehrgerüstige Drahtwalzstaffeln für jede Walzader
(Bild 4.16.).
Eingehende Kosten-Nutzrechnungen zeigten, daß es günstiger
sein muß, die Produktionspalette zu verkleinern und Vielzweck-
anlagen, wenn nicht durch Spezialwalzwerke für jedes Profil, so
aber doch durch solche zu ersetzen, die vorwiegend in einem
engeren Geschwindigkeits- und Leistungsbereich arbeiten können.
Es leuchtet ein, daß beispielsweise ein Stabstahlkühlbett mit
allen erforderlichen Hilfseinrichtungen samt zugehöriger Zu-
richterei nicht wirtschaftlich zu nutzen ist, wenn in der halben Zeit Draht gewalzt wird. Ebenso nutzlos sind Drahtstaffeln
mit Horizontal- und Vertikalgerüsten, geregelten Schlingen,
Drahtkühl- und verladeeinrichtungen, wenn Stabstahl gewalzt
wird.
Der wirtschaftliche Nutzen von Walzanlagen hängt im wesentli-
chen von zwei eng miteinander verbundenen Faktoren ab, dem
Investitionsaufwand und der zeitlichen Nutzung.
Die Investition einer Walzanlage umfaßt neben den Gerüsten mit
Antrieben, Ofen, Rollgängen, Kühlbett, Scheren, Adjustage,
Hilfseinrichtungen für Pflege und Reparatur nebst allen gängi-
gen Ersatzteilen insbesondere Vorrichtungen für schnellen
Walzprogrammwechsel. Das sind im einfachsten Fall leicht ver-

126

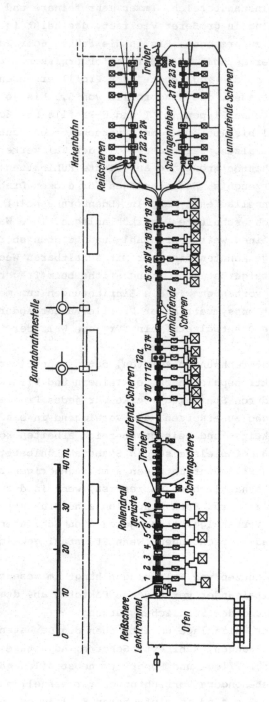

Bild 4.16.: Grundriß einer Feinstahlstraße.

schiebbare Führungen, mit denen das Walzgut in andere Kaliber
geleitet wird, ferner Schnellwechseleinrichtungen für Walzen
oder ganze Gerüste und schließlich ganze Walzlinien in mehr-
facher Ausrüstung, die jeweils wechselweise arbeiten oder umgebaut werden. Der Walzprogrammwechsel erfolgt schnellstens
durch einfaches Umleiten des Walzgutes auf die inzwischen vor-
bereitete neue Linie.

Der Investitionsaufwand für die einfachste Walzanlage verhält
sich zu dem einer Kontifeinstahl-Walzanlage in Mehrlinien-Bau-
art etwa wie 1 : 1o. Sinnvoll ist der höhere Aufwand nur, wenn
von der teureren Anlage auch entsprechend mehr erwartet werden
kann.

Die zeitliche Nutzung von Walzanlagen hängt im wesentlichen
davon ab, wie groß der Hauptzeitanteil ist, und wie effizient
die Hauptzeit genutzt wird. Nebenzeiten für Pflege, vorgeplan-
te Reparaturen und das Umrüsten der Anlage für das jeweils gewünschte Walzprogramm und Störzeiten durch ungeplante Betriebsstillstände verringern den Hauptzeitanteil.

Die Betriebszeit ist dann bestens genutzt, wenn keine Störzeiten aufscheinen, geringe Nebenzeiten erforderlich sind, und in
der Hauptzeit mit größtmöglicher Effizienz produziert wird.
Einfach und übersichtlich aufgebaute Walzanlagen, deren ent-
scheidende Teile in höchstem Maße betriebssicher ausgelegt oder
mehrfach vorhanden sind, lassen wenig Störungen erwarten.

Schmale Erzeugungsfächer mit langen Walzprogrammperioden halten die Nebenzeiten gering. Häufige Programmwechsel dagegen
erfordern zwingend schnellste Kaliberwechsel, Walzenwechsel,
Gerüstwechsel oder Walzlinienwechsel (Bild 4.17.), wenn die
Nebenzeiten im vertretbaren Rahmen bleiben sollen.

Möglichst pausenloses schnelles Walzen nützt die Hauptzeit am
besten. Folgerichtig entwickelten sich der Anstichquerschnitt
und die Endwalzgeschwindigkeit in den letzten Jahren
(Bild 4.18.). Größere Anstichquerschnitte und größere Einsatzmassen verringern die Anzahl der Intervalle zwischen je zwei
Walzknüppeln und damit die relative Pausenzeit, die jedoch
immer noch o,3 bis o,6 % der Walzzeit für einen Knüppel aus-
macht.

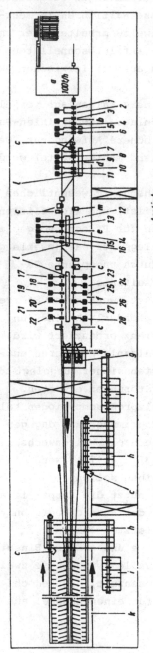

Anstich: 80 × 80 u. 100 × 100 mm . Länge 12 m

Walzprogramm:

∅ 8 - 40
□ □ 9,5 - 35
⬡ 9,5 - 35
⌐ 20 × 20 - 60 × 60
⊏⊤⊏ 25 - 100 × 5 - 20

Bild 4.17.: Mehrlinien-Feinstahlstraße. a Stoßofen, b Vorstaffel, c Scheren, d Zwischenstaffel I, e Zwischenstaffel II, f Fertigstaffel, g Drehrohrhaspel, h Querschlepper, i Bündelanlage, k Rechenkühlbett, l Verschiebebühne, m Treibapparat.

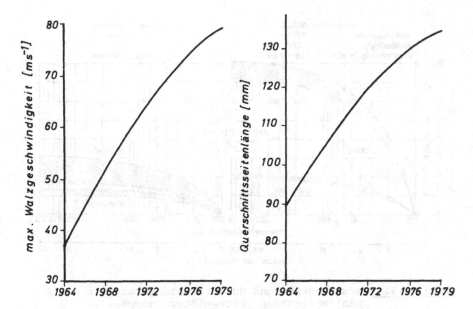

Bild 4.18. : Entwicklung der maximalen Walzgeschwindigkeit und
der Querschnittsseitenlänge

4.3.1. Endloswalzen

Es ist ein alter Walzwerkertraum, Stabstahl und Draht, aber
auch kleinere Profile endlos zu walzen. Die Vorzüge dieses
Verfahrens wären bestechend :
Die Hauptzeit wäre zu 1oo % genutzt,
fehlerhafte Anstiche und daraus folgende Betriebsstörungen
fielen weg,
Schopfen am Stabanfang und -ende wäre unnötig, damit käme auch
das Ausbringen an 1oo %.
Das Fertigprodukt könnte restendenlos in beliebige Mengen geteilt werden, um so das Kühlbett dicht zu belegen oder den Ab-
nehmern jede gewünschte Länge zu liefern.
Walzen unter Zug wäre weit besser möglich als bisher. "Dicke
Enden" gäbe es nicht.
Um wieviel der Durchsatz und das Ausbringen zu steigern wäre,
zeigt Bild 4.19.
Zwei Möglichkeiten zum Endloswalzen werden immer wieder erörtert :
In unmittelbarer Folge an das Stranggießen zu walzen, oder
vor dem Walzen die Einsatzknüppel aneinander zu schweißen.

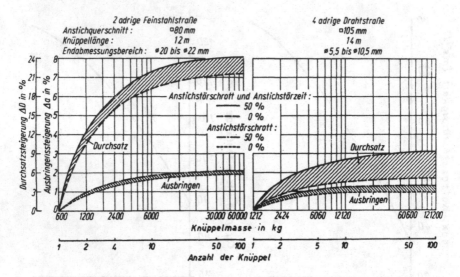

<u>Bild 4.19.</u> : Ausbringens- und Durchsatzsteigerung mit der An-
zahl aneinander geschweißter Knüppel.

Zahlreiche Patente wurden vorgelegt, ungezählte Vorschläge zum
Anpassen des geeigneten Stranggießquerschnitts an das folgende
Walzwerk gemacht. Ob kleine Querschnitte schnell vergossen,
oder langsamer gegossene in Hochumformmaschinen dem Eingangs-
querschnitt und der Einziehgeschwindigkeit der folgenden
Walzanlage angepaßt werden sollten, stets wurde dabei über-
sehen, daß der Höchstdurchsatz von Stranggießanlagen je Strang
erheblich niedriger liegt als der mögliche Durchsatz von Feinstahlwalzwerken und nur etwa halb so groß ist wie der moderner
Drahtwalzwerke (<u>Bild 4.2o.</u>).
In weiten Grenzen ist der Stranggießdurchsatz linear vom Umfang des Gießgutes abhängig. Weil

$$\frac{A}{U} \cdot v = const. \quad und \tag{4.1}$$

$$D = A \cdot v \quad ist, \ wird \tag{4.2}$$

$$D \sim U \tag{4.3}$$

A ..... Querschnittsfläche
U ..... Umfang
v ..... Strangausziehgeschwindigkeit
D ..... Durchsatz.

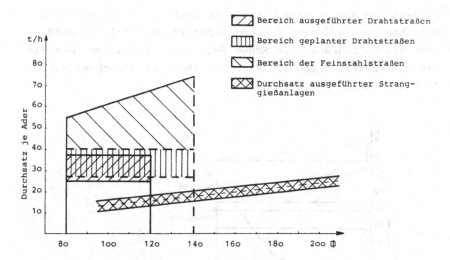

Bild 4.2o. : Durchsatz von Feinstahl- und Drahtstraßen, sowie
Stranggießanlagen in Abhängigkeit vom Querschnitt.

Zwar könnte beim Gießen rechteckiger Knüppel, die bis zum Sei-
tenverhältnis von 1 : 1,2 noch einwandfrei anzustechen wären,
der Durchsatz um etwa 1o %, jedoch nicht annähernd bis zum
möglichen Durchsatz der nachgeschalteten Walzanlagen erhöht
werden, die demzufolge gedrosselt und damit unwirtschaftlich
arbeiten müßten. Des weiteren würden sich beim Verbinden zweier
Anlagen mit unterschiedlichen Produktionsrhythmen die Ausfälle
akkumulieren und schließlich fiele mit dem heute üblichen
Zwischenlager eine wichtige Inspektionsmöglichkeit für Oberflächenfehler weg.
Nach langer Entwicklungsarbeit und manchen Fehlschlägen entstanden Schweißmaschinen, die zwischen dem Ofen und den ersten
Gerüsten von Feinstahl- oder Drahtstraßen walzwarme Knüppel
im Durchlauf abbrennstumpfschweißen (Bild 4.21.). Die dazu er-

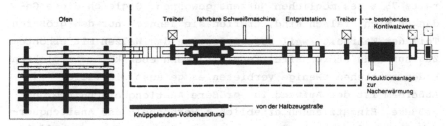

Bild 4.21. : Schema einer Anlage zum kontinuierlichen Aneinan-
derschweißen von Knüppeln.

forderliche Schweißzeit beträgt je nach Knüppelquerschnitt
zwischen drei und zehn Sekunden, der Platzbedarf demgemäß,
wenn der Verfahrweg beim Schweißen, der Rücklaufweg, ein Si-
cherheitszuschlag und die Maschinenlänge eingerechnet werden,
2o bis 3o m (Bild 4.22.).

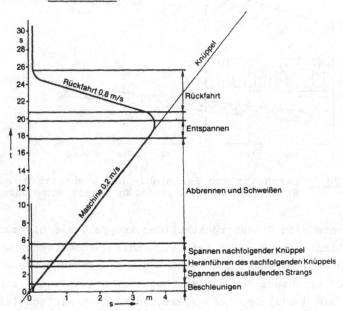

Bild 4.22. : Weg-Zeit-Diagramm der Knüppelschweißmaschine für
eine Konti-Drahtstraße.

Die technischen Möglichkeiten zum Endloswalzen sind gegeben,
wenngleich sie bisher nur an wenigen Stellen und zögernd genutzt werden. Ein leicht erklärbarer Einwand gegen das Schweißen besagt : Vom ganzen Nutzen des Endloswalzens ist die Hälfte
allein durch Verdoppeln des Anstichquerschnitts zu gewinnen.
Wird außerdem noch die Einsatzlänge verdoppelt, dann sind bereits 75 % des möglichen Nutzens gewonnen. Obgleich diese Gedanken nicht falsch sind, treffen sie dennoch nur den größeren
Teil der Wahrheit, weil beispielsweise das Walzen mit erhöhtem
Zug nur dann störungsfrei fungiert, wenn eben keine verdickten
Enden entstehen. Wenige verbieten es genauso wie viele.
Außerdem ist der Aufwand für größere Anstichquerschnitte und
größere Einsatzlängen erheblich : Verdoppeln des Anstichquerschnitts erfordert mindestens vier Gerüste in der Vorstaffel
mehr, die für große Walzkräfte und Walzmomente auszulegen sind

und mit niedrigen Drehzahlen laufen müßten. Sie sind schlecht
genutzt. Schlimmer ist, daß mit kleinen Geschwindigkeiten und
großen Stichabnahmen in demgemäß langen Berührzeiten das Walzgut sehr weit abkühlt, die Walzenoberflächen dagegen unzulässig aufgeheizt werden.
Längere Knüppel erfordern breitere und damit teurere Öfen.
Für neuzeitliche Draht- und Feinstahlwalzwerke dürfte das Endloswalzen unter Einsatz von Knüppelwarmschweißmaschinen ein
vielversprechendes Planungsobjekt sein.
Eine gute Möglichkeit, Walzgut in einem Durchgang und ohne
langen Kontakt mit kühlenden Flächen auf das Vier- bis Fünf-
fache seiner Länge zu strecken, bietet das Planetenschrägwalzwerk der Fa. Schloemann-Siemag (<u>Bild 4.23.</u>). Es trägt an einer

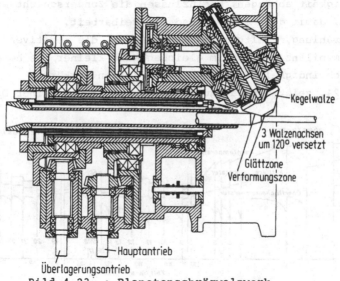

Bild 4.23. : Planetenschrägwalzwerk.

Hohlwelle eine drehbare Trommel, in der drei um 2,1 rad (120°)
gegeneinander versetzte kegelige Walzen mit leicht geschränk-
ten Achsen sitzen. Trommel und Walzen werden gegenläufig in
veränderlichem Drehzahlverhältnis angetrieben. Das Walzgut mit
rundem oder polygonalem Querschnitt gelangt durch die Hohlwelle zwischen die Walzen, die es zu einem runden Stab formen
und zufolge der Walzenachsenschränkung vorwärtsbewegen, aber
nicht drehen, weil die Drehbewegung der Trommel durch die
Walzendrehung in Gegenrichtung vollständig kompensiert wird.
Die Walzen sind axial anstellbar, um veränderliche Austritts-

134

querschnitte zu erzielen.

4.3.2. Walzgeschwindigkeit

Grenzen der Walzgeschwindigkeit liegen in der Wärmebilanz, der
Umformdynamik und in der Antriebstechnik. Die positiven Posten
der Wärmebilanz, Umformarbeit und Reibarbeit hängen beide von
der Geschwindigkeit ab. Die Umformarbeit wächst mit steigender
Formänderungsgeschwindigkeit, besonders im Bereich der Kali-
berränder, wo diese an $10^4 s^{-1}$ hinaufreicht. Die mit höheren
Geschwindigkeiten ansteigende Temperatur erniedrigt die Form-
änderungsfestigkeit und mit ihr die Formänderungsarbeit.
Oxidationszeit- und -temperatur, die beide von der Walzge-
schwindigkeit abhängen, beeinflussen die Zunderschicht auf dem
Walzgut, damit den Reibwert und die Reibarbeit.
Wärmestrahlung, -leitung und -konvektion, die negativen Posten
der Wärmebilanz, werden im gleichen Maße kleiner,wie höhere
Walzgeschwindigkeit die zugehörigen Zeiten verkürzt.
Bild 4.24. zeigt den Walzguttemperaturverlauf in einer Draht-
straße.

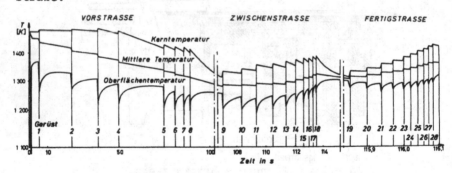

Bild 4.24. : Temperaturverlauf in einer Drahtstraße.

Rechnung und Versuch zeigen, wie mit steigender Walzgeschwindigkeit die Walzguttemperaturen asymptotisch einen Höchstwert anstreben (Bild 4.25.), der zwar keinesfalls - wie früher
bisweilen angenommen - an die Walzgutschmelztemperatur heran-
reicht, wohl aber ernsthafte Schäden erwarten läßt, wenn an
den Korngrenzen ausgeschiedene Verbindungen von Legierungselementen aufschmelzen und damit den Materialzusammenhang trennen.
Mit der Streckung des Walzgutes steigt seine Geschwindigkeit,
es wird beschleunigt. Je höher die Walzgutgeschwindigkeit

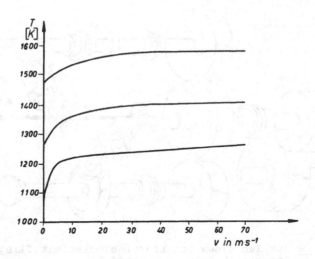

Bild 4.25. : Verlauf der Walzgutendtemperatur über der Walzgeschwindigkeit.

liegt, desto größer wird die Geschwindigkeitsdifferenz und
umso kürzer die Beschleunigungszeit sein. Bei unveränderlicher
Walzgutmasse müssen demzufolge die Beschleunigungskräfte wachsen, die ausschließlich reibschlüssig auf das Walzgut übertragen werden. Ein verbindlicher Grenzwert für die Walzgeschwindigkeit wurde aus dieser Sicht bisher nicht ermittelt,
jedoch zwischen 14o und 17o m/s vermutet.
In der Antriebstechnik schneller Walzstraßen spielt die Dynamik der beteiligten Motoren, Getriebe, Lager und Walzenwellen
eine begrenzende Rolle. Das Verteilergetriebe für achtgerüsti-
ge Drahtwalzblöcke beispielsweise bildet ein Drehschwingsystem
aus mindestens 16 Federn, 32 Massen und diversen Losen an allen beteiligten Zahnverbindungen (Bild 4.26.).
Die Eigenfrequenzen solcher Systeme sind äußerst schwierig und
nur unter erheblichem Aufwand zu berechnen. Koinzidenzen aus
Drehzahl und Eigenfrequenz und daraus folgende Resonanzen mit
allen gefürchteten Folgen sind weder in der Konstruktion noch
im Betrieb für alle beteiligten Elemente im gesamten geforderten Geschwindigkeitsbereich sicher zu vermeiden. Die augen-
blickliche Entwicklung schneller Drahtwalzanlagen läßt daher
kaum höhere Walzgeschwindigkeiten als 8o m/s erwarten, bevor
nicht alle anderen Maßnahmen zur besseren Betriebszeitnutzung
ausgeschöpft sind.

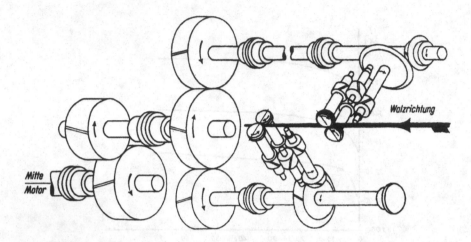

__Bild 4.26.__ : Antrieb eines Drahtfertigblockes mit fliegend gelagerten Walzen (schematisch).

Die höchsten Walzgeschwindigkeiten in Stabstahlstraßen sind im
wesentlichen von den Kühlbettlaufmechanismen begrenzt. Scheren,
die schnellaufendes Walzgut in Kühlbettlängen teilen, arbeiten
verläßlich bis etwa 22 m/s, desgleichen Bremsschieber, Weichen
und Ausheber, die für höhere Walzgutgeschwindigkeiten einen
erheblichen Mehraufwand erfordern, der derzeit nicht lohnend
erscheint.

4.3.3. Anlagenbeispiele

Eingehende Gedanken über notwendige Investitionen und erreichbare Nutzungsgrade führten zur Entwicklung von vier charakteristischen Walzanlagentypen.

4.3.3.1. Offene Straßen

Offene oder teilkontinuierlich arbeitende Walzanlagen für kleine Profile erfordern geringste Investitionsmittel für wenige
Gerüste mit billigen Antrieben. Der Walzprogrammwechsel ist
einfach, wenn die gewünschten Kaliber auf einem Walzensatz unterzubringen sind. Im offenen Teil läuft das Walzgut durch
selbsttätige Umführungen oder wird, wenn seine Form es erfordert, von Hand umgeführt. Die höchstmögliche Walzgeschwindigkeit beträgt dabei 9 m/s, entsprechend lang ist damit die
Walzzeit und groß der Temperaturunterschied zwischen Stabanfang und -ende. Um trotzdem die Maßtreue des Walzgutes zu er-

halten, werden kürzere Knüppel mit höchstens 12o kg Masse verwalzt, deren Querschnittsseitenlänge selten größer als 6o mm
ist, damit die Einlaufgeschwindigkeit im ersten Stich nicht
wesentlich niedriger als o,1 m/s liegt, um unzulässiges Abkühlen des Walzgutes und unnötiges Aufheizen der Walzen zu
vermeiden. Obwohl gleichzeitig nebeneinanderlaufende Walzadern
den Durchsatz erhöhen, erreicht er an Anlagen dieser Art selten mehr als 7o.ooo Jahrestonnen und weniger als 5o.ooo Jahrestonnen, wenn ausschließlich dünner Draht gewalzt wird.
Offene Walzanlagen eignen sich besonders für sehr kleine Walzlose im Edelstahl- und NE-Metallbereich, sie finden sich
gleichfalls in kleineren Unternehmen, die enge Marktlücken
abdecken.

4.3.3.2. Walzstraßen für stabförmige Rundprofile
Höhere Walzgeschwindigkeiten und kürzere Walzzeiten, ausschließlich realisiert in kontinuierlich arbeitenden Walzanlagen ermöglichen Einsatzmassen von 5oo kg und mehr. Die bis zu
14 m langen Knüppel laufen aus dem unmittelbar vor der Straße
stehenden Stoßofen in das erste Gerüst und verlieren so nur
wenig Wärme in der Zeit zwischen Anstich und Knüppelende. Der
Kalibrierung gemäß ist das Walzgut abwechselnd in Breiten- und
Höhenrichtung zu formen und muß dazu nach jedem Stich gedreht
werden, wenn nur Horizontalgerüste vorhanden sind. Drallbüch-
sen oder besondere Rollendrallgerüste zwischen den Gerüsten
übernehmen diese Aufgabe und erlauben den Verzicht auf Vertikalgerüste. Sie gestatten sogar mehradriges Walzen und finden
sich daher in Vor- und Zwischenstaffeln aller mehradrigen
Walzanlagen. Zweiadrige Fertigstaffeln mit Dralleinrichtungen
und gemeinsamen Antrieb für alle Fertiggerüste einer Staffel
bilden dagegen das besondere Merkmal der Duo-Drall-Straßen.
Mängel des Drallens sind ungleichmäßige Streckung über dem
Querschnitt, Oberflächenschäden am Walzgut durch Reiben an den
Drallarmaturen und Maßfehler durch ungenau justierte Drallvor-
richtungen. Das Walzprogramm dieser Walzanlagen enthält daher
vorzugsweise Rundprofile mit und ohne ein- oder aufgewalzte
Rippen, die als Bewehrungsstahl oder Betonstahl in der Bauindustrie gebraucht werden. Der Durchsatz von Duo-Drall-Straßen
reicht bis an 3oo.ooo Jahrestonnen und paßt damit nicht nur in
die Erzeugungspalette großer gemischter Hüttenwerke, sondern
auch zur Erzeugungskapazität der Ministahlwerke.

4.3.3.3. Walzstraßen für beliebig profilierten Stabstahl

Feinstahlwalzanlagen für alle Profile erfordern den höchsten
Investitionsaufwand : Mehr als ein Drittel aller Gerüste müssen Vertikalgerüste sein, um drallfrei und dann natürlich nur
einadrig zu walzen. Einzelantriebe in jedem Gerüst erfüllen
jede Forderung der Kalibrierung hinsichtlich der Querschnittsabnahmen für jedes gewünschte Profil. Schlingen zwischen den
Gerüsten sollen zugfreies Walzen garantieren, damit nicht
durch variable Längsspannungen im Walzgut unzulässige Maßfehler entstehen. Schnellwechselvorrichtungen für Walzen, Gerüste und Gerüstgruppen passen die Walzanlage jedem noch so
breit gefächertem Walzprogramm flexibel an. Gerüstgruppen in
mehreren parallelen Walzlinien gestatten Programmwechsel
durch Umleiten des Walzgutes in eine neue Linie, deren Gerüste während des Walzens in der alten Linie umgebaut und vorbereitet werden (Bild 4.17.).

4.3.3.4. Drahtstraßen

Wenn alle Möglichkeiten zum Erhöhen des Hauptzeitanteils ausgenutzt sind, hängt der Durchsatz von Walzanlagen fast ausschließlich vom Produkt aus dem Walzgutquerschnitt und der
Walzgeschwindigkeit ab. Kleinste Profile sollten daher möglichst schnell gewalzt werden. Weil Stabstahl nur mit höchstens 25 m/s auf Kühlbetten läuft, Draht dagegen bis zu
8o m/s schnell gewalzt und problemlos gehaspelt oder in Win-
dungen gelegt werden kann, war es konsequent, spezielle Drahtstraßen zu bauen, die bis zu 14 m lange Knüppel mit größten
Querschnittsseitenlängen von 14o mm in 23 bis 27 Stichen zu
Draht mit minimal 5,5 mm Durchmesser walzen.
Neuzeitliche Drahtstraßen, die für ein bis vier Walzadern ausgelegt werden, bestehen, wie die Beispiele in den Bildern
4.27. und 4.28. zeigen, aus einem Stoß- oder Hubbalkenofen mit
davorliegenden Entstapel-, Knüppelwiege- und Einstoßeinrich-
tungen, Ausziehtreiber und Adernweiche, einer 7 bis 9-gerüsti-

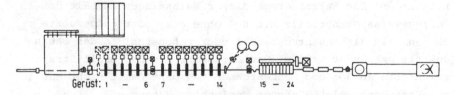

Gerüst: 1 — 6 7 — 14 15 — 24

Bild 4.27. : Einadrige Drahtstraße.

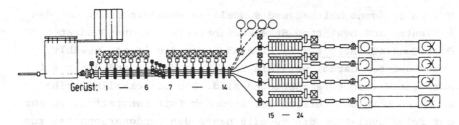

Bild 4.28. : Vieradrige Drahtstraße.

gen Vorstaffel, Schopf- und Häckselscherengruppe, einer 6 bis
8-gerüstigen Zwischenstaffel, einer zweiten Scherengruppe,
einem Fertigwalzblock mit 8 bis 1o Walzenpaaren, der Wasserkühlstrecke, dem Windungsleger, dem Luftkühlband und der Bund-
bildestation mit nachgeordneten Bundpressen und Transportein-
richtungen.
Vorstaffelgerüste werden einzeln oder in Gruppen zu zweien
oder dreien angetrieben, wobei der aufwendigere Einzelantrieb,
der besseres Anpassen der Walzgeschwindigkeit und damit der
Längskräfte im Walzgut gestattet, mehr und mehr bevorzugt
wird. Die Walzen mit Durchmessern zwischen 35o und 4oo mm haben kurze Ballen, um unterschiedliches Auffedern des Walzspaltes bei wechselnder Aderbelegung zu verringern. Nur vier Kaliber finden Platz. Reservekaliber können entfallen, wenn die

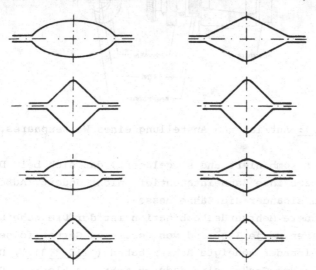

Bild 4.29. : Streckkaliberreihen. Links : Oval-Quadrat,
Rechts : Raute-Quadrat.

Walzen genügend haltbar und schnell zu wechseln sind. Von den
bekannten und bewährten Streckkaliberreihen Raute-Quadrat und
Oval-Quadrat (Bild 4.29.) wird häufiger die letzte gewählt,
unter anderem darum, weil die Kaliber schmaler und daher auf
kürzeren Walzen unterzubringen sind. Die Streckkaliberreihe
endet erst in den letzten Gerüsten der Zwischenstaffel, wo aus
der Folge Oval-Rund die jeweils passenden Rundquerschnitte zum
Einlauf in die Fertigstaffel abgezogen werden können.
Die Gerüste der Zwischenstaffel sind einzeln angetrieben. Ihre
Walzen mit Durchmessern zwischen 18o und 34o mm tragen mehr
als die erforderliche Mindestanzahl von Kalibern, um dem mit
wachsender Walzgutlänge ansteigenden Verschleiß zu begegnen.
Die Walzen der Vor- und Zwischenstaffel haben Wälzlager und
sind von Hand, einige seltene motorisch anstellbar.
Eine elegante Lösung für das Zusammenwirken der Exzenteranstellung mit dem Vorgelege zeigt Bild 4.3o. Statt des einfachen Stirnradpaares wurden innen- und außenverzahnte Räder

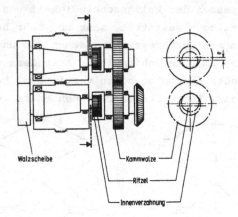

Bild 4.3o. : Antrieb und Anstellung eines Walzenpaares.

miteinander kombiniert und so gelagert, daß sich beim Drehen
des Exzenters ihre Zahneintauchtiefe nicht ändert. Außerdem
überdecken einander die Zähne besser.
Eine seltenere Mehrgerüstkombination ist der Dreischeibenblock,
dessen Walzen um je 12o$^{\circ}$ und von Gerüst zu Gerüst folgend um je
6o$^{\circ}$ gegeneinander geneigte Achsen haben (Bild 4.31.). Die Walz-
spalte in jedem Gerüst sind dadurch mehr umschlossen. Der Antrieb aller Walzscheiben, die nicht angestellt werden, ist

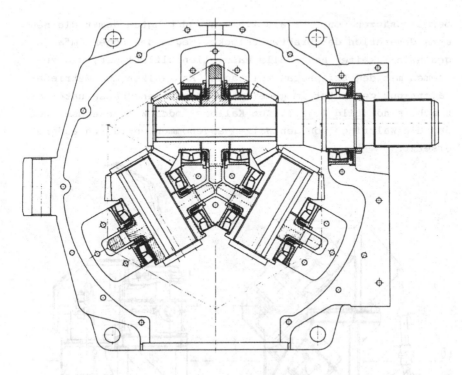

Bild 4.31. : Dreischeibenblock.

recht aufwendig.

Drahtfertigstrecken werden heute nahezu ausnahmslos als einadrige Fertigwalzblöcke gebaut, in denen 8 bis 1o Walzenpaare, mit abwechselnd um 90° gegeneinander und um 45° gegen die Horizontale geneigte Achsen gemeinsam von einem Motor oder Doppelmotor über Vorgelege und Verteilergetriebe angetrieben sind (Bilder 4.26. und 4.3o.). Die Drehzahl- und Walzgutgeschwindigkeitsverhältnisse und damit die Querschnittsabnahmen in jedem Gerüst liegen fest.

Die Walzen, Ringe aus Hartmetall auf fliegend gelagerten Wellen, haben 14o bis 18o mm Durchmesser und tragen nur ein einziges Kaliber. Eine noch vor wenig mehr als zehn Jahren diskutierte Alternative zu diesem Konzept sah zweiseitig gelagerte billigere Hartgußwalzen mit bis zu 3o Fertigkalibern und voll mechanisierter Kaliberwechseleinrichtung vor, die 35 t 5,5 mm dicken Draht (ca. 19o km) je Kaliber, in Summe also etwa 1ooo t bis zum nächsten Abschliff walzen sollten. Die Hartmetallringe entschieden inzwischen das Rennen für sich mit Kali-

berdurchsätzen von mehr als 1.5oo t und prägten damit die neueste Generation der Drahtwalzblöcke. Wegen der hohen Umfangs-
geschwindigkeiten haben alle Walzwellen Ölflutlager, die zusammen mit den Exzenteranstellungen, Kammwalzen und Getriebe-
rädern gut geschützt im gemeinsamen Maschinengehäuse untergebracht sind (<u>Bild 4.32.</u>). Zum Kaliber- oder Walzenwechsel werden die Walzringe von den Walzen abgenommen und durch andere
ersetzt.

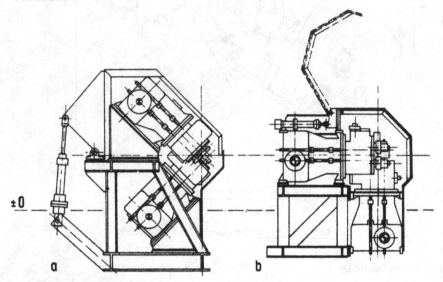

a   b

<u>Bild 4.32.</u> : Schnitt durch einen Drahtfertigblock. a 45°-An-
              ordnung, b H-V-Anordnung.

4.3.4. Drahtkühlung

Warmgewalzter Draht wird größtenteils kaltgezogen, und sollte
daher ein für die folgenden Formänderungsschritte gut geeigne-
tes Gefüge aus nicht zu kleinen Körnern von feinstreifigem
Perlit mit möglichst wenig Ferrit haben. (Der sehr gut verformbare Ferrit schadete eigentlich nicht, ist aber ein Indiz
dafür, daß an anderer Stelle unnötig viel Zementit ausgeschieden sein muß.) Es versteht sich von selbst, daß das erwünschte
Gefüge möglichst gleichmäßig über der Drahtlänge und über dem
Drahtquerschnitt ausgebildet, und außerdem nur wenig und gut
entfernbarer Zunder an der Drahtoberfläche sein sollte.
Alle Forderungen kann eine Kühlstrecke erfüllen, die den Draht
möglichst schnell über seinem ganzen Querschnitt abkühlt,ohne

ihn jedoch irgendwo zu härten, wenn sein austenistisches Gefüge in Martensit umwandelt. Die günstige Abkühlkurve ist im Zeit-Temperatur-Umwandlungsschaubild für kontinuierliches Kühlen gezeigt (Bild 4.33.). Wegen der begrenzten Wärmeleitfähigkeit des Stahles können nur Drähte bis 8 mm Durchmesser völlig

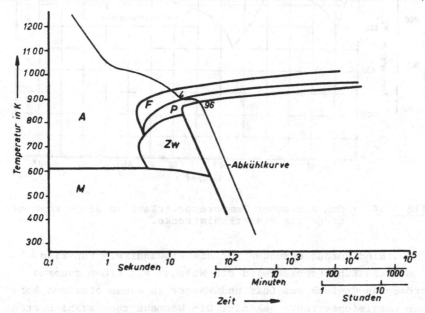

Bild 4.33. : Zeit-Temperatur-Umwandlungsschaubild für kontinuierliches Kühlen des Stahles Ck 45.

homogen über ihrem Querschnitt umwandeln. Die Kühlstrecke besteht aus zwei oder mehreren Kühlrohren, in denen das Walzgut im Kontakt mit hochturbulent strömendem Wasser Wärme abgibt. Die dabei erreichte Wärmeübergangszahl beträgt etwa $4 \cdot 10^4$ W/m^2K. Um Unterkühlen der Oberfläche und Martensitbildung zu vermeiden, ist das erste Kühlrohr nur kurz. Eine Temperaturausgleichsstrecke schließt sich an, in der die Drahtoberflächentemperatur wieder ansteigt (Bild 4.34.) und im folgenden Kühlrohr weiter absinkt. Hoher Wasserdruck bis 15 bar und die dazu erforderliche Pumpenleistung, verläßlich arbeitende Wasserabstreifer hinter jedem Kühlrohr und exakt gesteuerte Ventile, die den Wasserstrom erst dann freigeben, wenn die Walzgutspitze die Kühlstrecke bereits durchlaufen hat, weil sie sonst beim Einlauf Staukräfte bis etwa 1ooo N überwinden

144

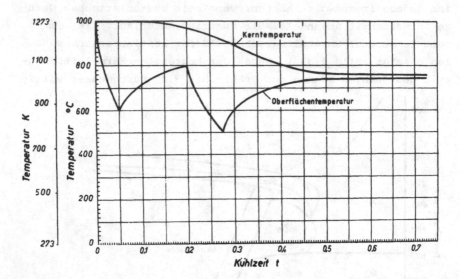

Bild 4.34. : Schematischer Temperaturverlauf in einer konventionellen Wasserkühlstrecke.

müßte, sind Voraussetzungen für die einwandfreie Funktion.
In neueren Kühlstrecken wird das Walzgut mit einem dauernd
strömenden Gemisch aus Luft und Wasser in einem einzigen Rohr
ohne Ausgleichsstrecke gekühlt. Die Wärmeübergangszahl beträgt
nur 10^4 W/m^2 K, so daß die Drahtoberfläche nicht unterkühlt.
Geringerer Wasserdruck bis höchstens 3 bar und dementsprechend
kleinere Pumpenleistung vermindern den Aufwand. Die Draht-
spitze kann das kompressible Wasser-Luft-Gemisch im Kühlrohr
seitlich wegschieben und findet so kaum Widerstand. Die erwünschte Wärmeabfuhr wird nicht, wie in älteren Anlagen, über den
Wasserdruck, sondern über die wirksame Kühlstreckenlänge variiert. Bild 4.35. zeigt den Temperaturverlauf in einer Kühlstrecke neuerer Bauart. Hinter der Wasserkühlstrecke läuft der
Draht in einen Windungsbilder, der die hohe Axialgeschwindig-
keit des Walzgutes gegen seine eigene Tangentialgeschwindig-
keit tauscht und die dabei entstehenden Drahtwindungen entweder auf ein Kettenband legt (Bild 4.36.) oder über einen Fin-
ger hängt (Bild 4.37.), die sie durch die Sekundärkühlstrecke
fördern, in der Gebläseluft dem Walzgut weiter Wärme entzieht.
Durch Zu- und Abschalten einzelner Gebläse läßt sich die für
jede Materialqualität geeignete Kühlung einstellen. Am Ende

145

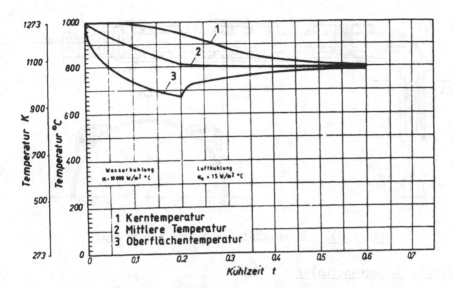

Bild 4.35. : Temperaturverlauf in einer Wasser-Luft-Kühlstrek-
ke mit anschließendem Temperaturausgleich.

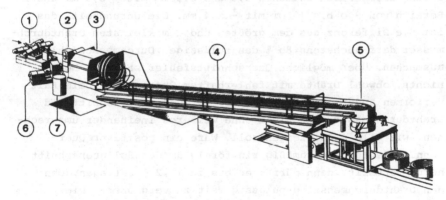

Bild 4.36. : Drahtkühlstrecke Bauart Schloemann. 1 Schopfschere, 2 Treiber, 3 Windungsbilder, 4 Windungs-
transportband, 5 Windungssammler, 6 Schrottschere,
7 Schrottzerhacker.

der Sekundärkühlstrecke kommen die Drahtwindungen in die Bund-
bildekammer, wo sie zu Bunden zusammengedrückt und versand-
fertig gebunden werden.

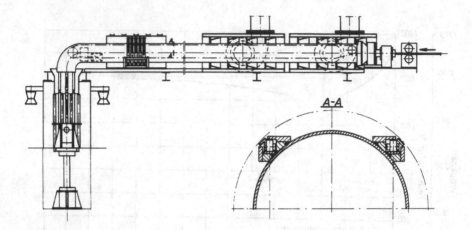

A-A

<u>Bild 4.37.</u> : Drahtkühlstrecke Bauart Krupp.

4.3.5. Walzdrahtfehler

Die ÖNORM M3276 beschreibt Maßtoleranzen für Walzdraht im
Durchmesserbereich zwischen 5,5 und 8,5 mm mit $\pm$ 0,3 mm und im
Bereich von 9,0 bis 15 mm mit $\pm$ 0,4 mm. Die Unrundheit, das
ist die Differenz aus dem größten und dem kleinsten Drahtdurchmesser darf höchstens 80 % des zulässigen Durchmesserfehlers
ausmachen. Über mögliche Querschnittsfehler sagt die Norm
nichts, obwohl Drähte mit fehlerhaftem Querschnitt beim Kaltverformen anders als erwartet verfestigen. Querschnitt und
Drahtdurchmesser sind nicht ohne weiteres ineinander umzurech-
nen, wie <u>Bild 4.38.</u> zeigen soll. Wäre ein positiver Querschnittsfehler gleichmäßig ringförmig um den Sollquerschnitt
herum verteilt, dann dürfte er bis zu 11,2 % betragen, ohne
den Drahtdurchmesser unzulässig weit zu vergrößern. Dies
könnte beispielsweise geschehen, wenn "viel Stoff", wie die
Walzwerker sagen, in ziemlich weit verschlissenen Kalibern
läuft. Im neuen, gut eingestellten Fertigkaliber würden aber
bereits Grate oder "Flossen" am Draht entstehen, wenn der Walzgutquerschnitt nur um 0,19 % zu groß ist. Negative Querschnittsfehler von etwa 1,5 % machen den Draht zu schmal, wenn
nicht das richtig angestellte Fertigkaliber zur "Korrektur" zugestellt wird. Querschnitt und Form zu messen wäre die geeignete Methode, Maßfehler zu erkennen und abzustellen.
Querschnittsfehler haben im wesentlichen drei Ursachen :
Abweichende Einsatzquerschnitte, wechselnde Walzguttemperatur

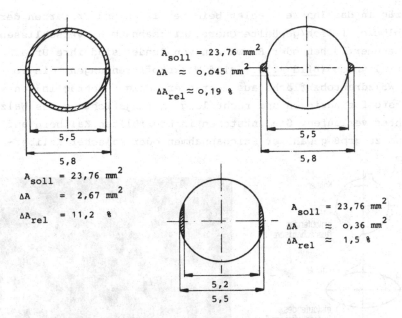

$A_{soll} = 23,76 \text{ mm}^2$

$\Delta A \approx 0,045 \text{ mm}^2$

$\Delta A_{rel} \approx 0,19 \text{ \%}$

5,5

5,8

5,5

5,8

$A_{soll} = 23,76 \text{ mm}^2$

$\Delta A = 2,67 \text{ mm}^2$

$\Delta A_{rel} = 11,2 \text{ \%}$

$A_{soll} = 23,76 \text{ mm}^2$

$\Delta A \approx 0,36 \text{ mm}^2$

$\Delta A_{rel} \approx 1,5 \text{ \%}$

5,2

5,5

Bild 4.38. : Mögliche Drahtquerschnittsfehler.

und falsch eingestellte Walzendrehzahlen in einem Teil der
Walzanlage. Die Maßtreue der eingesetzten Knüppel sollte möglichst gut sein, auch wenn dies den Aufwand im Knüppelwalzwerk
oder in der Stranggießanlage erhöht. Kosten müssen hier - wie
überall - integral gesehen werden. Mindestens aber könnten
Knüppel unterschiedlichen Querschnitts sortiert eingesetzt
werden. Viel Mühe zur Stoffflußkorrektur und zahlreiche Draht-
fehler würden damit eingespart.
Unterschiedliche Ofenbelegung, ungleichmäßiger Durchsatz und
veränderliche Walzgutschlingen verursachen Temperaturänderun-
gen und in der Folge Querschnittsfehler, deren Größe ungefähr
zu 0,015 %/K anzunehmen ist. Proportional mit fehlerhaft eingestellten Walzendrehzahlen verändert sich der Walzgutquerschnitt, und zwar nicht nur stationär, sondern auch periodisch,
wenn die Drehzahlregelung schwingt, oder stochastisch, wenn die
relative Gleichlaufkonstanz der Motoren nicht den Anforderungen genügt.
Die Beschreibung einer Reihe weiterer Fehler und ihrer Ursachen wurde dem Stahleisenheft "Walzdrahtfehler" auszugsweise
entnommen und hier gekürzt wiedergegeben :
Risse reichen von der Walzdrahtoberfläche aus senkrecht oder

schräg in das Innere. Fehler beim Vergießen und Erstarren der
Rohblöcke, falsch gewählte Querschnittsabnahmen, verschlissene
Walzenoberflächen oder Einwalzen von Zunder sind ihre Ursachen.
Überwalzungen (Bild 4.39.) sind Werkstofftrennungen, die von
der Walzdrahtoberfläche aus mehr oder weniger schräg in den
Werkstoff eindringen und recht lang in Längsrichtung des Walz-
drahtes verlaufen. Sie entstehen in überfüllten Kalibern auf
Grund zu groß gewählter Stichabnahmen oder falscher Kaliber-
form.

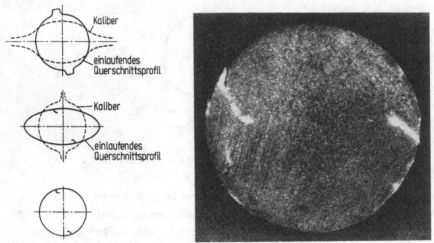

Bild 4.39. : Überwalzung.

Walznähte sind schmale, in Längsrichtung verlaufende Wülste.
Sie entstehen, wenn bei falscher Walzeneinstellung das Fertigkaliber überfüllt wird. Walznähte treten über der gesamten
Länge eines oder mehrerer Ringe auf.
Riefen sind furchenartige Vertiefungen, die immer in Längsrichtung verlaufen und dort entstehen, wo das warme Walzgut
unter Anpreßdruck an scharfen Kanten vorbeigeführt wird.
Abdrücke sind reliefartige Erhebungen oder Vertiefungen, die
vorwiegend periodisch wiederkehren und unterschiedliche Form
und Größe haben. Ihre Ursachen sind Vertiefungen beziehungs-
weise Ansätze an Walzen oder Treibern.
Brandrißabdrücke sind quer zur Walzrichtung oder netzartig
periodisch verlaufende Erhebungen als Abdrücke von Spannungs-
rissen in den Walzenkalibern, die durch unzureichende Kühlung
und daraus folgende thermische Dehnung verursacht wurden.

Rauheit heißen kontinuierlich wiederkehrende, unregelmäßige
Vertiefungen und Erhebungen auf der Walzdrahtoberfläche. Eine
rauhe Walzdrahtoberfläche entsteht meist an sehr verschlissenen Kalibern, aber auch dann, wenn der Walzdraht beim zu
langsamen Abkühlen verzundert.
Schalen sind unregelmäßig auf der Walzdrahtoberfläche verteilte, mit dem Grundwerkstoff nur an einzelnen Stellen fest verbundene Werkstoffüberlappungen unterschiedlicher Form und
Größe. Sie entstehen vorwiegend beim Vergießen des Stahles
durch Spritzer oder Überwallungen in der Kokille. Gleichfalls
können dicht unter der Oberfläche liegende nichtmetallische
Einschlüsse beim Walzen aufbrechen und Schalen bilden.
Kernseigerungen heißen die Zonen im Inneren des Walzdrahtes,
in denen die chemische Zusammensetzung des Stahles von der
normalen abweicht.
Verlagerte Seigerungen sind vom Drahtinneren nach außen ver-
schobene großflächige Seigerungszonen. Treten sie an die Oberfläche, können sich Werkstofftrennungen oder Überlappungen
bilden.
Härtungsgefüge ist die beim Walzdraht nicht erwünschte Bildung
von Martensit oder Bainit. Um gut ziehfähigen Draht zu erhalten, wird in Drähten aus unlegierten Stählen feinlamellarer
Perlit (Sorbit) angestrebt. Dies ist nur mit hohen Abkühlge-
schwindigkeiten erreichbar. Zu hohe Abkühlgeschwindigkeit verursacht Härtegefüge.
Grobkorn ist eine stark vergrößerte Kristallstruktur und kann
Grund für eine narbige Oberfläche sein. Besonders Stahlsorten
mit geringer Keimzahl neigen zur Grobkornbildung. Grobkorn
kann aber auch durch Rekristallisation in einem kritischen Um-
form- und Temperaturbereich entstehen. Fehler dieser Art treten sowohl über der gesamten Walzdrahtlänge als auch örtlich
begrenzt auf.
Korngrenzenschäden sind Anreicherungen von gegenüber dem Eisen
edleren Elementen und deren Verbindungen an den Korngrenzen
im Bereich der Walzdrahtoberfläche.
Randentkohlung ist eine von der Walzdrahtoberfläche ausgehende
Kohlenstoffverarmung und entsteht durch Reaktionen der Ofen-
atmosphäre mit dem Stahl.

4.4. Rohre

Zylindrische Hohlkörper mit meist kreisförmigem Querschnitt
heißen Rohre. Sie werden als Transportmittel für Gase und
Fluide jeder Art, als Tragelement im Hoch- und Apparatebau,
als Wärmetauscher, als Schutzhüllen, als Vormaterial für Wälz-
lagerringe und für zahllose andere Zwecke gebraucht. Dem jeweiligen Zweck entsprechen ihre Maße, die von einigen Zehntel
Millimetern bis zu einigen Metern für den Außendurchmesser und
von einigen Hundertstel Millimetern bis zu mehreren Zentime-
tern für die Wanddicke reichen. Rohre aus Stahl, Kupfer, Aluminium und artverwandten Legierungen werden entweder aus pas-
send vorbereiteten Flachwalzprodukten geschweißt oder aus
massivem Vormaterial "nahtlos" gefertigt, indem zunächst Luppen hergestellt, die dann zu Rohren umgeformt und gegebenen-
falls in weiteren Fertigungsstufen streckreduziert und kalt-
verarbeitet werden.

4.4.1. Luppenerzeugung

4.4.1.1. Hohlstranggießen

Luppen mit Außendurchmessern zwischen 4oo und 7oo mm und In-
nendurchmessern zwischen 1oo und 25o mm entstehen durch
Stranggießen in gebogenen Kokillen mit rundem Querschnitt
(Bild 4.4o.). Die Maßtreue solcher Luppen hängt ausschließlich

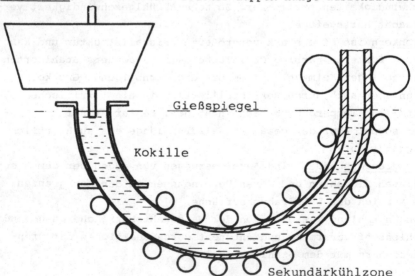

Bild 4.4o. : Hohlstranggießen (schematisch).

von der Temperaturführung beim Gießen und Erstarren ab, die
Lochexzentrizität von der Gleichmäßigkeit des Kühlens in der
Sekundärzone. Die Außenoberfläche entspricht der von strang-
gegossenen Knüppeln, die Innenoberfläche ist rauher, aber ohne
Oszillationsmarken. Weil beliebig lange Luppen aus dem Strang
geschnitten werden können, sind beliebige Verhältnisse aus
Luppenlänge und Innendurchmesser erzielbar.
Das Hohlstranggießverfahren verspricht viel, ist bisher aber
nicht wirtschaftlich bedeutend.

4.4.1.2. Schleudergießen

Luppen aus hochlegierten Stählen mit Außendurchmessern zwischen 6o und 16oo mm und beliebigen Innendurchmessern werden
in rotierenden Kokillen gegossen. Ihre Maßtreue ist sehr gut,
der Innendurchmesser ist mit den gegebenen Kokillenmaßen für
Außendurchmesser und Länge eindeutig abhängig von der Einguß-
masse. Die Lochexzentrizität ist sehr gering und hängt nur vom
guten Rundlauf der Kokille ab. Die Außenoberfläche entspricht
dem Kokillenzustand, die Innenoberfläche der einer frei er-
starrenden Gußhaut. Die Luppenlänge ist zwar begrenzt, kann
aber, insbesondere für dünnere Luppen, mehr als 1o fach größer
als der Innendurchmesser sein.
Gegossene Luppen müssen homogenisierend geglüht und im Temperaturbereich überwiegender Entfestigung verformt werden,
mit einer Mindestrate von φ = o,5, um ähnliche mechanische
Eigenschaften wie gewalztes Halbzeug zu erhalten.

4.4.1.3. Ausbohren

Luppen aus höchstlegierten Stählen werden spanend, durch Ausbohren und bisweilen auch durch Abdrehen massiver Rundblöcke
hergestellt. Das Verfahren ist äußerst aufwendig und nur für
teure Werkstoffe vertretbar. Die Maßtreue gebohrter Luppen ist
gut, die Lochexzentrizität nicht immer. Die Oberflächen sind
sehr gut. Das Verhältnis aus Luppenlänge und Innendurchmesser
reicht weit über 1o.

4.4.1.4. Lochpressen

Niedrig- bis mittellegiertes Vormaterial in Form runder oder
quadratischer Blöcke mit Außendurchmessern bis 3oo mm, Querschnittsseitenlängen bis 4oo mm und Längen bis 2ooo mm wird
walzwarm (bei 147o K) in zylindrischen Aufnehmern (Rezipienten) von einem runden Dorn "steigend" oder "füllend" gelocht

(Bild 4.41.). Dabei entstehen Luppen mit Außendurchmessern
zwischen 1oo und 4oo mm und Wanddicken von 2o bis 1oo mm. Der
nicht durchgepreßte Boden bleibt erhalten und wird erst später

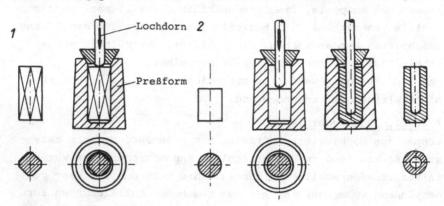

Bild 4.41. : Schematische Darstellung eines Lochvorganges.
1 "Füllendes", 2 "steigendes" Lochen.

vom Rohr abgetrennt. Ihre Maßtreue ist gut, hängt aber vom Zustand des Rezipienten und des Dorns ab. Die Lochexzentrizität
wird beim füllenden Lochen entscheidend vom Querschnittsdiago-
nalenverhältnis des Einsatzmaterials sowie von der Symmetrie
seines Temperaturprofils beeinflußt. Um die Exzentrizität
klein zu halten, wird das Verhältnis aus Luppenlänge und Loch-
durchmesser selten größer als 8 gewählt. Mögliche Fehler an
lochgepreßten Luppen sind Querrisse innen oder außen wegen zu
großer Reibung zwischen Werkzeugen und Werkstück, insbesondere
beim steigenden Lochen. Wenn nicht ausreichend gut entzundert
wurde, entstehen Riefen und Zundernarben. Ein Nachteil des
füllenden Lochens liegt darin, daß die Knüppelecken am Luppen-
ende der Bewegung des Lochdorns entgegenfließen und Zipfel
bilden, die das Ausbringen vermindern.

4.4.1.5. Schrägwalzen
Bedeutendstes Verfahren zur Luppenherstellung ist heute noch
das schon im Jahre 1886 patentierte Schrägwalzen, das zum
axialen Lochen von rundem massiven Walzgut den Friemeleffekt
nutzt : Zwischen zwei sich gleichsinnig drehenden Walzen,
deren Achsen um etwa o,17 bis o,21 rad (1o bis 12°) gegeneinander geschränkt sind, wird rundes Walzgut axial in Richtung
der Schränkwinkelhalbierenden eingebracht, von den Walzen er-

faßt, gedreht, schraubenlinienförmig weiterbefördert und radial gedrückt. Es wird dabei von Linealen oder Hilfswalzen
zwischen den Schrägwalzen gehalten. Die Walzen sind kegelig
oder doppelkegelig kalibriert (<u>Bild 4.42.</u>), so daß der Walz-

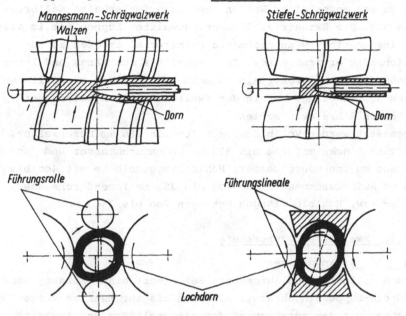

Bild 4.42. : Schrägwalzverfahren.

spalt sich vom Einzugsbereich an in Achsrichtung bis zum
"hohen Punkt", dem kürzesten Abstand zwischen beiden Walzen,
immer mehr verengt und danach wieder erweitert. Das Walzgut
formt sich, dem wachsenden Radialdruck folgend, umlaufend oval
und entwickelt dabei im Inneren Zugspannungen in Richtung der
größeren Ovalachse. Nach einigen Umläufen wird der Werkstoff
im Zentrum durch den mehrfachen Spannungswechsel aufgezogen
und getrennt, "gefriemelt", und bildet einen Hohlraum, den ein
vom Walzspaltende her eingeführter Dorn innen rund formt.
Obwohl der Hohlraum ohne Dornhilfe entstehen könnte, wird in
der Praxis der Dorn so weit vorgeschoben, daß er allein das
Loch formt und keine Risse im Werkstoff vor der Dornspitze
entstehen. Der Werkzeugverschleiß wird dadurch zwar größer,
die Innenoberfläche der Luppen aber besser. Ursachen für mögliche Innenfehler sind Kernseigerungen oder mittige nichtmetallische Einschlüsse, die Risse vor dem Dorn entstehen las-

sen, die später nicht mehr verschweißen. Außenfehler entstehen,
wenn randnahe Einschlüsse oder Poren an die Oberfläche treten,
aufreißen und sogenannte Schalen überwalzt werden. Schrauben-
linienförmige ununterbrochene Eindrücke auf den Luppen weisen
auf zu eng angestellte Walzen oder eine fehlerhafte Kalibrierung hin. Die Exzentrizität schräggewalzter Luppen ist im allgemeinen gering, wenn nicht das Vormaterial im Ofen zu ungleichmäßig erwärmt wurde. Das Verhältnis aus Länge und Innendurchmesser kann größer als 1o sein und hängt im wesentlichen
davon ab, wie lang die in der zweiten Fertigungsstufe entstehenden Rohre sein sollen.
Eingesetzt werden Vollblöcke mit 1oo bis 28o mm Durchmesser,
gelochte Blöcke mit 2oo bis 85o mm Außendurchmesser und 1oo
bis 6oo mm Innendurchmesser, Hohlstranggußblöcke mit 4oo bis
75o mm Außendurchmesser und 1oo bis 35o mm Innendurchmesser.
Block- bzw. Hohlblocklängen betragen 7oo bis 38oo mm.

4.4.2. Zweite Fertigungsstufe

4.4.2.1. Strangpressen

In den zylindrischen Aufnehmer (Rezipient) einer Strangpresse
wird die Luppe eingebracht, ein Dorn bis zur Matrize vorgeschoben, mit der zusammen er den ringspaltförmigen Austritt
bildet (Bild 4.43.). Wenn nicht Luppen, sondern Vollmaterial
eingesetzt wird, locht der Dorn bei diesem Arbeitsgang auch.

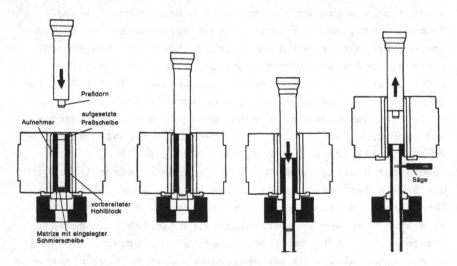

Bild 4.43. : Strangpresse.

155

Anschließend preßt ein hydraulisch oder mechanisch getriebener
Stempel die Luppe durch den Ringspalt. Das Verfahren ist best-
geeignet zum Herstellen von Rohren aus Aluminium, Kupfer, Blei
und deren Legierungen. Beim Strangpressen von Stahl gilt besondere Sorgfalt der Schmierung und der Kühlung von Dorn und
Matrize. Gläser unterschiedlicher Konsistenz haben sich als
Schmiermittel bewährt, stören aber erheblich bei der Weiter-
verarbeitung der Rohre, an denen das Glas haftet und nur mit
Flußsäure abzubeizen ist. Idealer Schmierstoff wäre ein Material, das bei Preßtemperatur hochviskos und nach dem Abkühlen kristallin ist, einen möglichst großen Wärmedehnungs-
koeffizienten besitzt und dadurch von selbst zerbröselte und
abfiele.
Aluminium- und Kupferrohre werden in weitem Durchmesser- und
Wanddickenbereich von 8 x o,5 bis 18o x 2o stranggepreßt,
Stahlrohre vorzugsweise im Bereich von 35 bis 22o mm. Der
Durchsatz von Stahlrohrstrangpressen beträgt 5o.ooo bis
1oo.ooo t/Jahr.

4.4.2.2. Abstrecken, Stoßbankverfahren
Die auf eine Dornstange gesteckte Luppe - meistens eine mit
Boden - wird mit der mechanisch oder hydraulisch getriebenen
Stange durch 1o bis 3o hintereinander angeordnete Ringe gestoßen, deren lichte Weite immer kleiner wird, bis beim Passieren des letzten Ringes der gewünschte Rohraußendurchmesser
erreicht ist. Der Rohrinnendurchmesser entspricht dem Dorn-
stangendurchmesser. Der Ringlängsschnitt zeigt einen kegeligen
Einlaufteil, einen schmalen, zylindrischen Teil und einen kurzen, steilen Auslaufkegel (Bild 4.44.). Hoher Verschleiß der
gar nicht oder nur unzulänglich zu schmierenden Ringe führte
dazu, sie durch Walzenkäfige zu ersetzen, in denen drei oder
vier symmetrisch angeordnete Walzen ohne Antrieb die gesto-

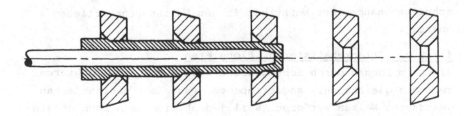

Bild 4.44. : Rohrstoßen durch Kaliberringe.

ßenen Luppen verformen (<u>Bild 4.45.</u>). Hintereinanderstehende
Käfige sind jeweils so gegeneinander gedreht, daß die Walzen
des nachfolgenden die Zwischenräume der vorhergehenden abdecken.

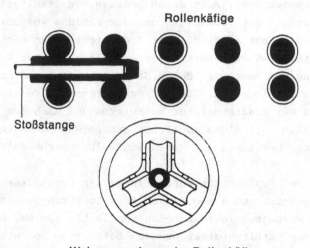

Rollenkäfige

Stoßstange

Walzenanordnung im Rollenkäfig

<u>Bild 4.45.</u> : Rohrstoßen durch Rollenkäfige.

Um das gestoßene Rohr von der Stoßstange wieder abziehen zu
können, wird es in einem Lösewalzwerk (Reeler) mit geringer
Wanddickenabnahme schräggewalzt und dabei um weniges aufgewei-
tet. Einsatzmaterial sind Röhrenrund von 6o bis 2oo mm Durchmesser oder Vierkantknüppel mit 5o bis 18o mm Querschnittsseitenlänge in Längen bis 2ooo mm, aus denen Hülsen oder Luppen lochgepreßt, die dann zu Rohren von 8o bis 17o mm Durchmesser mit Wanddicken von 3 bis 18 mm in Längen bis zu 16 m
gestoßen werden.
Mögliche Fehler sind Überwalzungen durch gestörtes Fließen in
Längsrichtung, wenn der verwendete Dorn zu rauh war, oder
"Flossen" auf dem Rohr, wenn wegen zu großer Einzelquer-
schnittsabnahmen der Werkstoff in den Walzensprung fließen
mußte.

4.4.2.3. Streckegalisieren, Elongieren

Wie beim Lochen durch Schrägwalzen wird auch beim Elongieren
zwischen gleichsinnig angetriebenen, geschränkt zueinander angeordneten Walzen verformt. Weil jedoch nicht ein Loch entstehen, sondern die über einen Dorn gesteckte Luppe gestreckt und
ihre Wanddicke verringert werden soll, sind die Walzen anders

157

kalibriert. Statt des Doppelkegels finden sich Absätze oder
Schultern (Bild 4.46.), an denen das Walzgut gewindeartig ab-
gewalzt und in Achsrichtung vorgetrieben wird. Da die Zugspannung im Inneren unerwünscht ist, soll die Luppe sich beim

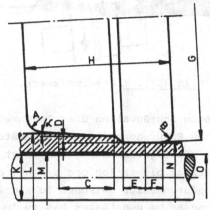

Bild 4.46. : Schematische Darstellung des Walzvorganges in
einem Drei-Walzen-Streckwalzwerk. A Einlaufradius,
B Auslaufradius, α Einlaufwinkel, C Kontaktfläche,
D Schulter, E Glätt- und Löseteil, F Entlastungs-
teil, G Walzendurchmesser, H Walzballenlänge,
K Dorndurchmesser, L äußerer Anstichdurchmesser,
M innerer Anstichdurchmesser, N äußerer Enddurch-
messer, O innerer Enddurchmesser.

Rundlauf nicht oval formen; sie wird daher von Hilfswalzen
eng umfaßt (Bild 4.47.) oder aber zwischen drei Walzen verformt (Bild 4.48.). Lochexzentrizitäten oder Wanddickenunter-

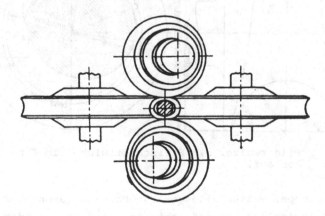

Bild 4.47. : Diescherwalzen.

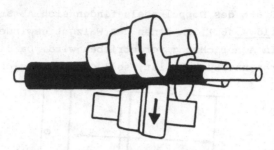

Bild 4.48. : Asselwalzwerk.

schiede werden beim Schrägwalzen über Innenwerkzeug weitgehend
vermindert, so daß Endprodukte mit engen Maßtoleranzen als Vormaterial für die Wälzlagererzeugung gefertigt werden können.
Der Durchsatz beträgt bis zu 1oo.ooo t/Jahr, die erzeugten
Rohre haben Außendurchmesser zwischen 5o und 25o mm, Wanddik-
ken zwischen 5 und 6o mm und Längen bis zu 1o m.

4.4.2.4. Pilgerschrittverfahren

Anders als beim stetigen Walzen wird beim Pilgern das Walzgut
schrittweise oder intermittierend verformt. Die speziell dafür
kalibrierten Walzen (Bild 4.49.) greifen die auf einen Dorn

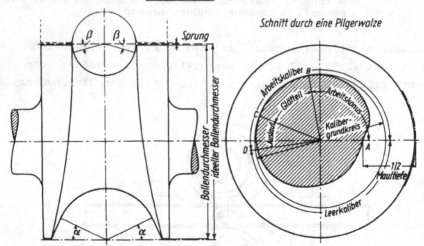

Bild 4.49. : Pilgerwalze. α,β Freischnittwinkel im Ein- bzw.
Auslauf.

geschobene Luppe, walzen eine gewisse Portion davon über einem
Teil ihrer Abwicklung aus und schieben sie dabei mit der Dornstange zurück (Bild 4.5o.). Im Restteil der Walzenabwicklung

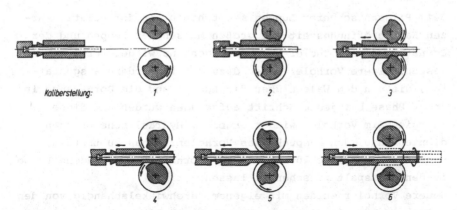

Kaliberstellung: 1 2 3

4 5 6

<u>Bild 4.5o.</u> : Schematische Darstellung des Pilgerwalzens.

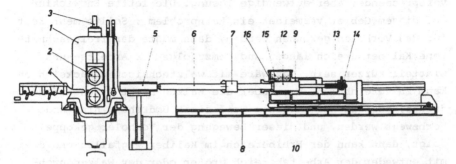

<u>Bild 4.51.</u> : Warmpilgergerüst mit Vorholer. 1 Pilgerwalzgerüst,
2 Walzen, 3 Anstellung, 4 Auslauf, 5 Luppe, 6 Pil-
gerdornstange, 7 Dornstangenschloß, 8 Vorholerfun-
dament, 9 Vorholer, 1o Kolben und Zylinder für
Linearbewegung, 12 Vorholerkolben, rückseitig mit
Druckluft beaufschlagt für die Oszillationsbewe-
gung, vorderseitig flüssigkeitsgebremst, 13 Dorn-
stangendrehvorrichtung, 14 Klinkengesperre, 15
Bremsflüssigkeit, 16 Vorholerbremse.

ist die Kaliberöffnung so groß, daß ein besonderer Vorholer
(<u>Bild 4.51.</u>), auch Speisevorrichtung genannt, die Dornstange
mit der Luppe wieder in den Walzspalt vorschieben und dabei um
o,5 bis 1,5 rad (3o bis 90°) drehen kann. Die abwechselnd rück-
wärts und nur weniges mehr vorwärts gehende Bewegung der Luppe
verschafften dem Verfahren in Gedanken an die ähnlich ablaufende Echternacher Springprozession seinen Namen.
Die besondere Schwierigkeit liegt darin, die Vorschubrate möglichst genau zu reproduzieren. Ist sie zu klein, fällt der
ohnehin niedrige Durchsatz zu sehr ab. Wird sie zu groß, steigt
das Walzmoment unzulässig hoch und Walzenbrüche sind die Folge.

Beim Pilgern schwerer Luppen kommt hinzu, in der relativ kurzen Kaliberöffnungszeit die großen Massen der Luppen und der
Dornstange vom Vorholer beschleunigen und wieder verzögern zu
lassen. Ältere Vorholer waren dazu mit Luftfedern ausgestattet, die von den Walzen über die Luppen und die Dornstange in
jeder Phase bei jedem Schritt aufgeladen wurden und diese
Energie beim Vorholen wieder abgeben. Hydraulische Bremsen
dienten dazu, den Endpunkt des Vorholens genau zu treffen,
ohne die nur reibschlüssig mit der Dornstange verbundene Luppe
in den Walzspalt rutschen zu lassen.
Neuere Vorholer wurden mit eigenem, drehwinkelabhängig von den
Walzen gesteuerten Antrieb ausgestattet. Dies war eine viel-
versprechende, aber aufwendige Lösung. Die letzte Entwicklung
auf diesem Gebiet vermeidet ein Kernproblem : Sollte mehr Zeit
für das Vorholen gewonnen werden, dann müßte der freigeschnit-
tene Kaliberbereich länger und demzufolge der Arbeits- und
Glätteil kürzer sein. Das wäre mit walztechnischen Rücksichten
kaum zu vereinbaren. Wenn aber die Walzen nicht durchlaufend
drehen, sondern nur um einen Teil einer Umdrehung hin- und
herbewegt werden, und dieser Bewegung der Vorholer gekoppelt
folgt, dann kann der Freibereich im Kaliber wegfallen und damit entweder der Arbeitsbereich größer oder der Walzendurchmesser und mit ihm das Drehmoment kleiner werden. Speicher
und Bremsen können entfallen und damit alle Verluste, die den
maschinentechnischen Wirkungsgrad verminderten. <u>Bild 4.52.</u>
zeigt schematisch das neue Pilgerwalzkonzept.
Obgleich das Pilgerwalzen das älteste Verfahren zum Herstellen
nahtloser Rohre ist, arbeitet es bis heute konkurrenzlos im
Durchmesserbereich über 3oo mm mit Wanddicken über 5 mm und
unter günstigen Bedingungen noch wirtschaftlich bis herab zu
Rohrdurchmessern von 18o mm.
Der bevorzugte Abmessungsbereich umfaßt Durchmesser von 1oo
bis 7oo mm, Wanddicken von 5 bis 12o mm und Rohrlängen bis
3o m. Der Jahresdurchsatz einer Pilgerstraße, die meistens aus
einem Schrägwalzgerüst zur Luppenfertigung und zwei parallel
arbeitenden, nachgeschalteten Pilgerwalzgerüsten besteht, beträgt bis zu 3oo.ooo Jahrestonnen.
Mögliche Fehler an gepilgerten Rohren sind Querrisse und
Durchschläge, wenn dünnwandige Rohre mit großer Vorschubrate
gepilgert werden und die Wand die entstehenden Stauchkräfte

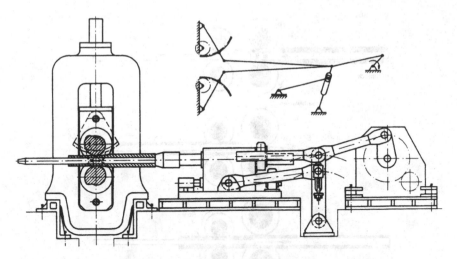

Bild 4.52. : Neuartiges Warmpilgerwalzgerüst mit zwangssyn-
chronisiertem Vorholer (nach Vorbach).

nicht aufnehmen kann, Wulste, Überlappungen, wellige Oberflä-
chen, Kneiffalten und Walznasen.
Nachteile des Verfahrens sind sein vergleichsweise niedriger
Durchsatz und sein geringes Ausbringen wegen des Verlustes der
"Pilgerköpfe" und der "Trompeten". Pilgerköpfe sind die Rohr-
spitzen, die mit nicht optimal eingestellter Vorschubrate gewalzt wurden und deren Maße demzufolge unzulässig weit abweichen. Trompeten sind die Endstücke, die mit Rücksicht auf das
Schubstück des Dornstangenendes nicht ausgewalzt werden können.
Vorteile des Pilgerns sind der hohe mittlere Druckspannungsanteil im Walzspalt und die damit verbundenen Möglichkeiten,
schwer verformbare Werkstoffe zu verwalzen und gutes Werkstoffgefüge nach dem Walzen zu erhalten.

4.4.2.5. Stopfenwalzen
In einem Duowalzgerüst treiben die für den gewünschten Rohraußendurchmesser kalibrierten, angetriebenen Walzen die Luppe
über einen auf einer Stange sitzenden Stopfen und vermindern
dabei ihre Wanddicke. Nach dem Durchlauf wird der Stopfen von
der Stange entfernt, die Walzenanstellung geöffnet, und ein
gegensinnig laufendes, kleineres Rückholwalzenpaar angestellt,
das das Rohr greift und zurückfördert (Bild 4.53.). Danach
beginnt mit einem um weniges dickeren Stopfen der nächste
Walzstich, dem weitere folgen, bis das Rohr die gewünschten

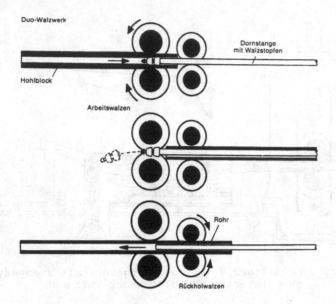

Bild 4.53. : Stopfenwalzverfahren.

Abmessungen hat. Stopfenwalzen ist das leistungsfähigste Verfahren zur Herstellung nahtloser Rohre im Durchmesserbereich
zwischen 15o und 3oo mm. Die Jahreserzeugung einer Stopfen-
straße erreicht 15o.ooo bis 25o.ooo t an Rohren für die Ölin-
dustrie.
Einsatzmaterial sind bis zu 35oo mm lange Luppen mit 1oo bis
4oo mm Durchmesser und 2o bis 7o mm Wanddicke, aus denen bis
zu 15 m lange Rohre mit 8o bis 4oo mm Durchmesser und 4 bis
3o mm Wanddicke gewalzt werden.
Die Wanddickentoleranzen betragen etwa $\pm$ 1o % der Sollwanddik-
ke, weil der besonders beim Walzen langer Rohre sehr hoch belastete Stopfen verschleißt. Das ist der schwerwiegendste
Nachteil des Verfahrens, dessen Vorteile das Ausbringen von
mehr als 9o % und die hohe Außenoberflächengüte sind.

4.4.2.6. Walzen über Dornstangen (Rohrkontiverfahren)
In einer Kontistaffel aus 7 bis 9 hintereinander angeordneten
Horizontal- und Vertikalgerüsten, deren Walzen dem abnehmenden
Rohraußendurchmesser entsprechend kalibriert sind, werden Lup-
pen über einer mitlaufenden Dornstange zu Rohren gewalzt
(Bild 4.54.). Das Verfahren ist das modernste für die Erzeu-
gung von Stahlrohren bis 15o mm Außendurchmesser in breitem

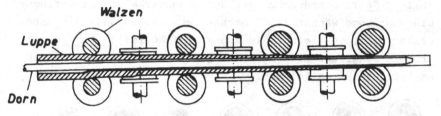

Bild 4.54. : Rohrkontiwalzwerk (schematisch).

Herstellprogramm mit 4oo.ooo bis 5oo.ooo t/Jahr.
Einsatzmaterial sind bis zu 5ooo mm lange Luppen aus nicht-
oder niedriglegierten Stählen mit 1oo bis 2oo mm Außendurchmesser und 2o bis 4o mm Wanddicke, aus denen maximal 3o m lange Rohre mit 80 bis 175 mm Außendurchmesser und 3 bis 25 mm
Wanddicke entstehen.
Mögliche Fehler sind Maßabweichungen der Wanddicke oder des
Durchmessers, wenn die Walzenumfangsgeschwindigkeiten der beteiligten Gerüste nicht sorgfältig aufeinander abgestimmt
waren, Walznähte oder Flossen, wenn das Walzgut zu weit in den
Walzensprung fließen konnte, und Riefen an der Innenseite, die
beim Herausziehen der Dornstange entstehen.

4.4.3. Dritte Fertigungsstufe

4.4.3.1. Streckreduzieren
Während nach allen in vorigen beschriebenen Verfahren vergleichsweise gut größere und dickwandige Rohre zu fertigen
sind, bereitet es erhebliche Schwierigkeiten, kleine, dünnwandige Stahlrohre herzustellen. Rohre aus leichter formbaren
Werkstoffen seien von dieser Betrachtung ausgeschlossen. Die
Aufgabe, aus möglichst wenigen maßverschiedenen Mutterrohren
fertige Rohre beliebiger, kleinerer Abmessungen herzustellen,
wurden mit dem Streckreduzierwalzwerk gelöst.
Bis zu 27 scheibenförmige Walzgerüste (Bild 4.55.) mit je drei
angetriebenen, der äußeren Rohrform entsprechend kalibrierten
Walzen, stehen in einem gemeinsamen Rahmen möglichst eng hintereinander. Das walzwarme Rohr wird ohne Innenwerkzeug einge-
führt, von den Walzen ergriffen und kontinuierlich in allen
Gerüsten gewalzt. Die Walzenantriebsdrehzahlen sind dabei so
aufeinander abgestimmt, daß im Walzgut eine longitudinale Zugspannung bis zu 8o % seiner Formänderungsfestigkeit entsteht.

(Bild 4.56.). Rohrdurchmesser und -wanddicke werden geringer, die Rohrlänge wächst (s.a. nachstehende Ableitung, die umso besser gilt, je kleiner die Rohrwanddicke ist)(Bild 4.57.). Größere longitudinale Zugspannungen sind nicht ohne Schäden am Walzgut zu realisieren.

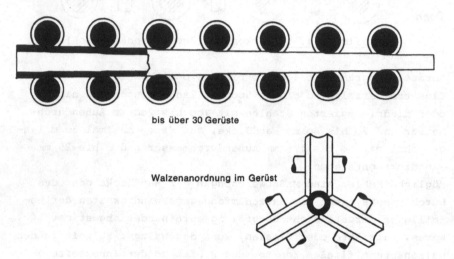

bis über 30 Gerüste

Walzenanordnung im Gerüst

Bild 4.55. : Streckreduzierwalzwerk (schematisch).

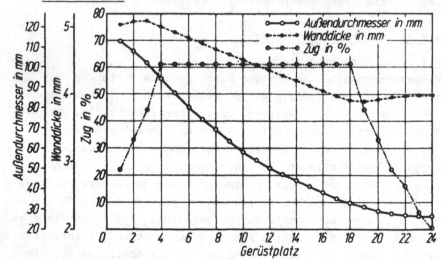

Bild 4.56. : Längszug, Durchmesser- und Wanddickenänderung beim Rohrreduzieren.

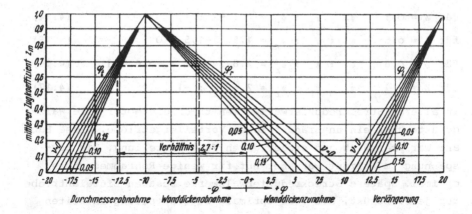

<u>Bild 4.57.</u> : Graphische Darstellung der verformungstheoretischen Grundgleichung der Rohrreduzierwalzwerke.

Nach dem Fließgesetz (s.a. Kapitel 1.9.; besonders hingewiesen sei darauf, daß nur für ebene Formänderung diese selbst anstelle der Formänderungsgeschwindigkeit gesetzt werden darf!) bewirken die Deviatorkomponenten Formänderungen in den drei Raumrichtungen nach folgenden Formeln :

$$\varphi_{longitudinal} : \varphi_{tangential} : \varphi_{radial} = s_l : s_t : s_r \qquad (4.4)$$

$$S = \sigma - \sigma_m \qquad (4.5)$$

$$\sigma_m = \frac{\sigma_l + \sigma_t + \sigma_r}{3} \qquad (4.6)$$

Mit
$$\sigma_r = 0 , \qquad (4.7)$$

$$\sigma_l - \sigma_t = k_f \quad \text{und} \qquad (4.8)$$

$$\frac{\sigma_l}{k_f} = Z \quad \text{werden :} \qquad (4.9)$$

$$\sigma_m = \frac{(Z \cdot k_f + Z \cdot k_f - k_f)}{3} = \frac{k_f}{3} \cdot (2Z - 1) \qquad (4.1o)$$

$$\sigma_l = Z \cdot k_f - \frac{k_f}{3} \cdot (2Z - 1) = \frac{k_f}{3} \cdot (Z + 1) \qquad (4.11)$$

$$\sigma_t = Z \cdot k_f - k_f - \frac{k_f}{3} \cdot (2Z - 1) = \frac{k_f}{3} \cdot (Z - 2) \qquad (4.12)$$

$$\sigma_r = - \frac{k_f}{3} \cdot (2Z - 1) = \frac{k_f}{3} \cdot (1 - 2Z) \qquad (4.13)$$

und damit die Formänderungen

für Z = 0 : $\varphi_l : \varphi_t : \varphi_r = 1 : -2 : 1,$ (4.14)

für Z = 0,5 $\varphi_l : \varphi_t : \varphi_r = 1,5 : -1,5 : 0,$ (4.15)

für Z = 0,8 $\varphi_l : \varphi_t : \varphi_r = 1,8 : -1,2 : -0,6$ und   (4.16)

für Z = 1 $\varphi_l : \varphi_t : \varphi_r = 2 : -1 : -1.$ (4.17)

In älteren Streckreduzierwalzwerken trieb ein Motor alle Walzgerüste über ein unveränderliches Verteilergetriebe. Diese Bauart war preiswert und sicher gegen Fehleinstellung. Die Zugspannung im Walzgut war aber nur für wenige Rohrabmessungen
optimal. Spätere Streckreduzierwalzwerke besaßen Einzelantriebe
für jedes Gerüst, die zwar optimale Zugeinstellung in weiten
Grenzen zuließen, aber höchsten Aufwand erforderten. Die Gerüste moderner Streckreduzierwalzwerke werden über ein gemeinsames Verteilergetriebe von einem Hauptmotor angetrieben und
haben zusätzlich je einen elektrischen oder hydraulischen Überlagerungsantrieb, der es gestattet, jedem Gerüst an jeder beliebigen Position im Rahmen die richtige Drehzahl zu vermitteln.
Der maschinelle Aufwand bleibt dabei in Grenzen, da die Überla-
gerungsantriebe nur kleine Teilleistungen aufbringen müssen.

Streckreduzierte Rohre mit Außendurchmessern von 17 bis 120 mm
und Wanddicken von 1 bis 10 mm werden aus Mutterrohren mit
Durchmessern von 60 bis 170 mm und Wanddicken von 3 bis 12 mm
mit Durchsätzen bis zu 500.000 t/Jahr hergestellt.
Mögliche Fehler sind : Eingefallene, polygonale Rohre oder Löcher, weil der Längszug zu groß war. Nachteil des Verfahrens
sind die durch fehlenden Längszug verdickten Rohrenden. Geschweißte Rohre werden daher vorzugsweise endlos streckreduziert, um diesen Nachteil auszuschalten.

4.4.3.2. Maßwalzen

Maßwalzwerke bestehen aus mehreren dicht hintereinanderliegen-
den Paaren hyperbolisch kalibrierter Walzen, die zueinander
geschränkt und einzeln angetrieben sind (Bild 4.58.). Beim
Maßwalzen werden die Durchmesser fertiger Rohre geringfügig
verkleinert und dabei mögliche Maßfehler verringert. Durch
Ändern des Schränkwinkels ist die Walzspaltöffnung in weiten
Grenzen dem jeweiligen Rohraußendurchmesser anpaßbar.

Die Verfahren der drei Fertigungsstufen sind im Prinzip beliebig miteinander kombinierbar. Besonders bewährt haben sich

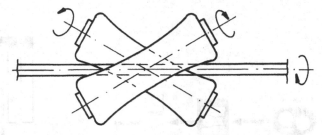

Bild 4.58. : Maßwalzen (schematisch).

allerdings Kombinationen aus Lochpresse, Streckwalzwerk, Stoß-
bank und Streckreduzierwalzwerk (Bild 4.59.), oder Schrägwalzwerk, Pilgerwalzwerk und Maßwalzwerk (Bild 4.6o.), oder Schrägwalzwerk und Asselwalzwerk (Bild 4.61.) oder Schrägwalzwerk,
Rohrkontistraße und Streckreduzierwalzwerk (Bild 4.62.). Wie
die Bilder zeigen, müssen Rohrfertigungsanlagen natürlich auch
Öfen, Entzunderungseinrichtungen, Sägen, Kühlbetten und Richtmaschinen mitenthalten.

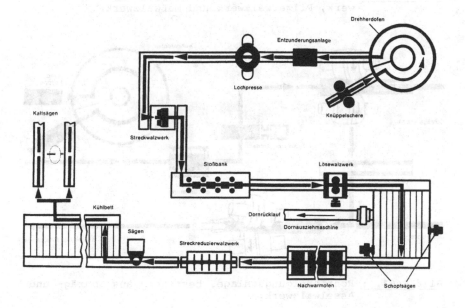

Bild 4.59. : Rohrfertigungsanlage, bestehend aus Lochpresse,
            Streckwalzwerk, Stoßbank und Streckreduzierwalz-
            werk.

168

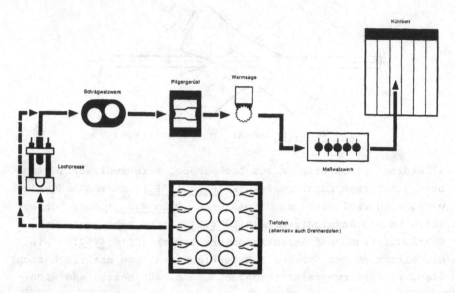

Bild 4.6o. : Rohrfertigungsanlage, bestehend aus Schrägwalzwerk, Pilgerwalzwerk und Maßwalzwerk.

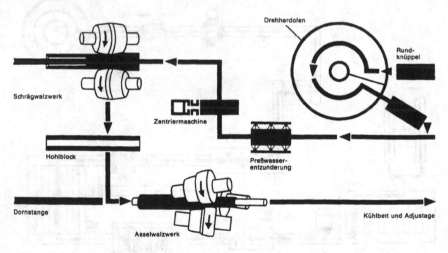

Bild 4.61. : Rohrfertigungsanlage, bestehend aus Schräg- und
Asselwalzwerk.

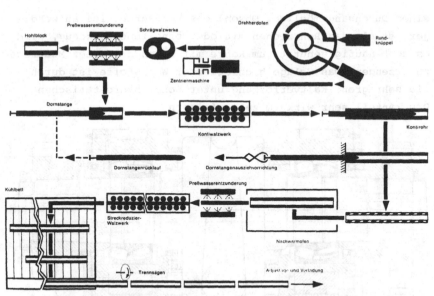

Bild 4.62. : Rohrfertigungsanlage, bestehend aus Schrägwalzwerk, Kontiwalzwerk und Streckreduzierwalzwerk.

4.4.4. Rohrweiterverarbeitung

Von den Kaltumformverfahren für Rohre ist aus walztechnischer
Sicht das Kaltpilgern interessant : In einem auf Schienen gelagerten, von einem massenkraftausgeglichenen Kurbeltrieb in
Walzrichtung hin- und herbewegten Walzgerüst sind zwei Walzwellen gelagert, die die ähnlich wie Warmpilgerwalzen kalibrierten, etwa halbrunden Walzbacken und deren Ausgleichsmas-
sen tragen (<u>Bild 4.63.</u>). Zahnräder an den Wellenenden kämmen
in Zahnstangen an den Schienen und drehen, dem Gerüst folgend,
die Walzen um etwa 3 rad (180°) hin und her. Zwischen den Walzen wird über einem sich verjüngenden Dorn (<u>Bild 4.64.</u>) das
von einer Speisevorrichtung periodisch vorwärtsbewegte und um
jeweils o,5 bis 1,5 rad gedrehte Rohr intermittierend gewalzt.
<u>Bild 4.65.</u> zeigt den Antrieb der Speisevorrichtung. Im Bild
sind Dorn und Dornhaltestange weggelassen, die durch das Rohr
und die Rohrvortriebseinrichtung bis zum Gegenlager reichen.
Das Verhältnis aus Drehbewegung und Vorschub wird über die
Hilfsantriebswelle in Bildmitte und das Summiergetriebe verändert, die Vorschubrate ist am PIV-Getriebe (<u>Bild 4.65. links</u>)
verstellbar.
Beim Kaltpilgern sind Querschnittsabnahmen um mehr als 8o % in

einem Durchgang möglich. Obwohl das Verfahren viel aufwendi-
ger ist als das Rohrziehen mit oder ohne Innenwerkzeug, wird
es doch häufig genutzt, um Rohre mit besonders guter Maßtreue
zu erzeugen. Das Gefüge hochlegierter Werkstoffe ist durch
die sehr große Kaltverformung unter hohem hydrostatischen
Druckanteil sehr wirksam zu verfeinern.

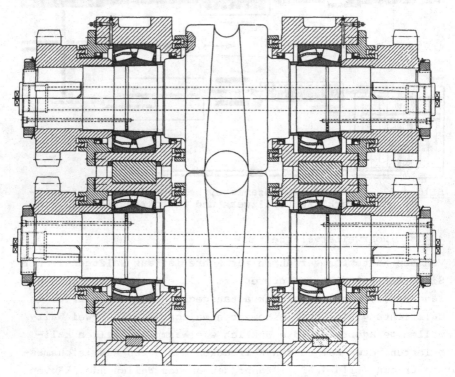

Bild 4.63. : Kaltpilgerwalzen.

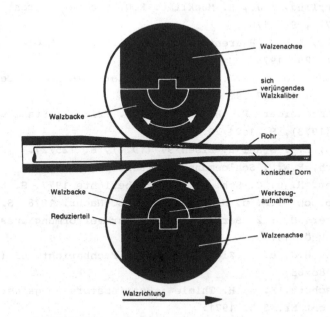

Bild 4.64. : Schema des Kaltpilgerns.

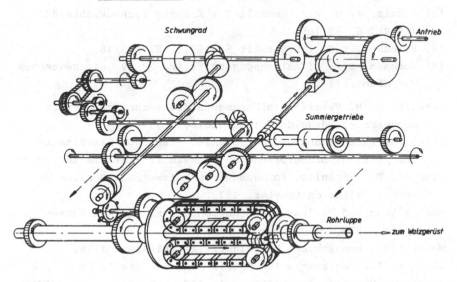

Bild 4.65. : Antrieb eines Kaltpilgergerüstes (schematisch).

172

Schrifttum

1) Ammerling, W.J., H. Muckli u. K.D. Richter : Draht 29 (1978), S. 51/61.

2) Balke, E., H. Beerens, M. Grootaarts u. J. Grotepass : Draht 29 (1978), S. 286/89.

3) Baumann, G. u. W.J. Löpmann : Bänder, Bleche, Rohre 14 (1973), S. 417/29.

4) Bretschneider, E., H. Müller u. J. Fricke : Stahl u. Eisen 93 (1973), S. 1o24/29.

5) Buch, E. : Stahl u. Eisen 97 (1977), S. 125/27.

6) Busch, F.W. : Schloemann-Druckschrift W 3/2o37.

7) Huber, H. u. C. Schlanzke : Fachberichte 1977. S. 868/81.

8) Knobloch, J.F. u. K.G. Mühlum : BBC-Nachr. 1978. S. 142/49.

9) Langer, U. : 2. Bericht für den Warmverformungsausschuß der EHÖ. 1979.

1o) Lenk, H.J. u. H. Zieser : Klepzig Fachberichte 82 (1974), S. 38o/85.

11) Neuschütz, E. u. H. Thiele : Betriebsforschungsinstitut. Bericht Nr. 2o5. 1971.

12) Schulz, A. : Stahl u. Eisen 93 (1973), S. 1o3o/35.

13) Schulz, A. u. W.J. Ammerling : Klepzig Fachberichte 82 (1974), S. 99/1o5.

14) Spiecker, K.H. : Drahtwelt 6 (1977), S. 213/16.

15) Vorbach, E. : Offenlegungsschrift Nr. 27 12 o61. Deutsches Patentamt. 1978.

Anke, F. u. M. Vater : Einführung in die technische Verformungskunde. Düsseldorf : Stahleisen. 1974.

Atlas zur Wärmebehandlung der Stähle. Hrsg. vom Max-Planck-Institut für Eisenforschung. Düsseldorf : Stahleisen. 1958.

Fischer, F. : Spanlose Formgebung in Walzwerken. Berlin- New York : Walter de Gruyter. 1972.

Herstellung und Prüfung von Stahlrohren. Mannesmannröhren-Werke. 1975.

Herstellung von Rohren. Düsseldorf : Stahleisen. 1975.

Kösters, F. : Walzwerke für Profil- und Stabstahl. Band 1, 2 u. 3. Düsseldorf : Stahleisen. 1971.

Lager in Walzgerüsten. SKF-Katalog. 1971.

Luft, K.H. : Einfluß der Walzbedingungen auf das Formände-
rungsverhalten des Walzgutes in einer neuartigen Hochge-
schwindigkeitswalzmaschine. Dissertation, Bergakademie
Clausthal. 1967.

Müller, H.G. u. M. Opperer : Das Stahlrohr. Düsseldorf :
Stahleisen. 1974.

Neumann, H. : Stahlrohrherstellung. Leipzig : Deutscher Verlag
für Grundstoffindustrie. 1965.

Schwenzfeier, W. : Betriebsmessungen an einer kontinuierlichen
Feinstahlstraße. Dissertation, Bergakademie Clausthal.
1962.

Walzdrahtfehler. Hrsg. vom Verein Deutscher Eisenhüttenleute.
Düsseldorf : Stahleisen. 1973.

Wuppermann, C.D. : Technisch-wirtschaftliche Verfahrenswege
zur Herstellung von Stabstahl und Walzdraht aus Vorblöcken
oder Strangabschnitten. Dissertation, RWTH Aachen. 1974.

174

5. Flachprodukte

Flache Walzerzeugnisse, deren Breite sehr viel größer als ihre Dicke ist (b > 1o.h), heißen Blech, wenn sie in Tafeln bis ca. 4o m Länge einzeln gewalzt, und Band, wenn sie in größeren Längen gewalzt und zu Bunden (coils) gehaspelt werden. Die größte Blechbreite beträgt derzeit 55oo mm, die größte Bandbreite 22oo mm. Ausgangsmaterial für Blech sind Rohbrammen oder Vorbrammen bis 5o t Masse. Band wird meistens aus vorgewalzten oder stranggegossenen Brammen oder aus Platinen gewalzt. Da Erzeugung und Verwendung von Blech und Band sich sehr voneinander unterscheiden, sollen sie in eigenen Abschnitten beschrieben werden.

5.1. Blech

Nach ihrer Dicke werden Grobbleche (h > 4,75 mm), Mittelbleche (3 < h < 4,75 mm) und Feinblech (h < 3 mm) unterschieden, deren Maßtoleranzen in den DIN 1543 (Bild 5.1.) und 1542 (Bild 5.2.)

Dickenabweichungen in mm   Gewichtsabweichungen in °/o (Kursivdruck)

Dickenbereich	Zulässiger Unterschied der kleinsten und größten Dicke des gleichen Bleches / Zulässige Überschreitung des errechneten Gewichtes für Breitenbereich in mm									Zulässiges unteres Abmaß[1]		
	bis 1500	über 1500 bis 1700	über 1700 bis 2000	über 2000 bis 2300	über 2300 bis 2600	über 2600 bis 3000	über 3000 bis 3300	über 3300 bis 3600	über 3600	in der Dicke mm	Für Längen bis m	Für Flächen bis m²
bis 5 bis 6	1,1 / 7	1,4 / 11	1,8 / 14	Die Bleche sind zu nehmen, wie sie fallen, sofern nicht besondere Vereinbarungen bestehen.						− 0,3	6	9
über 6 bis 7	1,1 / 6	1,3 / 9	1,7 / 12	2,1 / 14						− 0,3	7	10
über 7 bis 10	1,0 / 5	1,2 / 7	1,6 / 9	2,0 / 11	2,4 / 14					− 0,3	8	12
über 10 bis 15	0,9 / 4,5	1,1 / 6	1,5 / 7	1,8 / 9	2,2 / 11	2,7 / 13				− 0,5	9	14
über 15 bis 20	0,8 / 4	1,0 / 5	1,4 / 6	1,7 / 8	2,1 / 10	2,6 / 13	3,1 / 14			− 0,5	10	16
über 20 bis 25	0,8 / 3	0,9 / 4	1,3 / 5	1,6 / 6	2,0 / 8	2,5 / 11	2,8 / 13	3,1 / 14		− 0,5	10	18
über 25 bis 30	0,8 / 3	0,9 / 4	1,3 / 5	1,6 / 6	2,0 / 8	2,5 / 10	2,8 / 12	3,1 / 13		− 0,5	10	18
über 30 bis 35	1,0 / 4	1,2 / 4	1,6 / 5	1,8 / 6	2,2 / 7	2,6 / 9	2,9 / 10	3,2 / 12		− 0,6	10	20
über 35 bis 40	1,3 / 4	1,5 / 4	1,9 / 5	2,1 / 6	2,4 / 7	2,8 / 8	3,0 / 9	3,3 / 11		− 0,7	10	20
über 40 bis 45	1,6 / 4	1,8 / 5	2,2 / 6	2,4 / 6	2,6 / 7	3,0 / 7	3,1 / 9	3,3 / 11		− 0,8	10	20
über 45 bis 50	1,9 / 5	2,1 / 5	2,4 / 5	2,6 / 6	2,8 / 6	3,1 / 7	3,2 / 8	3,4 / 10		− 0,9	11	22
über 50 bis 55	2,2 / 5	2,4 / 5	2,6 / 5	2,8 / 6	3,0 / 6	3,2 / 6	3,3 / 8	3,4 / 9		− 1,0	12	24
über 55 bis 60	2,5 / 5	2,7 / 5	2,8 / 5	3,0 / 6	3,2 / 6	3,3 / 6	3,4 / 7	3,5 / 8		− 1,0	12	24
über 60	3,0 / 5	3,0 / 5	3,0 / 5	3,0 / 6	3,2 / 6	3,3 / 6	3,4 / 7	3,5 / 8		− 1,0	12	24

1) Für größere Längen oder Flächen (Übermaßgrößen) gilt das Doppelte des unteren Abmaßes. Das festgelegte zulässige untere Abmaß gilt für alle Blechbreiten bis 3600 mm.

Bild 5.1. : Tabelle aus DIN 1543.

festgelegt sind. Geforderte Werkstoffqualitäten von Stahl-
blechen beschreibt die DIN 17 1oo, die DIN 17 155 gilt für
Sondergüten, z.B. für Kesselbleche. Blechverbraucher fordern
häufig vom Erzeuger das Einhalten enger Toleranzen, und be-
stellen beispielsweise mit dem Zusatz "Dicke nach 1/3 DIN".

Blechdicke (Nennmaß)	Zulässige Abweichungen der Durchschnittsdicke[3] von der bestellten Blechdicke (Nennmaß) in mm und des gewogenen Gewichtes[4] vom errechneten Gewicht in %										
	für Längen	für Breitenbereich									
		bis 1200		über 1200 bis 1450		über 1450 bis 1700		über 1700 bis 2000		über 2000 bis 2500	
		mm	%	mm	%	mm	%	mm	%	mm	%
3 3,5	bis 4000	± 0,25	± 6	± 0,30	± 6	± 0,35	± 7				
	über 4000 bis 6000	± 0,30	± 6	± 0,35	± 7	± 0,40	± 8				
	über 6000	Die Bleche sind zu nehmen, wie sie fallen, sofern nicht besondere Vereinbarungen bestehen.									
4 4,5 4,75	bis 5000	± 0,30	± 5	± 0,35	± 6	± 0,40	± 7	± 0,45	± 8		
	über 5000 bis 7000	± 0,35	± 6	± 0,40	± 7	± 0,45	± 8	± 0,50	± 10		
	über 7000	Die Bleche sind zu nehmen, wie sie fallen, sofern nicht besondere Vereinbarungen bestehen.									

Bild 5.2. : Tabelle aus DIN 1542.

Dies ist leicht verständlich, weil Blech nach Fläche gebraucht,
aber nach Gewicht bezahlt wird. Längen- und Breitentoleranzen
werden aus ähnlichen Gründen gleichfalls immer mehr eingeengt.
Weitere Forderungen der Verbraucher betreffen Planheit,
Fehlerfreiheit, Oberflächengüte und mechanische Eigenschaften
des Produkts, dessen Herstellung nur auf bestausgestatteten
Anlagen wunschgemäß gelingt.
Feinblech wird seit langem fast ausschließlich aus Band geschnitten und gerichtet, Mittelblech in steigendem Maße und
seit einiger Zeit auch Grobblech. Weil aber die Bandbreite
mit 22oo mm begrenzt ist, und kontinuierlich arbeitende Quer-
teil- und Richtanlagen nur höchstens 2o mm dickes Band verarbeiten, sind breitere und dickere Bleche für den Schiffs-
und Apparatebau, die Großrohrfertigung, den Stahlhochbau und
die Reaktortechnik nur in Blechwalzwerken zu erzeugen.

5.1.1. Anlagenbeschreibung

Zum Basiskonzept moderner Blechwalzanlagen gehören Öfen mit
Brammenaufgabe- und Austragvorrichtung, Entzunderungsanlage,
Walzgerüst oder -gerüste mit Walzspaltkorrektureinrichtung,
Rollgängen, Verschiebern und Drehtischen, Kühl- und Inspek-
tionslinien, Scheren und Wärmebehandlungseinrichtungen. Die
meisten Blechwalzwerke sind mit Stoßöfen ausgestattet, einige
haben Hubbalkenöfen, wenige auch Rollenherdöfen. Der allge-

meine Trend geht dahin, Hubbalkenöfen zu bauen, die zwar erheblich teurer sind als Stoßöfen, aber wesentliche Vorzüge
bieten :

In Hubbalkenöfen müssen die Brammen nicht, wie in Stoßöfen,
eng aneinanderliegen. Das Heizgas kann sie allseitig umströmen
und gleichmäßig erwärmen. Die Brammen schleifen nicht auf den
Tragschienen, die daher ungekühlt bleiben dürfen und auf dem
Walzgut keine kälteren Streifen (Skidmarks) verursachen.
Unterschiedlich lange Brammen stören im Hubbalkenofen weniger
als im Stoßofen, und letztlich kann ein Hubbalkenofen auf
Wunsch jederzeit ganz leer gefahren werden.

Zwischen dem Ofen und dem Walzgerüst passieren die Brammen
eine hydraulische Entzunderungsanlage, in der schräg auf-
treffende, flache Hochdruckwasserstrahlen bis 2oo bar den
Zunder abspritzen. Nach der Anzahl ihrer Horizontalgerüste
werden ein-, zwei- oder mehrgerüstige Blechwalzanlagen unterschieden (Bilder 5.3., 5.4. und 5.5.).

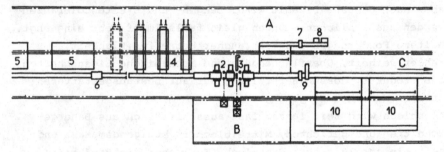

Bild 5.3. : Eingerüstige Blechstraße. A Brammenadjustage,
            B Maschinenhalle, C Blechadjustage, 1 Quartoge-
            rüst, 2 und 3 Stauchgerüste, 4 Stoßöfen, 5 Tief-
            öfen, 6 Brammenkipper, 7 Brammenschere, 8 Brammen-
            stapler, 9 Warmblechrichtmaschine, 1o Kühlbetten.

In ein- und zweigerüstigen Anlagen wird das Walzgut rever-
sierend mit freiem Auslauf vor und hinter jedem Gerüst gewalzt, nur in mehrgerüstigen Straßen arbeiten die letzten Gerüste kontinuierlich. Der bisweilen gebrauchte Begriff
"Tandemwalzen" meint das gemeinsame Walzen von zwei unmittelbar hintereinanderlaufenden Brammen, er bezieht sich beim
Grobblechwalzen nicht auf die Gerüstanordnung.

Bis auf den sogenannten "Zunderbrecher", ein Duo-Einweggerüst,
das nur für geringe Dickenabnahmen im ersten Stich ausgelegt
ist, sind moderne Blechwalzgerüste für größere Blechbreiten

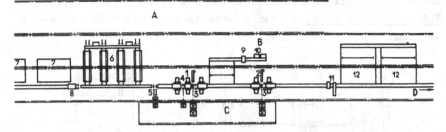

Bild 5.4. : Zweigerüstige Blechstraße. A Brammenlager,
B Brammenadjustage, C Motorenhalle, D Blechadju-
stage, 1 und 2 Quartogerüste, 3 und 4 Stauchge-
rüste, 5 Entzunderungsgerüst, 6 Stoßöfen, 7 Tieföfen, 8 Brammenkipper, 9 Brammenschere, 1o Brammenstapler, 11 Warmblechrichtmaschine, 12 Kühlbetten.

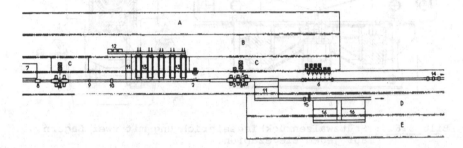

Bild 5.5. : Mehrgerüstige Blechstraße. A Brammenlager und
Putzerei, B Brammenlager, C Motorenhalle, D Blech-
adjustage, E Fertigblechlager, 1 Duo-Reversier-
gerüst, 2 Entzunderungsgerüst, 3 und 5 Stauchge-
rüste, 4 Quartogerüst, 6 Fertigstaffel, 7 Tieföfen, 8 Brammenkipper, 9 Flämmeinrichtung, 1o
Brammenschere, 11 Querschlepper, 12 Brammenstapler,
13 Stoßöfen, 14 Unterflurwickelmaschinen, 15
Richtmaschinen, 16 Kühlbetten.

bis 54oo mm gewöhnlich Quartos mit bis zu 11oo mm dicken Arbeitswalzen in Wälzlagern und ölflutgelagerten Stützwalzen mit
2ooo mm Durchmesser. Bisher wurden nur wenige Gerüste mit
Wälzlagern für die Stützwalzen ausgestattet. Die Walzenbiege-
einrichtungen haben sämtlich Wälzlager. Die größten Grobblech-
walzgerüste sind für Ständerkräfte bis 45 MN und höchste Walzkräfte bis 9o MN ausgelegt, ihre Walzenrückbiegekräfte reichen bis 1o MN. Sie vermindern die zulässige Höchstkraft, wenn
die Reaktionskräfte mit auf die Hauptlager wirken. Die im
Bild 5.6. gezeigte Rückbiegeeinrichtung mit zwei Lagern auf

jedem Biegezapfen vermeidet diesen Nachteil. <u>Bilder 5.7.,</u>
<u>5.8., 5.9. und 5.1o.</u> zeigen schematisch andere bisher gebaute
Systeme.

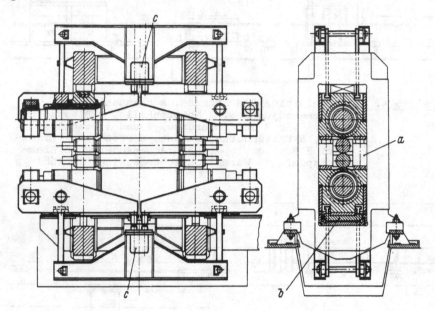

<u>Bild 5.6.</u> : Stützwalzenrückbiegeeinrichtung mit zwei Lagern
auf jedem Biegezapfen.

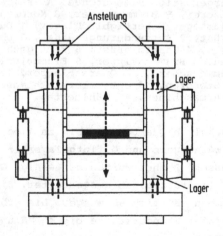

<u>Bild 5.7.</u> : Stützwalzenrückbiegung durch Kraftangriff zwischen
den beiden Zapfen.

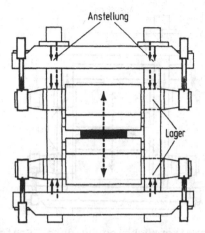

<u>Bild 5.8.</u> : Stützwalzenrückbiegung durch Kraftangriff zwischen
Zapfen und verlängerten Ständerjochen.

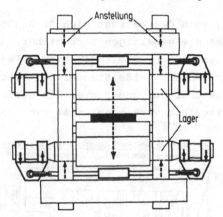

<u>Bild 5.9.</u> : Stützwalzenrückbiegung durch Kraftangriff über zwei
Biegelager.

Die Walzenantriebe, meist twin-drives, sind für maximal
2 x 4,2 MNm Abschaltmoment, höchstens 2 x 1o MW und Walzgeschwindigkeiten bis 6,25 m/s ausgelegt.
Um unterschiedlich breite Bleche aus den im allgemeinen viel
schmaleren Brammen zu machen, werden die ersten Stiche in Querrichtung gewalzt. <u>Bild 5.11.</u> zeigt den engeren Gerüstbereich
mit den Kammrollen im Rollgang, deren Achsabstände enger sind
als die zylindrischer Rollen, und die daher die querlaufenden
Brammen besser tragen. Davor und dahinter liegen Drehrollgänge,
deren wechsellagig angeordnete konische Rollen gegenläufig an-

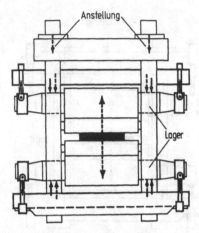

<u>Bild 5.1o.</u> : Stützwalzenrückbiegung durch Kraftangriff
zwischen Zapfen und Biegetraverse.

getrieben werden, wenn das Walzgut sich drehen soll. Zu beachten sind ferner die gewaltigen Verschieber, die die Brammen
vor jedem Stich zentrieren, damit sie mittig laufen und die
Walzkraft symmetrisch auf beide Ständer verteilt wird. Vertikalgerüste als Staucher vor und hinter dem Gerüst sind nicht
an jeder Blechwalzanlage vorhanden, aber eine ausgezeichnete

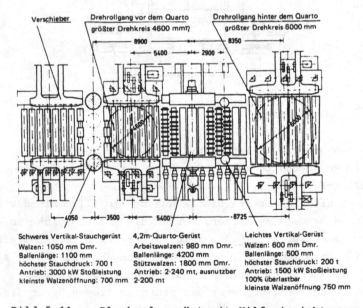

Schweres Vertikal-Stauchgerüst
Walzen: 1050 mm Dmr.
Ballenlänge: 1100 mm
höchster Stauchdruck: 700 t
Antrieb: 3000 kW Stoßleistung
kleinste Walzenöffnung: 700 mm

4,2m-Quarto-Gerüst
Arbeitswalzen: 980 mm Dmr.
Ballenlänge: 4200 mm
Stützwalzen: 1800 mm Dmr.
Antrieb: 2·240 mt, ausnutzbar
2·200 mt

Leichtes Vertikal-Gerüst
Walzen: 600 mm Dmr.
Ballenlänge: 500 mm
höchster Stauchdruck: 200 t
Antrieb: 1500 kW Stoßleistung
100% überlastbar
kleinste Walzenöffnung 750 mm

<u>Bild 5.11.</u> : Blechwalzgerüst mit Hilfseinrichtungen.

Hilfe dabei, die Breitentoleranz der Bleche einzuhalten und
die Blechkanten rechtwinklig zu formen.
Der Produktfächer von Blechwalzwerken umfaßt weite Bereiche
von Dicken und Breiten und variable Einsatzmassen. Dementsprechend unterschiedlich ist ihr Durchsatz, der für eingerüstige Anlagen 3oo.ooo bis 8oo.ooo t/Jahr, für zweigerüstige Anlagen 8oo.ooo bis 3,ooo.ooo t/Jahr und für mehrgerüstige
Anlagen mehr als 3,ooo.ooo t/Jahr beträgt.
Öfen, Walzgerüste und Adjustage begrenzen jeweils den Durchsatz bei anderen Blechabmessungen. Sie optimal aufeinander abzustimmen gelingt nur, wenn ausschließlich Bleche einheitli-
chen Formats gewalzt werden, oder wenn das Walzprogramm
gleichmäßig durchmischt ist. Das Walzen gemischter Programme
trifft auf zahlreiche Schwierigkeiten : Bleche unterschiedlicher Dicke nacheinander zu walzen, erfordert schnelles Anpassen der Stichpläne, die heute entweder fix programmiert
und vorwählbar sind, oder aus Zielvorgaben für Breite und
Dicke und den Brammenkenndaten für jeden Einzelfall vom Be-
triebsrechner erstellt werden. Unterschiedlich breite Bleche
belasten die Arbeitswalzen jeweils anders, so daß die Walzspaltauffederung weder mit bombierten Walzen, noch mit den
entsprechend angepaßten Lastverteilungen in den letzten Stichen vollständig zu kompensieren ist. Abhelfen können allenfalls Biegevorrichtungen für Stütz- und Arbeitswalzen.

5.1.2. Thermomechanisches Behandeln

Bleche aus legierten Stählen erhalten bessere mechanische Eigenschaften, insbesondere höhere Werte für Bruchspannung,
Kerbschlagzähigkeit und Brucheinschnürung, wenn sie nicht nur
im walztechnisch günstigen Temperaturbereich zwischen 12oo und
14oo K (97o bis 113o^{o}C), sondern auch im Bereich des metastabilen Austenits bei Temperaturen um 1o7o K (8oo^{o}C) kurz vor
der Perlitumwandlung verformt werden (Bild 5.12.). Dabei entsteht in den letzten Walzstichen feinkörniges Austenitgefüge,
dessen Körner in den Zwischenstichzeiten möglichst nicht wieder wachsen sollen. Geeignete Legierungselemente, wie beispielsweise Niob, vermindern die Rekristallisationsgeschwin-
digkeit und verbessern so den gewünschten Effekt. Unmittelbar
nach dem letzten Verformungsschritt sollte die Perlitumwandlung beginnen, damit keine Kornvergröberung mehr auftritt.

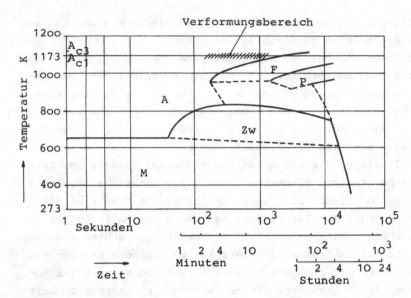

Bild 5.12. : Zeit-Temperatur-Umwandlungsschaubild für kontinuierliche Abkühlung eines Stahles mit
o,25 % C, 1,4 % Cr, o,5 % Mo und o,25 % V :
Bereich der thermomechanischen Behandlung.

Für die Walztechnik bedeutsam sind die beim "thermomechanischen Walzen" auftretenden viel größeren Walzkräfte, die das
Gerüst aufnehmen muß, und höhere Flächenlasten, die den Walzspalt stärker deformieren. Die Dickenabnahme darf in den
letzten Stichen nicht zu klein gewählt werden, um gleichmäßiges Gefüge über der gesamten Blechdicke zu erzielen.

5.1.3. Fehler am Blech

Maßfehler, Formfehler, Oberflächenfehler und innere Fehler beeinträchtigen den Wert gewalzter Bleche : Gleichmäßig über dem
gesamten Blech vom Sollmaß abweichende Dicke tritt selten auf.
Sie ist auf Anstellfehler oder auf fehlerhaft berechneten
Stichplan zurückzuführen und dementsprechend zu korrigieren.
Dickenabweichungen über der Blechlänge entstehen, wenn das
Walzgut ungleichmäßig erwärmt war und beispielsweise weniger
warme Querstreifen (Skidmarks) hatte, an denen die Bramme auf
den gekühlten Tragschienen im Ofen auflag. Die Ursachen sind
mit besserer Erwärmung, Ersatz der wassergekühlten Tragschienen durch dampfgekühlte, Schräglegen der Schienen oder
andere ofentechnische Maßnahmen zu eliminieren. Die Symptome

kann eine sehr schnelle Anstellung mit guter Dickensteuerung
oder Dickenregelung vermindern.
Ovale Arbeitswalzen oder exzentrische Stützwalzen ändern die
Walzgutdicke periodisch. Fehler dieser Art sind kaum oder nur
mit höchstem Aufwand zu verbessern. Sie sollten durch größte
Sorgfalt in der Walzenschleiferei vermieden werden.
Das Profil (crown) oder der Dickenverlauf über der Walzgutbreite wird maßgeblich durch die Walzspaltkorrektur beeinflußt. Walzenbiegen oder thermisches Bombieren können symmetrische Profile günstig verändern. Unsymmetrisch verlaufende Walzgutdicke wird bisweilen von schrägliegenden Walzen,
häufiger von kälteren Längsstreifen im Walzgut durch tropfen-
de Kühlwasserdüsen oder durch aufgerauhte Walzenzonen verursacht. Völlig falsch wäre es, unsymmetrisch liegendes Walzgutprofil durch Schrägstellen der Walzen zu korrigieren,
richtig ist, die Ursachen zu ermitteln und abzustellen.
Die Breite von dünnem, flachem Walzgut ist nur in den ersten
Breitungsstichen nennenswert weit zu ändern. Fehler, die dabei entstanden sind, lassen sich kaum mehr korrigieren. Zu
große Breite geht zu Lasten der Blechlänge und vermindert so
die nutzbare Blechfläche, zu kleine Breite verbietet oft das
Zuordnen der Tafel zu geplanten Kommissionen. Die gewünschte
Blechbreite richtig zu treffen, erfordert genaue Kenntnis des
Breitungsverhaltens und entsprechende Vorwahl der Anfangs-
breite. Längenfehler resultieren unmittelbar aus Dicken- und
Breitenfehlern. Kostenbewußte Blechwalzwerker nutzen positive
Breiten- und Dickentoleranzen nicht aus, sondern walzen möglichst lange Blechtafeln.
Von den Formfehlern mindert der "Säbel" (camber), die bogen-
förmige Gestalt des Bleches, das Ausbringen sehr. Große Be-
stellängen fixer Breite lassen sich nicht aus einer säbeligen
Blechtafel ohne größere Breitenreserve schneiden. Säbel entstehen analog zum unsymmetrischen Profil, wenn an aufgerauhten
Walzenzonen der Stofffluß verändert war und die Walzen schief
angestellt wurden, manchmal aber auch, wenn eine Bramme ein-
seitig wärmer oder kälter war.
Wellen oder Beulen im Blech sind Planheitsmängel, die dann
entstehen, wenn die Walzgutdicke über der Breite ungleichmäßig verändert wird, wenn also Walzgut mit rechteckigem
Profil durch einen nicht rechteckigen Walzspalt läuft, oder

ungleichmäßig profiliertes Walzgut durch einen exakt eingestellten rechteckigen Walzspalt muß. Gleichmäßige Dickenabnahmen über der Blechbreite und damit proportionales Fort-
pflanzen des Brammenprofils lassen beste Planheit erwarten.
Allerdings sind Dickenabweichungen an Brammen ohne negative
Folgen für die Planheit durchaus in den ersten Stichen zu
korrigieren, solange noch genügend viel Material quer zur
Walzrichtung fließen kann. An Walzgut, dessen Dicke nur noch
weniger als ein Hundertstel der Breite beträgt, fließt allenfalls noch in schmalen Randbereichen etwas quer. Profilkor-
rekturen sind demnach kaum mehr möglich, ohne die Planheit zu
beeinträchtigen.
Oberflächenfehler an warmgewalztem Blech rühren entweder von
nichtmetallischen Einschlüssen oder dicht unter der Brammenoberfläche liegenden Lunkern her oder werden beim Transport
auf Schlepperbetten verursacht. Es sind Schalen, Dopplungen,
Riefen und Kratzspuren. Kurze Querrisse am Blechrand sind
häufig die Folge zu niedriger Walztemperatur. Treten sie
häufiger auf, dann liegt ihre Ursache bei unerwünschten
Legierungselementen, meistens Kupfer und Zinn, die als leicht-
schmelzende Eutektika auf den Korngrenzen das Gefüge
schwächen.
Schwerwiegendste Fehler sind Ungänzen im Inneren der Bleche,
nichtverschweißte Lunker und tief unter der Blechoberfläche
liegende Dopplungen. Fehler dieser Art werden bei systematischen Ultraschallkontrollen geortet, ausgemessen, und die
schadhaften Stellen aus dem Blech herausgeschnitten. Innenfehler sind im allgemeinen nicht durch walztechnische Maßnahmen zu vermeiden. Ausnahmen bilden "Wasserstofflinsen",
die beim Abkühlen harter und legierter Bleche durch Ausscheiden von Wasserstoffatomen entstehen, die sich schneller
zu Molekülen verbinden, als sie an die Oberfläche diffundieren
können. Molekularer Wasserstoff sammelt sich unter hohem
Druck in kleinen Hohlräumen im Walzgut und treibt sie auf. Je
größer die "Linsen" werden, umso zerstörender wirken die
Druckkräfte. Abhilfe schafft langsames Abkühlen aus der Walzhitze, um den ausgeschiedenen Wasserstoffatomen vor der Re-
kombination genügend Zeit bei ausreichend hoher Temperatur
zur Diffusion an die Blechoberfläche zu lassen.

5.2. Warmband

Gewalztes und zu Bunden (coils) gehaspeltes flaches Walzgut
heißt Warmband, das nach seiner Breite unterschieden wird in
Schmalband (b < 2oo mm), Mittelband (2oo < b < 6oo mm) und Breitband (b > 6oo mm). Schmal- und Mittelband, die früher als Vormaterial für Radfelgen und geschweißte Rohre bevorzugt wurden,
weil die gerundeten Bandkanten (Naturkanten) keine Nacharbeit
erfordern und gut schweißbar sind, verlieren auf diesen Ge-
bieten mehr und mehr an Bedeutung, weil inzwischen billigeres,
aus Breitband geschnittenes Spaltband alle Anforderungen eben-
sogut erfüllt. Im folgenden sei daher über Warmbreitband berichtet, das aus vorgewalzten oder stranggegossenen Brammen
oder Platinen an Enddicken zwischen 1,25 und 25 mm gewalzt
wird. Versuche, die Warmbandenddicke unter 1 mm zu bringen,
brachten wenig Erfolg, weil höhere Zunderverluste und mindere
Oberflächenqualität in Kauf zu nehmen waren, schwierigere
Walzbedingungen entstanden und schließlich der Durchsatz der
Walzanlagen unannehmbar weit abfiel.
Maße und Maßtoleranzen des warmgewalzten Bandes beschreibt die
DIN 1o6o, die im oberen Dickenbereich noch nach Band und aus
Band geschnittenen Blechen unterscheidet.
Ein Teil des Warmbreitbandes ist Vormaterial für kaltgewalztes
Band, ein weiterer Teil wird in Streifen geteilt und als
"Spaltband" zur Herstellung geschweißter Rohre verwendet, der
Rest wird in besonderen Bandzerteilanlagen gerichtet und zu
Blechen geschnitten.

5.2.1. Anlagentypen

Walzanlagen für Warmbreitband sind so aufgebaut, daß die zum
Abwalzen der 12o bis 22o mm dicken Einsatzbrammen an die gewünschte Enddicke erforderlichen 1o bis 17 Stiche möglichst
zeitbedarfsgleich auf alle beteiligten Gerüste aufgeteilt
werden können. Die einfachste, billigste und hinsichtlich der
Stichverteilung und des Dickenbereichs flexibelste Anlage ist
das Steckelwalzwerk (Bild 5.13.). Steckelstraßen sind nach Anzahl und Erzeugung fast bedeutungslos, besitzen aber im Aufbau
und im Walzverfahren erwähnenswerte Eigenheiten. Die im Stoßofen erwärmte Bramme wird im Duo-Vorgerüst mit Staucher in
7 oder 9 Stichen an ca. 2o mm Vorbanddicke gewalzt. Die
weiteren Stiche übernimmt das Reversierquarto mit seinen gas-

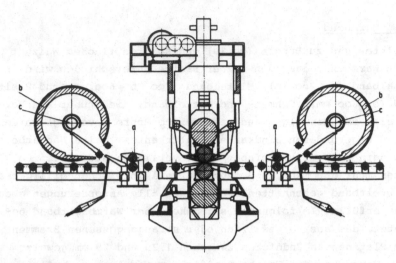

Bild 5.13. : Steckelwalzanlage. a Treiber, b Wärmeschutz-
haube, c Haspeldorn.

beheizten Haspeln (Bild 5.14.), die das immer dünner werdende

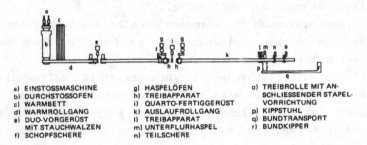

a) EINSTOSSMASCHINE
b) DURCHSTOSSOFEN
c) WARMBETT
d) WARMROLLGANG
e) DUO-VORGERÜST
   MIT STAUCHWALZEN
f) SCHOPFSCHERE

g) HASPELÖFEN
h) TREIBAPPARAT
i) QUARTO-FERTIGGERÜST
k) AUSLAUFROLLGANG
l) TREIBAPPARAT
m) UNTERFLURHASPEL
n) TEILSCHERE

o) TREIBROLLE MIT AN-
   SCHLIESSENDER STAPEL-
   VORRICHTUNG
p) KIPPSTUHL
q) BUNDTRANSPORT
r) BUNDKIPPER

Bild 5.14. : Schematischer Grundriß einer Steckelstraße.

Band während des Walzens auf der richtigen Temperatur halten,
bis es nach dem letzten Stich über den Kühlrollgang zum Haspel läuft.
Die Nachteile der Steckelstraße sind offenkundig : In den
offenen Öfen verzundert die Bandoberfläche sehr, der Zunder
wird miteingewickelt und eingewalzt. Dadurch, und weil alle
Stiche mit dem gleichen Arbeitswalzensatz laufen, wird die
Bandoberfläche schlecht. Ebenso sind Maßtreue und Bandprofil
beeinträchtigt, weil die Walzspaltkorrektur nicht für alle
Stiche optimal ist. Da die Haspelumfangsgeschwindigkeiten nur
mäßig gut den Walzgeschwindigkeiten anpaßbar sind, entstehen
Breitenfehler im Band durch veränderliche Bandzüge. Die

langen Walzzeiten im ziemlich langsam laufenden Reversierquarto begrenzen den möglichen Durchsatz bei recht niedrigen
Werten.
Vorteilhaft sind dagegen die niedrigen Investitionskosten, die
eine Steckelwalzanlage bereits mit Durchsätzen um 2oo.ooo
Jahrestonnen rentabel arbeiten lassen.
Steckelstraßen könnten eine interessante Alternative zu
größeren Bandwalzanlagen sein, wenn ihre Haspelöfen indirekt
oder elektrisch beheizt, die Walzzone zwischen den Öfen unter
Schutzgas gehalten, rechnergesteuerte Walzspaltkorrektur,
z.B. mit Walzenbiegeeinrichtung oder thermischer Bombage vorgesehen, und wenn schließlich der relative Haspelgleichlauf
durch berührungsloses Geschwindigkeitsmessen und -regeln verbessert würde.
Die anfälligen Bandnachwärmeinrichtungen der Steckelwalzanlage
werden entbehrlich, wenn die letzten 5 bis 7 Stiche kontinuierlich laufen, nachdem die Brammen in 7 bis 11 Stichen re-
versierend an Vorbanddicke gewalzt wurde. Bild 5.15. zeigt
eine Halbkontiwalzanlage mit Duo-Vorgerüst, Reversierquarto
mit Stauchern, Schopfschere, sechsgerüstiger Fertigstaffel,

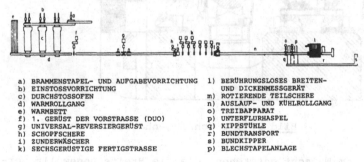

a) BRAMMENSTAPEL- UND AUFGABEVORRICHTUNG
b) EINSTOSSVORRICHTUNG
c) DURCHSTOSSOFEN
d) WARMROLLGANG
e) WARMBETT
f) 1. GERÜST DER VORSTRASSE (DUO)
g) UNIVERSAL-REVERSIERGERÜST
h) SCHOPFSCHERE
i) ZUNDERWÄSCHER
k) SECHSGERÜSTIGE FERTIGSTRASSE

l) BERÜHRUNGSLOSES BREITEN-
   UND DICKENMESSGERÄT
m) ROTIERENDE TEILSCHERE
n) AUSLAUF- UND KÜHLROLLGANG
o) TREIBAPPARAT
p) UNTERFLURHASPEL
q) KIPPSTÜHLE
r) BUNDTRANSPORT
s) BUNDKIPPER
p) BLECHSTAPELANLAGE

Bild 5.15. : Halbkontinuierliche Bandstraße.

dem Kühlrollgang und der Haspelgruppe. Als erstes Gerüst wird
meistens ein Duo eingesetzt, um mit dessen dicken Walzen die
Greifbedingung für größere Dickenabnahmen im ersten Stich
besser zu erfüllen. Das Reversiergerüst bildet im allgemeinen,
mindestens aber beim Walzen mittlerer Banddicken, den Produk-
tionsengpaß und sollte daher mit allen Einrichtungen für
schnelle Stichfolgen ausgestattet sein. Dazu gehören programm-
oder rechnergesteuerte Anstellung, automatisches Beschleunigen,
Bremsen und Reversieren und Optimieren der "Übergabedicke",

mit der das Vorband an die Fertigstaffel übergeben wird.
Beim kontinuierlichen Walzen in der Fertigstaffel heben pneumatisch oder elektrisch getriebene Schlingenheber zwischen je
zwei Gerüsten (<u>Bild 5.16.</u>) das Band an, damit keine Zugspan-

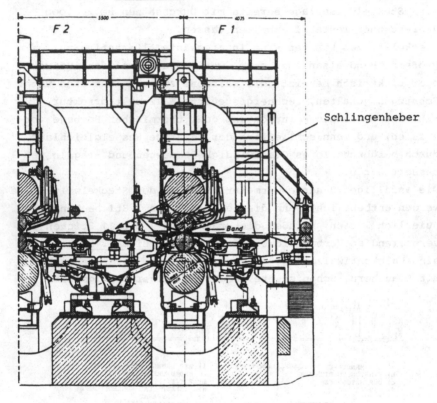

<u>Bild 5.16</u> : Schlingenheber.

nungen im Walzgut entstehen, die die Breite ungewollt verändern könnten. Damit nicht die Schlingenheber selbst veränderliche Kräfte auf das Band ausüben, sind sie lagegeregelt.
Ein definierter Erhebungswinkel wird angefahren und durch
dauerndes Anpassen der Walzendrehzahlen gehalten. Halbkonti-
nuierlich arbeitende Warmbreitbandwalzanlagen erreichen je
nach Breite und Dicke des erzeugten Bandes Jahresdurchsätze
bis über 4 Mio Jahrestonnen.
Für noch größere Durchsätze entstanden vollkontinuierlich
arbeitende Bandstraßen (<u>Bild 5.17.</u>), deren Produktion beim
Walzen dünner Bänder von den letzten Fertigstaffelgerüsten,

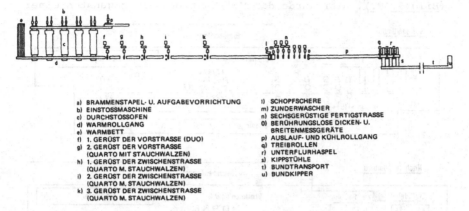

a) BRAMMENSTAPEL- U. AUFGABEVORRICHTUNG
b) EINSTOSSMASCHINE
c) DURCHSTOSSOFEN
d) WARMROLLGANG
e) WARMBETT
f) 1. GERÜST DER VORSTRASSE (DUO)
g) 2. GERÜST DER VORSTRASSE
   (QUARTO MIT STAUCHWALZEN)
h) 1. GERÜST DER ZWISCHENSTRASSE
   (QUARTO M. STAUCHWALZEN)
i) 2. GERÜST DER ZWISCHENSTRASSE
   (QUARTO M. STAUCHWALZEN)
k) 3. GERÜST DER ZWISCHENSTRASSE
   (QUARTO M. STAUCHWALZEN)

l) SCHOPFSCHERE
m) ZUNDERWASCHER
n) SECHSGERÜSTIGE FERTIGSTRASSE
o) BERÜHRUNGSLOSE DICKEN- U.
   BREITENMESSGERÄTE
p) AUSLAUF- UND KÜHLROLLGANG
q) TREIBROLLEN
r) UNTERFLURHASPEL
s) KIPPSTÜHLE
t) BUNDTRANSPORT
u) BUNDKIPPER

<u>Bild 5.17.</u> : Vollkontinuierliche Bandstraße.

sonst nur von der Ofenkapazität begrenzt ist.
Mischtypen, "Dreiviertelkontistraßen", oder Anlagen mit Vor-,
Zwischen- und Fertigstaffeln (<u>Bild 5.18.</u>) entstanden aus dem

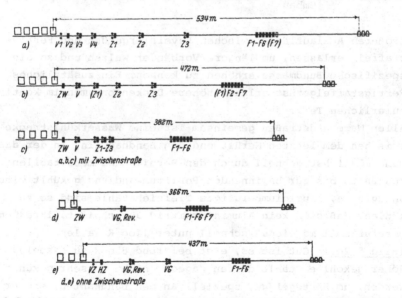

a) V1 V2 V3 V4 Z1 Z2 Z3   F1-F6 (F7)   534m
b) ZW V (Z1) Z2 Z3   (F1)F2-F7   472m
c) ZW V Z1-Z3   F1-F6   382m
a,b,c) mit Zwischenstraße
d) ZW VG.Rev.   F1-F6 F7   366m
e) VZ HZ VG.Rev. VG   F1-F6   437m
d,e) ohne Zwischenstraße

<u>Bild 5.18.</u> : Verschiedene Anordnungen von Breitbandstraßen.

Bestreben, kurze Baulängen mit allen walztechnischen Belangen
zu vereinbaren. Die Vollkontiwalzanlage ist keineswegs der
Weisheit letzter Schluß, wie der erst wenige Jahre zurück-
liegende Umbau einer großen Warmbreitbandstraße zeigt

(Bild 5.19.). Hier wurde das Vollkontiprinzip zugunsten einer

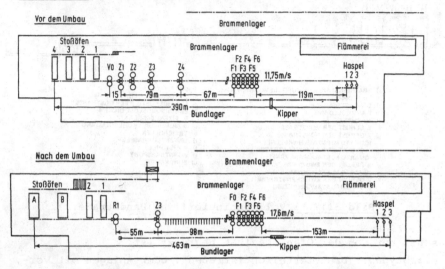

Bild 5.19. : Lageplan einer Breitbandstraße vor und nach dem
Umbau.

größeren Auslauflänge zwischen Reversiergerüst und Fertigstaffel verlassen, um längere Vorbänder walzen und so die
spezifische Bundmasse erhöhen zu können. Ein zusätzliches
Fertigstaffelgerüst erlaubt höhere Dickenabnahmen im konti-
nuierlichen Teil.
Allen Warmbandstraßen gemeinsam ist eine Wasserkühlstrecke
zwischen dem letzten Gerüst und den Bandhaspeln, in der das
Band möglichst schnell durch den Bereich des metastabilen
Austenits bis zur beginnenden Perlitumwandlung gekühlt wird.
Unlegierte, aluminiumberuhigte Tiefziehstähle sind so zu
kühlen, daß sich kein Aluminiumnitrid ausscheidet, ihre Temperatur soll möglichst schnell unter 1100 K fallen
(Bild 5.2o.). Gut ist es, erst bei rund 850 K zu haspeln.
Höher gekohlte Stähle dürfen dagegen nicht zu sehr gekühlt
werden, um Härtegefüge, speziell an den Bandkanten, sicher zu
vermeiden. Bild 5.21. zeigt schematisch die Dickenabnahme und
den Temperaturverlauf im Walzanlagenbereich.
Zufriedenstellende Ergebnisse werden mit Kühlanlagen gewonnen,
in denen die Bandunterseite aus zahlreichen Düsen angespritzt,
die Oberseite aber von einem laminar strömenden Wasserschwall
aus vielen Rohren überflutet wird. Zu- und Abschalten von

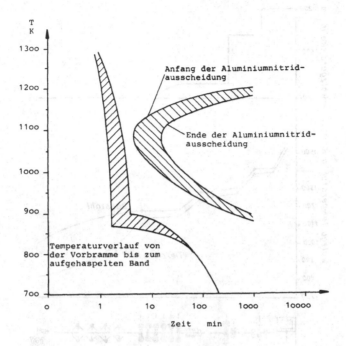

Bild 5.2o. : Temperaturverlauf beim Warmwalzen und Temperaturen der isothermen Aluminiumnitridausscheidung.

Düsen- oder Rohrgruppen verändert die Kühlintensität in weiten Grenzen.

5.2.2. Auswahlkriterien

Der Entscheidung darüber, welche Bandstraße gebaut und wie sie ausgestattet werden soll, gehen Markt- und Verkaufsanalysen voraus. Breiten- und Dickenspektren des geforderten Produkts und die voraussichtlich absetzbare Menge sind die Kriterien, nach denen zu entscheiden ist.
Die Bilder 5.22. und 5.23. zeigen solche Spektren, nach denen beispielsweise die größte Warmbandbreite mit 15oo mm und die größte Dicke mit 1o mm festgelegt werden könnte. Der Verzicht auf die verhältnismäßig geringen Anteile breiterer und dickeren Bandes verringert nicht nur die erforderlichen Investitionskosten, sondern auch die späteren Betriebskosten, weil die breitere Walzanlage in der meisten Zeit schmalere Bänder erzeugen müßte, und die für rationellen Durchsatz dickeren

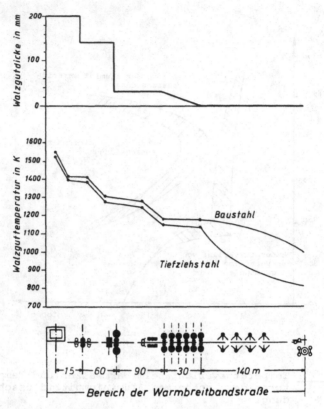

<u>Bild 5.21.</u> : Dickenabnahme und Temperaturverlauf im Walzan-
lagenbereich.

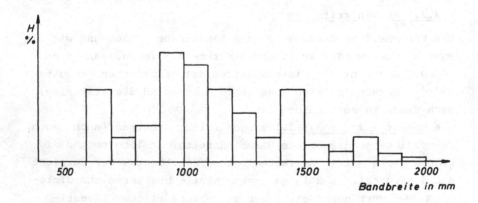

<u>Bild 5.22.</u> : Breitenspektrum einer Warmbandnachfrage.

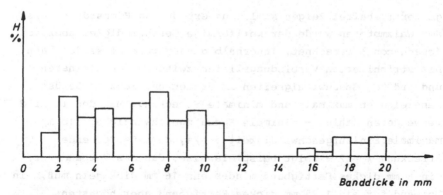

Bild 5.23. : Dickenspektrum einer Warmbandnachfrage.

Bandes erforderlichen zusätzlichen Öfen und Vorstraßengerüste
beim Walzen der häufiger gebrauchten dünneren Bänder über-
flüssig wären.
Mit festgelegten Bandbreiten und -dicken wird der erreichbare
Höchstdurchsatz von der Stichverteilung und der maximalen
Walzgeschwindigkeit bestimmt.
Nahezu beliebig könnten die Dickenabnahmen nur an einer ein-
gerüstigen Reversieranlage verteilt werden. Kontinuierlich
arbeitende Straßen grenzen den Spielraum erheblich ein, wenn
einmal die Gerüstanzahl, die Gerüstabstände und die Antriebsdrehzahlen fixiert sind, wie Bild 5.24. für eine sechsgerüsti-

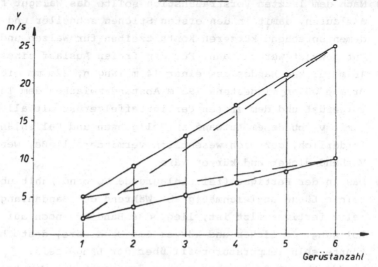

Bild 5.24. : Speed-cone.

ge Fertigstaffel zeigen soll. Aus Grund- und Höchstdrehzahlen der Walzmotoren wurde der keilförmige Geschwindigkeitsbereich (speed-cone) berechnet, innerhalb dessen gewalzt werden kann. Die strichlierten Verbindungslinien zwischen den kleinsten und größten Geschwindigkeiten im ersten und letzten Gerüst kennzeichnen maximale und minimale Streckung. Mit den im Bild verwendeten Zahlen - minimale Endwalzgeschwindigkeit 1o m/s, maximale Einlaufgeschwindigkeit 5 m/s, dementsprechende Streckung λ = 2 - folgt beispielsweise, daß das Vorband für ein 8 mm dickes Fertigband mindestens 16 mm dick sein muß, ein Vorband für ein 1,25 mm dickes Fertigband aber höchstens 15,6 mm dick sein darf, weil die minimale Einlaufgeschwindigkeit 2 m/s, die maximale Endwalzgeschwindigkeit 25 m/s und die daraus resultierende Streckung λ 12,5 ist. Dabei beträgt die mittlere Streckung, wie ein Blick auf Bild 3.1o. zeigt, 1,52. Nun sollte die Vorbanddicke aus mehreren Gründen unbedingt größer sein :

1) Um große spezifische Bundmassen zu erhalten, sind lange und dicke Brammen einzusetzen. Heute übliche Maße sind 14ooo mm Länge und 2oo bis 22o mm Dicke. Das Abwalzen von 2oo an 16 mm erforderte mindestens 7 Stiche in der Vorstraße, von denen zwei einzusparen wären, wenn 32 mm dickes Vorband gewalzt würde.

2) Nach dem letzten Vorstraßenstich sollte das Walzgut frei auslaufen, damit in den ersten Stichen schneller und mit dementsprechend kürzeren Kontaktzeiten für Walzen und Walzgut gewalzt werden kann. Für den freien Auslauf eines 16 mm dicken Bandes aus einer 14 m langen, 22o mm dicken Bramme wären mindestens 195 m Abstand zwischen dem letzten Vorgerüst und dem ersten Fertigstaffelgerüst mit allem damit verbundenem Aufwand an Rollgängen und Hallenlänge erforderlich, der sich wesentlich vermindern ließe, wenn das Vorband dicker und kürzer wäre.

3) Das in der Fertigstaffel einlaufende Vorband kühlt über seiner Länge ungleichmäßig ab. Während der Bandanfang bereits fertiggewalzt ist, liegt das Bandende noch auf dem Rollgang. Je dicker und kürzer das Band wäre, desto besser könnte sein Temperaturprofil über der Länge sein.

Vorbanddicken um 3o mm entsprechen denn auch den Vorstellungen, größere Dicken werden angestrebt. Demgemäß muß aber der Ge-

schwindigkeitskeil in der Fertigstaffel geändert werden.
Größere Gesamtstreckungen als 12 mit mittleren Dickenabnahmen
von mehr als 55 % in jedem Gerüst sind jedoch kaum mehr an-
nehmbar. Viele Betreiber statten daher ihre Warmbandfertig-
staffeln mit sieben Gerüsten aus. Weniger als 2,5 mm dicke
Bänder werden denn auch aus dünneren und kürzeren Brammen über
dünnere Vorbänder gewalzt, wenn die Fertigstaffel nicht ausreichend viele Gerüste hat oder nicht genügend große Dickenabnahmen gestattet.
Zu größeren Banddicken hin wird die Anlagenflexibilität dadurch erweitert, daß die letzten Gerüste der Fertigstaffel
nicht eingesetzt werden. So ist es beispielsweise möglich, mit
wenigen leichteren Stichen in der Vorstraße über mehr als
45 mm dickes Vorband in nur drei oder vier Fertigstaffelgerüsten 18 bis 2o mm dickes Breitband für Bleche zu walzen.

5.2.3. Entwicklung, Grenzen

Das Bestreben der Erbauer und Betreiber von Warmbreitband-
straßen, die Betriebszeit durch schnelles Walzen mit wenigen
Manipulationen und kurzen Intervallen bestmöglich zu nutzen,
trieb die Endwalzgeschwindigkeiten und die spezifischen Bundmassen hoch. Bilder 5.25. und 5.26. zeigen diese Entwicklung.

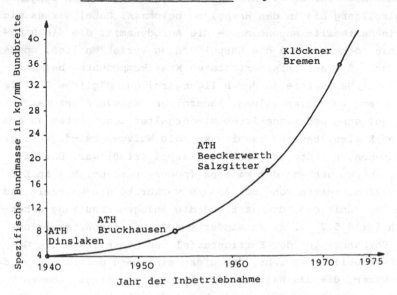

Bild 5.25. : Entwicklung der spezifischen Bundmasse.

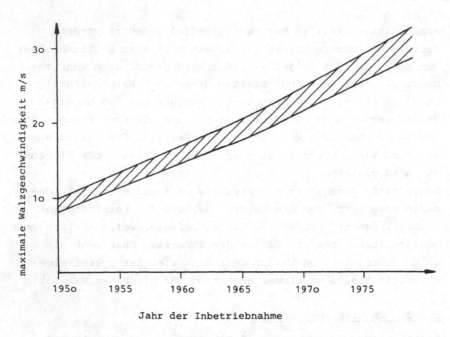

Jahr der Inbetriebnahme

Bild 5.26. : Entwicklung der maximalen Endwalzgeschwindigkeit.

Die obere Grenze der Walzgeschwindigkeit schien erreicht, als
es nicht gelang, die freilaufende, geschobene Spitze dünner
Bänder mit mehr als 15 m/s Geschwindigkeit über den langen
Kühlrollgang bis in den Haspel zu bekommen. Dabei war es nicht
- wie zeitweilig angenommen - die Aerodynamik, die die Bandspitze hochgehen und die Haspelöffnung verfehlen ließ, sondern
es waren die aufwärts gerichteten Kraftkomponenten beim An-
stoß der Bandspitze an den Rollgangsrollen. Mögliche Abhilfen
durch engere Rollenteilung, Kammrollen, Saugventilatoren unter
dem Rollgang und magnetische Niederhalter scheiterten an den
hohen Kosten. Besser erschien es, die Walzgeschwindigkeit erst
anzuheben, nachdem das Band vom Haspel erfaßt war. Das Beschleunigen während des Walzens (power-speed-up) bis an End-
geschwindigkeiten von über 3o m/s verkürzte die Walzzeit und
erhöhte damit den Durchsatz und die Anlagenausnutzung erheblich (Bild 5.27.). Es verminderte außerdem den Wärmeverlust
des Vorbandes vor der Fertigstaffel und beeinflußte die Ge-
samtwärmebilanz so sehr, daß diese eingehend untersucht wurde:
Zur Wärme, die das Walzgut vom Ofen her mitbringt, kommen Ver-
formungsarbeit und Reibarbeit bei jedem Stich hinzu. Im Kon-

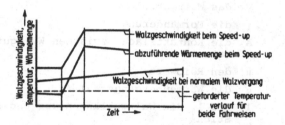

Bild 5.27. : Power-speed-up und Normalbetrieb einer Warmbreit-
bandfertigstraße.

takt mit den Walzen verliert das Walzgut Wärme durch Leitung
und zwischen den Stichen durch Strahlung. Ein vernachlässig-
bar kleiner Teil der Wärme wird über Konvektion abgeführt.
Die Gleichungen für die vom Walzgut mitgebrachte Wärme

$$Q_{Walzgut} = c_p \cdot M \cdot T_w \, , \qquad (5.1)$$

für die Formänderungsarbeit

$$Q_{Formänd.} = + k_f \cdot V \cdot \varphi \, , \qquad (5.2)$$

für die Reibarbeit

$$Q_{Reib.} = + k_w \cdot A_d \cdot \mu \cdot (l_1 - l_o) \, , \qquad (5.3)$$

für die abgestrahlte Wärme

$$Q_{Str.} = - C \cdot A \cdot t_s \cdot \left[\left(\frac{T_w}{100} \right)^4 - \left(\frac{T_R}{100} \right)^4 \right] \, , \qquad (5.4)$$

und für die an die Walzen abgeleitete Wärme

$$Q_{Leitung} = - \alpha \cdot \Delta T \cdot 2 \cdot A_d \cdot t_l \qquad (5.5)$$

beschreiben die Wärmebilanz, in der der Negativposten für die
Konvektion vernachlässigt wird.
Es bedeuten : c_p die spezifische Wärme
M   die Walzgutmasse
T_w die Walzguttemperatur
T_R die Raumtemperatur
ΔT eine Temperaturdifferenz
k_f die Formänderungsfestigkeit
k_w den Formänderungswiderstand

V   das Walzgutvolumen

φ   die Formänderung

A_d die Kontaktfläche zwischen Walzgut und Walze

μ   den Reibwert

α   die Wärmeübergangszahl

l_o und l_1 die Walzgutlängen vor und nach dem Stich

C   einen Strahlungsbeiwert

A   die strahlende Oberfläche

t_s die Zeit, in der Wärme verstrahlt wird

t_s die Zeit, in der Wärme abgeleitet wird.

Die Reibarbeit (5.3) wäre eigentlich mit zwei zu multiplizieren, da sie an beiden Blechoberflächen anfällt, es wurde jedoch eine gleichmäßige Verteilung der Reibwärme an Walzen und Walzgut angenommen, und daher durch zwei geteilt. Realistische Bilanzwerte sind nur zu errechnen, wenn die Temperaturabhängigkeit der einzelnen Parameter berücksichtigt, die vorhin angeführten Gleichungen partiell nach Ort und Zeit differenziert und numerisch gelöst werden. Entscheidend wichtig ist der Ansatz der Wärmeleitungsverluste, dessen kritischer Wert, die Berührtemperatur, vom Wärmeleitvermögen und der Temperaturleitzahl des Walzgutes und des Walzenwerkstoffes abhängt. Bild 5.28. zeigt den aus Meßwerten für Temperaturleitzahl und Wärmeleitvermögen beider Werkstoffe berechneten Temperaturverlauf in der Berührzone von Walze und Walzgut. Zunder spielt als wärmeisolierende Zwischenschicht keine Rolle, wie Bild 5.29. zeigt, das von Warmbandlängsschliffen stammt. Die "Bandstecker" waren in allen Gerüsten einer Fertigstaffel im innigen Kontakt mit den Walzen abgekühlt worden. Die Grenzfläche ist zerklüftet und vom Reiben an der rauhen Walzenoberfläche gezeichnet. Es gibt keine zusammenhängende Zunderschicht und einzelne Zunderstückchen sind nur 1 oder 2 μm dick. Bild 5.3o. zeigt die aus der Wärmebilanz berechneten Temperaturverläufe für die Oberfläche und den Kern des Bandes in einer Warmbandfertigstaffel. Bild 5.31. enthält die zugehörigen Zahlenwerte für Geschwindigkeiten, Zeiten, Temperaturdifferenzen und Bandoberflächentemperaturen.

199

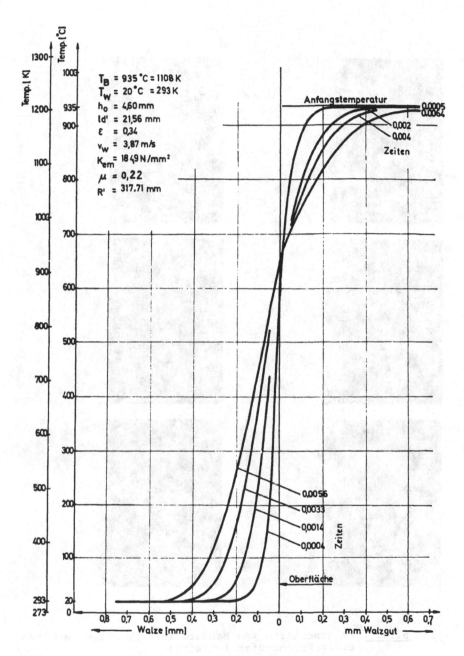

<u>Bild 5.28.</u> : Temperaturverlauf in Walze und Walzgut beim Walzen.

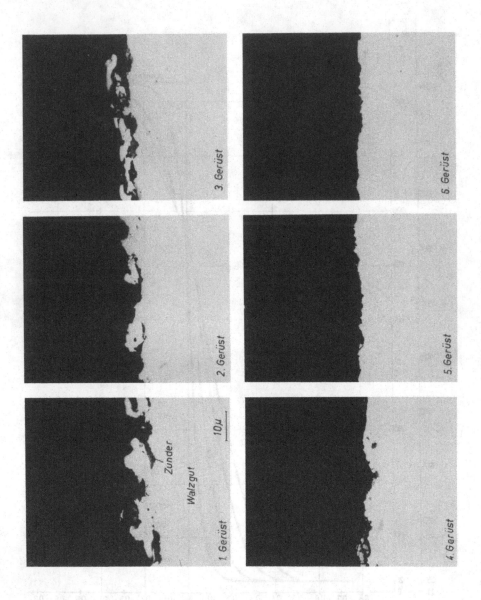

Bild 5.29. : Längsschliffe von Bandsteckern in allen Gerüsten einer Warmbandfertigstaffel.

201

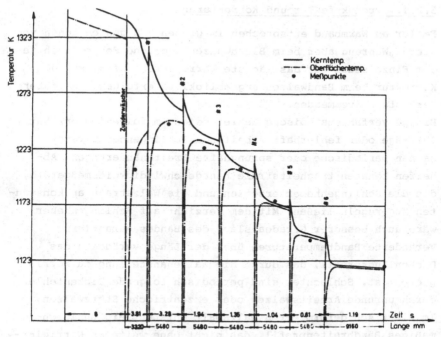

__Bild 5.3o.__ : Temperaturverlauf in einer Warmbandfertigstaffel.

Anlage bzw. Stelle	Stichplan		Berührungszeiten		Strah-lungs-zeit	Temperaturänderungen				Oberflä-chentem-peratur zw.den Anlagen
	Band-dicke mm	Geschw. Walze m/s	Walze s	Walzgut s	s	Strah-lung K	Lei-tung K	Ver-formung K	Umwand-lung K	K
vor Zunderwäscher										1298
Zunderwäscher	22,oo			2,3		36,o				
					2,9	2,4				12o1
Gerüst 1	11,5o	1,6	0,0379	0,04443			23,3	12,0		1248
					3,3	12,0				
Gerüst 2	6,8o	2,6	0,015o7	0,01681			26,5	12,1		1226
					1,9	11,2				
Gerüst 3	4,75	3,5	0,00697	0,00740			27,5	8,9		1199
					1,4	1o,2				
Gerüst 4	3,6o	5,4	0,004o3	0,00419			27,9	7,5		1169
					1,0	9,2				
Gerüst 5	2,85	7,o	0,00264	0,00272			28,0	7,0		1141
					o,8	8,3			1,2	
Gerüst 6	2,5o	7,6	0,00163	0,00166			27,1	5,5		
nach Gerüst 6					1,2	12,5			12,2	1115

__Bild 5.31.__ : Zahlenwerte für Geschwindigkeiten, Zeiten, Temperaturdifferenzen und Bandoberflächentempera-
turen in einer Warmbandfertigstaffel.

5.2.4. Produktfehler und Korrekturen

Fehler an Warmband entsprechen im großen und ganzen denen von Blech. Während aber beim Blechwalzen mögliche Fehler nach jedem Einzelstück für das nächste korrigierbar sind, muß die Korrektur beim Bandwalzen augenblicklich erfolgen, um größere Verluste zu vermeiden.

Einige verfahrenstypische Fehler seien im folgenden erwähnt : Zu träge oder fehlerhaft arbeitende Schlingenheber verursachen periodische oder sprunghafte Breitenänderungen. Abhelfen könnten trägheitsfreie Bandgeschwindigkeitsmeßgeräte, die die Schlingenheber ersetzen und die Walzstraße an konstanten Zug regeln ließen. Mit dem Verzicht auf Schlingenheber wäre auch besserer Geradeauslauf des Bandes garantiert.

Veränderte Bandtemperaturen über der Länge verändern das Dickenlängsprofil, das durch die Walzenanstellung zu korrigieren ist. Schlechter sind periodisch folgende Dickenfehler durch unrunde Arbeitswalzen oder exzentrische Stützwalzen. Im elastisch deformierten Walzspalt entsteht ein ungleichmäßiges Bandbreitenprofil, das nicht ohne weiteres korrigierbar ist, wenn nicht Bandwellen in den mehr verformten Bereichen in Kauf genommen werden. Band mit unsymmetrischem Breitenprofil läßt sich nur mangelhaft haspeln. Dickere Bandkanten stören dabei besonders.

Neben den Maßfehlern verlangen mögliche Gefügefehler Aufmerksamkeit und Gegenmaßnahmen : Härtungsgefüge an den Bandkanten durch zu intensives Kühlen oder Grobkornbildung durch zu langsames Kühlen sind die häufigsten Fehler. Die Tiefziehfähigkeit aluminiumberuhigten Stahles wird durch Aluminiumnitridnester beeinträchtigt, die entweder durch mangelhafte Auflösung bei der Brammenerwärmung oder durch zu langsames Abkühlen nach dem Walzen entstehen.

Die Ursachen von Bandoberflächenfehlern liegen häufig bei der Gießtechnik. Desoxidationsprodukte, die aus den Gußblöcken nicht genügend schnell aufsteigen konnten und zwischen oberflächennahen Dendriten hängen blieben, kleinere Stücke feuerfesten Materials, die aus der Gießpfanne oder den Zulaufrohren beim Gespannguß stammen, oder Schlackenstücke, die beim Stranggießen miteingezogen wurden, lassen sich beim Walzen nicht so wie das umgebende Material verformen. Sie kommen - oft zu meterlangen Zeilen gestreckt - an die Oberfläche und

hinterlassen Streifen, Narben und Risse.
Zundernarben entstehen, wenn im falsch regulierten Ofen "Kleb-
zunder" entsteht, der sich schlecht abspritzen läßt, oder wenn
die Entzunderungseinrichtung mangelhaft arbeitet.
Mechanisch verursachte Oberflächenschäden, Riefen, Kratzer,
aufgebogene oder gestauchte Kanten und dergleichen sind durch
fehlerhaft justierte oder fehlende Führungen, selten auch
durch klemmende oder festsitzende Schlingenheberrollen verursacht.

5.3. Kaltband

Hersteller von Fahrzeugen, Haushaltsmaschinen, Geräten,
Fassadenblechen, Baubeschlägen und Emballagen verarbeiten o,1
bis 5 mm dickes Fein- und Feinstblech, von dem sie enge Maßtoleranzen nach Länge, Breite und Dicke, Planheit, fehlerfreie
Oberflächen, definierte Oberflächenstruktur und besondere
mechanische Eigenschaften fordern, die im einzelnen oder alle
zusammen mit warmgewalztem Band nicht, oder nur mit unver-
hältnismäßigem Aufwand zu erfüllen wären.
Wirtschaftlicher ist es, 2 bis 8 mm dickes Warmband zu beizen,
kalt zu walzen, entfestigend zu glühen und daraus Fein- und
Feinstblech zu schneiden, dessen Maße und zulässige Maßabweichungen in der DIN 1544 beschrieben sind (Bild 5.32.).

5.3.1. Verfahren

Das in Bunden (coils) mit maximal 45 t Masse ankommende Warmband wird mit Schwefel- oder Salzsäure meistens im Durchlauf
entzundert (gebeizt). Salzsäurebeizen gewinnen an Beliebtheit,
weil sowohl die anfallenden Eisenchloride als auch die Rest-
säure vollständig aufzubereiten sind, und der Beizkreislauf
geschlossen bleiben kann, damit also keine Abwasserprobleme
aufwirft.
Für gleichmäßiges Beizen im Durchlauf ist stetiger Bandlauf
nötig, den Schlingenspeicher vor und hinter der Beizanlage ermöglichen (Bild 5.33.). Für vollkontinuierlichen Beizbetrieb
wird jeweils die Spitze des folgenden Bandes an das Ende des
vorauslaufenden geschweißt. Säurereste werden sorgfältig ab-
gewaschen und gebürstet, und das Band mehrfach alkalisch ge-
spült, um Chloridrückstände, die später korrodierend wirken,
zuverlässig zu entfernen. Beim nachfolgenden Kaltwalzen ist

Dicke[1]	± Regelabweichungen bei Breiten					± Feinabweichungen (F) bei Breiten				
	bis 80	über 80 bis 125	über 125 bis 250	über 250 bis 400	über 400 bis 630	bis 80	über 80 bis 125	über 125 bis 250	über 250 bis 400	über 400 bis 630
0,10	0,01	0,01	–	..	..	0,006	0,006	–	–	
0,15	0,01	0,01	0,02	0,02	0,02	0,007	0,008	0,010	0,013	..
0,20	0,02	0,02	0,02	0,02	0,03	0,009	0,010	0,013	0,015	0,015
0,25	0,02	0,02	0,02	0,03	0,03	0,010	0,015	0,015	0,020	0,020
0,30	0,02	0,02	0,03	0,03	0,03	0,015	0,015	0,020	0,020	0,020
0,40	0,02	0,03	0,03	0,03	0,04	0,015	0,020	0,020	0,025	0,025
0,50	0,03	0,03	0,03	0,04	0,04	0,020	0,020	0,025	0,025	0,030
0,60	0,03	0,03	0,04	0,04	0,05	0,020	0,025	0,025	0,030	0,035
0,80	0,03	0,04	0,05	0,05	0,05	0,020	0,025	0,030	0,035	0,035
1,0	0,04	0,04	0,05	0,06	0,06	0,025	0,030	0,035	0,040	0,040
1,2	0,04	0,05	0,06	0,06	0,07	0,030	0,030	0,040	0,040	0,045
1,5	0,05	0,05	0,06	0,07	0,08	0,030	0,035	0,045	0,045	0,050
1,8	0,05	0,06	0,07	0,08	0,08	0,035	0,040	0,045	0,050	0,055
2,0	0,06	0,06	0,07	0,08	0,09	0,040	0,040	0,050	0,055	0,060
2,5	0,06	0,07	0,08	0,09	0,10	0,045	0,050	0,055	–	–
3,0	0,07	0,08	0,09	0,10	0,11	0,050	0,055	–	–	–
3,5	0,08	0,09	0,10	0,11	0,12	0,050	–	–	–	–
4,0	0,08	0,09	0,11	0,12	0,13	–	–	–	–	–
5,0	0,09	0,10	0,13	0,14	0,15	–	–	–	–	..

Dicke	Zulässige Breitenabweichungen für Breiten						
	bis 80	über 80 bis 125	über 125 bis 250	über 250 bis 300	über 300 bis 400	über 400 bis 500	über 500 bis 630
	Bänder mit Naturkanten (NK)						
0,10 bis 5,0	± 1,5	± 1,6	± 2,2	± 2,5	± 3,3	± 4,4	± 6
	Bänder mit geschnittenen Kanten (GK)						
0,10 bis 0,60	+ 0,3	+ 0,4	+ 0,5	+ 0,6	+ 0,8	+ 1,0	+ 1,2
über 0,60 bis 1,0	+ 0,4	+ 0,5	+ 0,6	+ 0,7	+ 0,9	+ 1,1	+ 1,3
über 1,0 bis 2,0	+ 0,5	+ 0,6	+ 0,8	+ 1,0	+ 1,2	+ 1,4	+ 1,6
über 2,0 bis 3,0	+ 0,6	+ 0,8	+ 1,0	+ 1,2	+ 1,4	+ 1,7	+ 2,0

Bild 5.32. : Tabellen aus DIN 1544.

es wichtig, einerseits die Kontaktzonen zwischen Walzen und
Walzgut zu schmieren, um die Reibung im Walzspalt zu mindern
und so die Walzkraft zu senken, andererseits aber Walzgut und
Walzen ausreichend zu kühlen, um unerwünschte thermische
Dehnungen zu vermeiden. Gute Schmiermittel sind Öle oder Fette
mit hohem Relaxationsvermögen, deren Moleküle kurzfristig
höchsten Drücken standhalten, ohne zu zerbrechen. Das sind im
wesentlichen pflanzliche Öle, z.B. Palmöl oder synthetische
Schmierstoffe. Bestes Kühlmittel dagegen ist Wasser. In einigen besonderen Fällen ist es angebracht, Schmier- und Kühlmittel sauber voneinander zu trennen, was besonders in der Nähe
des Walzspaltes nicht immer leicht ist. Außerdem müssen Ölrückstände auf dem Band vor dem Glühen säuberlich entfernt
werden, um keine Spuren verkrackter Schmierstoffe zu hinterlassen. Einfacher, und in den meisten Kaltwalzanlagen geübt,

205

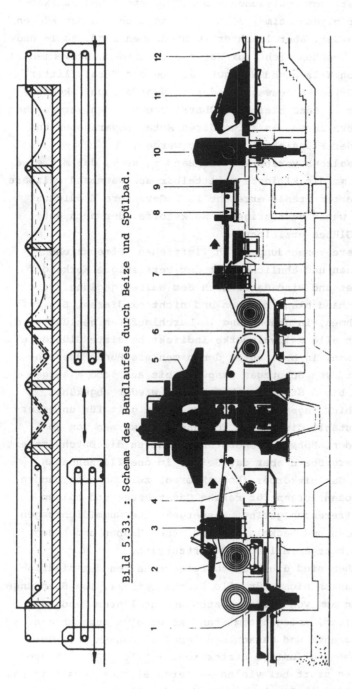

Bild 5.33. : Schema des Bandlaufes durch Beize und Spülbad.

Bild 5.34. : Reversier-Kaltwalzgerüst.

1 HUBBALKENFÖRDERER MIT RINGHUBWAGEN
2 ABLAUFHASPEL
3 RICHTTREIBER
4 ZUGHASPEL
5 MKW-GERÜST
6 DREHSCHEIBE MIT ZUGHASPEL UND ABHASPEL
7 RICHTTREIBER UND SCHOPFSCHERE
8 BANDDICKENMESSER UND BANDZUGMESSER
9 TREIBER
10 AUFHASPEL
11 BANDUMSCHLINGER
12 KETTENFÖRDERER

ist der Einsatz von Emulsionen aus Schmierstoff und Kühlwasser, die zwar nicht optimal schmieren und nicht so gut kühlen wie reines Wasser, aber leichter zu handhaben sind. Kühl- und Schmiermittel nehmen nicht nur Wärme auf, sondern schwemmen den Abrieb von Walzen und Walzgut, Stäube und Metallflitter mit. Diese dürfen keineswegs wieder in den Walzspalt kommen, weil sie dort am Band bleibende Oberflächenschäden verursachen würden, sondern müssen in aufwendigen Metallseparatoren und Filtern aus der Flüssigkeit entfernt werden.

Während des Walzens verfestigt das Band so sehr, daß mit etwa o,25 bis o,3 mm die kleinste unmittelbar aus Warmband walzbare Dicke unlegierter Stähle erreicht ist. Geringere Enddicken sind nur für wenig verfestigende Werkstoffe oder nach entfestigendem Glühen erzielbar.

Für die weitere Verwendung durch Tiefziehen, Streckziehen, Biegen, Stanzen und ähnliches ist der verfestigte Werkstoff wenig geeignet und wird daher nach dem Walzen geglüht. Dabei soll das Kaltband blank bleiben und nicht oxidieren. Bis auf wenige Ausnahmen, in denen Band in Durchlauföfen geglüht wird, benutzen fast alle Kaltwalzwerke indirekt beheizte Glühtöpfe oder Glühhauben, in bzw. unter denen mehrere Bunde übereinandergestellt, von Schutzgas umspült, bis auf 1ooo K aufgeheizt, etwa 4 bis 6 Stunden gehalten und wieder abgekühlt werden. Die hier angegebene Glühtemperatur gilt für unlegierten Tiefziehstahl, die Zeiten für das Durchwärmen von 3o t schweren Bunden. Höhere Temperaturen könnten die Durchwärmzeit verkürzen, vergröbern aber das Gefüge im oberflächennahen Bundbereich. Gasleitkörper (Konvektoren) zwischen den Bunden und am Topfboden sorgen für rasche Gasströmung und halten Temperaturdifferenzen gering. Wassergekühlte Gummidichtungen zwischen Töpfen und Deckeln bzw. zwischen Hauben und Boden verhindern Schutzgasverlust und Luftzutritt.

Nach dem Glühen sind die Werkstoffeigenschaften des niedriglegierten Stahles nicht für alle Zwecke optimal. Das Spannungs-Dehnungs-Diagramm von kaltgewalztem und geglühtem Band aus niedriggekohltem, unlegiertem Stahl zeigt eine ausgeprägte obere Streckgrenze und danach eine größere Dehnung bei verminderter Spannung (untere Streckgrenze) (Bild 5.35.). Dieses Fließverhalten stört bei vielen weiteren Blechumformschritten. Es wird metallpysikalisch erklärt mit dem Blockieren der zum

207

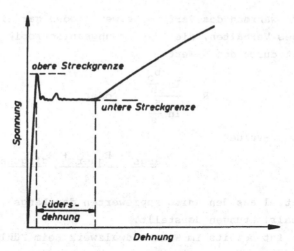

Bild 5.35. : Spannungs-Dehnungs-Diagramm mit ausgeprägter
            Streckgrenze.

Verformen notwendigen Gitterfehlstellen durch Kohlenstoff-
und Stickstoffatome, die während des Glühens an diese Fehlstellen diffundieren konnten. Plastisches Verformen bis knapp
über die Streckgrenze löst diese Blockade wieder, erniedrigt
die Streckgrenze und läßt die zum weiteren Verformen erforderliche Spannung stetig ansteigen.
Aufgabe der Nachwalzwerke ist es, die erforderliche Mindest-
verformung möglichst gleichmäßig über der Länge und über der
Breite eines Bandes aufzubringen. Sie muß einerseits an jeder
Stelle des Walzgutes sicher über der Streckgrenze liegen, darf
sie andererseits nicht sehr übersteigen, um erneutes Diffundieren der Fremdatome und damit verbundene Blockade der Versetzungen (Altern) zu vermeiden. Nachgewalztes Blech sollte
daher möglichst bald, mindestens aber nach einem durchdachten
Zeitplan verarbeitet werden. Sehr kleine und gleichmäßige Verformung ist nur zu erreichen, wenn der Walzspalt dem Walzgutprofil möglichst genau angepaßt wird.
Wegen der geringen plastischen Verformung bestimmen beim Nachwalzen die elastischen Deformationen der Walzen und des Walzgutes fast ausschließlich die Walzkraft und das Drehmoment.
Die Dickenabnahme wird daher nicht aus der Walzspaltauffederung, sondern aus dem Verhältnis von Aus- und Einlaufgeschwindigkeit des Bandes ermittelt und danach das Gerüst angestellt.
Kaltband zum Tiefziehen soll möglichst "flächig" fließen und

seine Dicke während des Verformens wenig oder gar nicht ändern. Dieses Verhalten, die "Verformungsanisotropie", wird
ausgedrückt durch den R-Wert

$$R = \frac{\ln \frac{b_o}{b}}{\ln \frac{s_o}{s}} \quad \text{oder} \quad (5.6)$$

den "Lankford-value"

$$R_m = \frac{R_{längs} + R_{quer} + R_{diagonal}}{4}, \quad (5.7)$$

der das Mittel aus den Anisotropiewerten der Längs-, Quer-
und Diagonalrichtungen darstellt.

Der R-Wert ist bereits im Warmbandwalzwerk beim Kühlen, Haspeln, beim Kaltwalzen, beim Glühen und schließlich beim Nachwalzen aber auch beim Streckbiegen zu beeinflussen. R-Werte
bis 1,8 sind erreichbar, wenn um mindestens 7o % kaltverformt
wird.

Kaltgewalztes Band, das nur noch wenige Zehntel Millimeter
dick ist, besteht sozusagen "nur noch aus Oberfläche". Oberflächenfehler sind deshalb besonders gravierend. Nach ihren
Ursachen sind zwei Fehlerarten zu unterscheiden, extern und
intern hervorgerufene. Die äußerlich verursachten sind :
Kratzer, Riefen, eingewalzte Metallflitter von Walzenabrieb,
rauhe Stellen durch Kühl- oder Schmierfehler. Fehler dieser
Art sind im Walzwerk zu beheben durch besondere Sorgfalt beim
Bearbeiten der Walzen, bei der Wartung und Pflege von Band-
führungen, Umlenkrollen, Haspeln und dergleichen. Intern verursachte Fehler treten auf, wenn nichtmetallische Einschlüsse, das sind agglomerierte Desoxidationsprodukte, Teile der
feuerfesten Gießrinnen oder Kokillenzuläufe in kritischer
Tiefe unter der Brammenoberfläche eingeschlossen waren.

Weil ihr Verformungsverhalten und ihr Verformungsvermögen
von dem des umgebenden Metalls verschieden sind, treten sie
während des Walzens an die Oberfläche, die dann reißt und
zeilenförmig aufblättert. Fehler dieser Art zu vermeiden, erfordert größte Sorgfalt von der Gießgrube an. War bereits die
Brammenoberfläche durch Risse verletzt, sind Oberflächenfehler am Band durch längere "Nähte" oder Dopplungen natürlich
nicht vermeidbar. Allseitiges Flämmen der Brammen soll helfen,
solche Fehler zu vermeiden.

Dem jeweiligen Verwendungszweck angepaßt soll die Oberflächenstruktur von kaltgewalztem Blech sein : Zum Tiefziehen sind
größere, gleichmäßig verteilte Rauhtiefen günstig, in denen
sich das notwendige Schmiermittel in genügend großen Mengen
ausreichend lange hält. Zum Lackieren geeignet sind solche
Oberflächen, deren Rauheit einerseits der Lackgrundschicht
genügend Halt gibt, andererseits für eine glatte, gutaus-
sehende Lackschicht nicht zu viel Lack erfordert. Für das
Galvanisieren wiederum werden bisweilen Oberflächen in "Tafel-
bergstruktur" gewünscht. Die vielfältigen und zum Teil wider-
sprüchlichen Wünsche waren bisher nur schwer eindeutig zu beschreiben. Kopp und Haber schlagen als Oberflächenkennbilder
die Traganteilkurve vor (Bild 5.36.), die entsteht, wenn eine

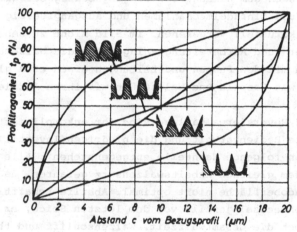

Bild 5.36. : Zusammenhang zwischen Traganteilkurve und
Rauheitsform.

Profilaufnahme der Oberfläche in Klassen geteilt und die Über-
schreitungshäufigkeit über der Klassenanzahl aufgetragen wird.
Im Kaltwalzwerk wird die gewünschte Oberflächenstruktur entweder im letzten Stich oder häufiger beim Nachwalzen (Dres-
sieren) mit besonders behandelten, z.B. sandgestrahlten Walzen aufgebracht. Besondere Effekte sind zu erzielen, wenn etwa
beim "skin-passing" in einem Stich mit rauhen Walzen die Oberfläche tief strukturiert und anschließend mit glatten Walzen
die Spitzen des Rauheitsgebirges wieder flach gewalzt werden,
und so durch die inhomogene Verformung Druckeigenspannungen
im oberflächennahen Bereich entstehen.

5.3.2. Walzanlagen

Zwei Kaltwalzanlagentypen sind zu unterscheiden : Die Reversierwalzanlage und die Kontiwalzanlage (Tandemstraße).
Für weitgehende Flexibilität des Stichplanes, für besondere
Walzenanordnungen, beispielsweise Mehrwalzenkonzepte, für
spezielle Walzaufgaben, wie das Nachwalzen oder das "skin-
passing", für kleine Walzlose und begrenzten Durchsatz haben
sich Reversierwalzanlagen durchgesetzt (Bild 5.34.). Ein oder
zwei Quarto- oder Mehrwalzengerüste walzen das zwischen zwei
Haspeln unter Zugspannung hin- und herlaufende Band in drei
bis sieben Stichen an die gewünschte Enddicke. Die höchste
Walzgeschwindigkeit reicht dabei an 2o m/s. Für schnellen
Bundwechsel nach dem Walzen sind eingangsseitig besondere Vor-
bereitungs- und Einfädelmechanismen und ausgangsseitig ein
Doppelhaspelkarussell vorgesehen. Im Bild nicht zu sehen sind
Tanks, Filter- und Aufbereitungsanlagen für die Walzemulsion,
die zusammen mit den Pumpen und Leitungen einen etwa gleich-
großen Raum wie Haspeln und Walzgerüst mit ihren Antrieben ein-
nehmen.
Vorteile der Reversierwalzanlage sind ihr unkomplizierter Aufbau, die gute Bedienbarkeit und die niedrigen Investitionskosten, denen folgende Nachteile entgegenstehen : Alle Stiche
werden mit dem gleichen Arbeitswalzensatz gefahren, dadurch
wird die Bandoberfläche nicht optimal. Abhilfe schafft ein
Arbeitswalzenwechsel jeweils vor dem letzten Stich, er verlängert jedoch die Gesamtwalzzeit. Walzenschliff und thermische
Bombierung sind nicht in allen Stichen den Gegebenheiten
bestens angepaßt. Vor- und Rückwärtszüge können nicht beliebig
hoch gewählt werden, weil das Band sonst auf den Haspeln zu
fest gewickelt und "kleben" würde. Kleben des Bandes ist auf
örtliches Reibschweißen unter hoher Flächenpressung zurückzuführen. Für größeren Durchsatz und große Walzlose werden
drei- bis fünfgerüstige kontinuierlich arbeitende Walzanlagen
(Tandemstraßen) betrieben (Bild 5.37.), deren Arbeitswalzen
535 bis 61o mm Durchmesser, deren Stützwalzen 145o bis 1600 mm
Durchmesser mit Ballenlängen zwischen 145o und 2ooo mm haben.
Ihre höchste Walzgeschwindigkeit reicht über 3o m/s, die dazu
erforderliche gesamte elektrische Antriebsleistung beträgt etwa
5o MW.
Zwischen den Gerüsten wird im Band erhebliche Zugspannung bis

211

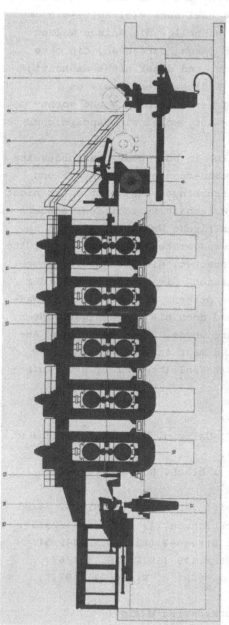

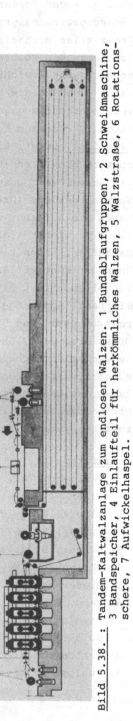

Bild 5.37.: 5-gerüstige Kaltwalzanlage. 1 Übergabebalken, 2 Bundtransportwagen, 3 Andrückrolle, 4 Bundöffnermeißel, 5 Richtrollenaggregat, 6 Doppel-Spreizkopf-Ablaufhaspel, 7 Bandhalterung, 8 Treibrollenaggregat, 9 Bandseitenführung, 1o Rolleneinlaufführung, 11 Bandzugmeßeinrichtung, 12 Elektrische Druckspindelanstellung, 13 Banddickenmeßgerät, 14 Aufwickelhaspel, 15 Riemenwickler, 16 Walzdruck-Meßeinrichtung, 17 Bundtransportwagen.

Bild 5.38.: Tandem-Kaltwalzanlage zum endlosen Walzen. 1 Bundablaufgruppen, 2 Schweißmaschine, 3 Bandspeicher, 4 Einlaufteil für herkömmliches Walzen, 5 Walzstraße, 6 Rotationsschere, 7 Aufwickelhaspel.

über 5o % der Formänderungsfestigkeit aufgebaut, die den Formänderungswirkungsgrad beträchtlich erhöht.

Trotz aller Mechanisierung im Ein- und Auslaufteil moderner
Tandemstraßen kosten die Bundwechsel noch viel Zeit, die umso
schwerer ins Gewicht fällt, je schneller die Anlage walzen
kann. Dies und die beträchtlich langen Bandenden, die ohne
Vor- oder Rückzug gewalzt werden, und daher nicht maßhaltig
sind, führten zum Konzept des "Endloswalzens", wie es
<u>Bild 5.38.</u> zeigt. Einlaufseitig werden gebeizte und vorbe-
reitete Bänder aneinandergeschweißt, wobei ein Bandspeicher
die Schweißzeit ausgleicht.

Nachwalzgerüste (Dressiergerüste) in Duo- oder Quartobauweise
haben die Aufgabe, geringe Formänderungen zwischen o,5 und
1,5 % möglichst gleichmäßig aufzubringen. Es kommt daher nicht
darauf an, einen rechteckigen Walzspalt auszubilden, sondern
über der Kontaktfläche die spezifische Walzkraft homogen zu
verteilen. Statt mit Banddickenmeßgeräten sind Dressiergerüste
mit Bandlängenmeßgeräten ausgestattet, die die Bandverlängerung aufnehmen und überwachen lassen. Die zweite Aufgabe der
Dressiergerüste, Oberflächen zu prägen, fordert schnelle Wal-
zenwechselvorrichtungen. Während noch bis vor wenigen Jahren
ausschließlich trocken dressiert wurde, kommt an neueren Anlagen das Naßdressieren mehr und mehr in Gebrauch. Moderne
Nachwalzgerüste werden daher mit Kühlmittelumlauf und -aufbe-
reitungssystemen ausgestattet.

Schrifttum

1) Hartmann, Th., F. Weber, E. Uhlig u. G. Dreier : Stahl u.
   Eisen 94 (1974), S. 589/97.
2) Illert, K. u. V. Lackinger : Blech, Rohre, Profile 25
   (1974), S. 467/76.
3) Langer, U. u. W. Schwenzfeier : BHM 121 (1976), S. 74/83.
4) Müllenbach, W. : DEMAG-Nachrichten 149 (1957), S. 23/31.
5) Niederhacke, W. : Stahl u. Eisen 93 (1973), S. 345/51.
6) Papp, G. u. H. Trenkler : BHM 119 (1974), S. 454/63.
7) Pawelski, O. u. J. Becker : Stahl u. Eisen 94 (1974),
   S. 575/81.
8) Schloemann Siemag AG : Druckschrift WG/3o11.
9) Schloemann Siemag AG : Druckschrift WG/1156.

213

Anke, F. u. M. Vater : Einführung in die technische Verfor-
    mungskunde. Düsseldorf : Stahleisen. 1974.
Böhm, H. : Einführung in die Metallkunde. Mannheim : Biblio-
    graphisches Institut. 1968.
Fastner, Th. : Verhalten makroskopischer Einschlüsse beim Wal-
    zen. Dissertation, Montanuniversität Leoben. 1972.
Fischer, F. : Spanlose Formgebung in Walzwerken. Berlin-New
    York : Walter de Gruyter. 1972.
Fritz, H., H. Gattinger, K. Peters, E. Th. Sack, H. Winterkamp
    u. M. Bauer : Herstellung von Grobblech, Warmbreitband und
    Feinblech. Düsseldorf : Stahleisen. 1976.
Haber, G. : Untersuchungen der Oberflächenveränderungen eines
    Werkstückes durch Kaltwalzen und Kaltstauchen. Disserta-
    tion, RWTH Aachen. 1977.
Herstellung von Halbzeug und warmgewalzten Flacherzeugnissen.
    Düsseldorf : Stahleisen. 1972.
Herstellung von kaltgewalztem Band. Teil 1 u. 2. Düsseldorf :
    Stahleisen. 197o.
Langer, U. : Wärmebilanz beim Warmwalzen. Dissertation, Montan-
    universität Leoben. 1975.
Schumann, H. : Metallographie. Leipzig : Deutscher Verlag für
    Grundstoffindustrie. 1969.
Stahl u. Eisen Maßnormen. Hrsg. vom Deutschen Institut für
    Normung. Berlin-Köln : Beuth. 1975.

6. Richten

Gewalzte Bleche, Bänder, Rohre und Profile genügen großenteils
hinsichtlich ihrer Geradheit nicht den Verbraucheranforderun-
gen. Ungewollte Krümmungen des Walzgutes entstehen durch ungleichmäßige plastische Formänderungen über dem Querschnitt,
die oft durch örtlich unterschiedlich schnelles Abkühlen aus
der Walzhitze verursacht sind. Schrittweises Gegenbiegen an
der richtigen Stelle, "von Hand" oder unter der Richtpresse
vermindert die Krümmungen. Die "richtige Stelle" zu finden,
wird unnötig beim plastischen Verformen des gesamten Richtgut-
querschnitts. Spannungskombinationen, die das Fließen bewirken,
dürfen beliebig aufgebaut sein : Es sind ausschließlich Zugspannungen beim Streckrichten, vorwiegend Schubspannungen beim
Tordieren mit geringem überlagerten Zug, Zug- und Druckspannungen beim Biegerichten mit und ohne überlagerte Längsspannungen und dreiachsige Spannungszustände beim Rohrrichten,
wenn nicht nur äquatorial gebogen, sondern auch umlaufend
ovalgedrückt wird.
Das Biegerichten von flachem Richtgut in Rollenrichtmaschinen
sei im folgenden näher betrachtet. Kontinuierliches Richten
zweiachsig gekrümmter Profile ist im Prinzip nicht anders zu
behandeln, nur wären die Formänderungen und die verursachenden
Spannungen für jede Biegeebene gesondert zu betrachten.

6.1. Biegerichten von flachem Walzgut

Moderne Rollenrichtmaschinen sollen Bleche und Bänder aus Material mit hohen und höchsten Streckgrenzen in möglichst weitem Dickenbereich in einem Durchgang richten und dabei Planheit und Geradheit des Richtgutes optimal beeinflussen. Für
die Konstruktion solcher Maschinen ergeben sich dabei einige
widersprüchliche Wünsche :
Die Planheit des Richtgutes wird umso besser sein, je kleiner
und je gleichmäßiger die Resteigenspannungen verteilt sind.
Sie werden kleiner sein, wenn nur geringe Einzelbiegeform-
änderungen erforderlich sind, je weniger gekrümmt das Richtgut
also von sich aus ist. Gleichmäßig verteilt werden die Eigenspannungen sein, wenn das Richtgut möglichst oft hin und her
gebogen, also in mehreren Durchgängen oder in einer Maschine
mit sehr vielen Rollen gerichtet wird.

Zu fordern, stark gekrümmtes Blech aus Material mit hoher
Streckgrenze in einem Durchgang in einer Richtmaschine mit
wenigen Rollen plan zu richten, ist daher nicht sinnvoll.
Beste Geradheit des Richtgutes wird erzielt, wenn seine größte
vorhandene Krümmung beim Richten mindestens einmal in Gegenrichtung und über der gesamten Breite überschritten und danach
in stets kleiner werdenden Schritten in wechselnder Richtung
bis auf den Wert Null an der letzten Richtrolle vermindert
wird. Dabei soll die Austrittstangente horizontal liegen.
Um vergleichbar große Biegeformänderungen beim Richten zu erzielen, muß dünnes Richtgut mehr als dickes und Material mit
hoher Streckgrenze mehr als weiches Material gekrümmt werden.
Dünnes, hochfestes Richtgut ist demnach vorteilhaft in Richtmaschinen mit dünnen Richtrollen, kleiner Teilung und großer
Rollentauchtiefe (Anstellung) zu richten. Dickes Richtgut verursacht dagegen in Richtmaschinen mit kleiner Teilung große
Kräfte, die überdies von dünnen Biegerollen aufgenommen werden
müssen. Aus verfahrenstechnischer Sicht erscheint daher die
dem jeweiligen Zweck angpaßte Maschine optimal; wirtschaftlich
wäre sie aber nicht, wenn nur kleine Lose verarbeitet werden.
Kriterien, die den wirtschaftlichsten Anwendungsbereich von
Rollenrichtmaschinen begrenzen, sind :
Die größte erreichbare plastische Randfaserdehnung des Richtgutes, die größte Biegekraft an der höchst belasteten Rolle
und das maximale Antriebsmoment.
Der Dickenbereich des Richtgutes kann sehr erweitert werden,
wenn variable Rollenteilung vorgesehen wird, wenn also die
Richtgutauflagerabstände in der Maschine veränderbar sind.
Um immer den günstigsten Verlauf der Richtgutkrümmung vom
Maximum an der dritten, eventuell auch an der zweiten Rolle
bis zum Maschinenauslauf zu gewährleisten, sollten alle Richtrollen einzeln oder wenigstens in kleinen Gruppen gegeneinander anstellbar sein. Wird außerdem noch gefordert, rand- oder
mittenwelliges Richtgut zu richten, dann müßten die Rollen zu-
dem über ihrer Breite biegbar sein, es wäre also noch eine
partielle Anstellung über der Breite vorzusehen. Vorteilhaft
wären einzeln angetriebene Richtrollen. Obwohl eine derart
ausgestattete Richtmaschine extrem aufwendig wäre, könnte sie
wohl ihre Wirtschaftlichkeit beweisen, wenn sie entsprechend
ausgenutzt würde. Sie immer allen Gegebenheiten anzupassen,

setzt jedoch ein Rechenverfahren voraus, nach dem alle Anstell-
und Teilungswerte aus den Eingaben für Richtgutdicke, Fließfestigkeit, Krümmung, Breite und Welligkeit möglichst schnell
bestimmbar sind. Einige Gesichtspunkte für ein solches Verfahren seien im folgenden beschrieben :

Vorzugeben sind (Bild 6.1.) :

Die Rollenanzahl	i	$(-)$
der Rollenradius	R	(mm),
die Teilung	t_i	(mm),
die Richtgutdicke	h	(mm),
die Richtgutbreite	b	(mm),

die Fließkurve des Richtgutes, oder die Biegemomenten-
Krümmungskurve, mindestens aber die Fließfestigkeit, und
Kennwerte für die Eingangskrümmung und die Eingangswelligkeit
des Richtgutes.

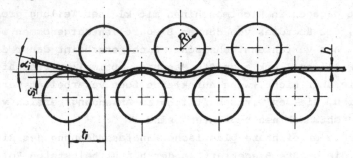

Bild 6.1. : Kenngrößen für Biegerichtmaschinen. i Rollenanzahl, R_i Rollenradius, t_i horizontaler Abstand
zwischen aufeinanderfolgenden Rollen, s_i vertikale
Anstellung jeder Rolle (gemessen gegen die gedachten horizontalen Tangenten abzüglich der Richtgutdicke), h Richtgutdicke, α_i Tangentenwinkel.

Der Rechengang enthält folgende Schritte :

a) Festlegen der größten erforderlichen Richtgutkrümmung.

b) Krümmung für jeden Auflagerpunkt berechnen.

c) Biegelinie des Richtgutes stückweise zwischen den Auflagern
   berechnen.

d) Anpassen der Biegelinie an die Rollentangenten in den Auf-
   lagerpunkten, danach Rollenpositionen bestimmen.

e) Aus der Biegelinie die maximalen Krümmungen entnehmen und
   Biegemomente berechnen.

f) Auflagerkräfte ermitteln.

g) Biegearbeiten berechnen.

h) Antriebsmomente aus Biegearbeit und Reibmoment berechnen.

Zu a) Die größte erforderliche Krümmung ist so zu bemessen,
daß das Richtgut über mindestens 8o % seiner Dicke
plastisch verformt wird (statt 8o % kann natürlich jeder
gewünschte, den individuellen Erfahrungen entsprechende
Wert gewählt werden). <u>Bild 6.2.</u> zeigt, daß dazu die
Randfaserdehnung mindestens 5 mal so groß sein muß wie
die Streckgrenzendehnung.

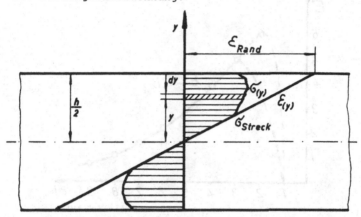

<u>Bild 6.2.</u> : Dehnungs- und Spannungsverlauf über der Richtgut-
dicke.

Aus der Richtgutdicke und der Fließspannung ist die
Krümmung zu berechnen :

$$K = \frac{2 \cdot \varepsilon_{Rand}}{h} ; \qquad (6.1)$$

$$\varepsilon_{Rand} = 5^{x)} \cdot \varepsilon_{Streck} ; \qquad (6.2)$$

$$\varepsilon_{Streck} = \frac{\sigma_{Streck}}{E} ; \qquad (6.3)$$

ε_{Rand} ... Randfaserdehnung
ε_{Streck} .. Streckgrenzendehnung   x) frei wählbarer Wert.

Zu b) Abhängig davon, ob das einlaufende Richtgut der ersten
Richtrolle gegenüber konkav oder konvex gekrümmt ist,
wird die größte Krümmung und damit die größte Randfaserdehnung an der zweiten oder dritten Richtrolle auftreten.
Nach der dritten Rolle soll die Krümmung sich vermindern,
damit das Richtgut an der letzten Rolle gerade und mit
horizontaler Tangente auslaufen kann. Die letzte plasti-

sche Krümmung sollte die elastische Rückfederung aus der
vorletzten Biegezone gerade kompensieren. Richtmaschinen
mit Keilanstellung lassen nur linearen Krümmungsabbau
zu. Besser ist hyperbolischer oder exponentieller Verlauf der Krümmung (Bild 6.3.).

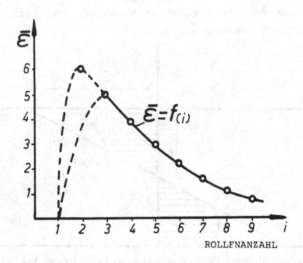

Bild 6.3. : Schematischer Verlauf der Streckung über der
Rollenanzahl. $\bar{\varepsilon} = \varepsilon_{Rand}/\varepsilon_{Streck}$ bezogene Rand-
faserüberstreckung.

Zu c) Aus der Position der ersten Richtrollen zueinander, der
Krümmung des einlaufenden Richtgutes und der erwünschten
Auslaufkrümmung ist nach einem Vorschlag von v.Ploetz
die Biegelinie zwischen den ersten drei Auflagern zu bestimmen, indem iterativ die Positionen der Auflagerpunkte variiert werden. Für fixe Teilung werden hier sehr
enge Grenzen erkennbar, innerhalb deren die möglichen
Richtgutdicken und Krümmungsänderungen variieren. In
weiteren Schritten sind Biegelinienteile zwischen den
anschließenden Rollen zu bestimmen.

Zu d) Bild 6.4. zeigt die Auflagergeometrie und die Rechenformeln für die Auflagerpositionen. Für welliges Richtgut sind die Auflagerpositionen in Streifen beliebiger
Teilung über der Breite zu berechnen. Es ergeben sich
dann über der Richtrollenlänge unterschiedliche Auflagerpositionen, die durch Rollenbiegung erreicht werden

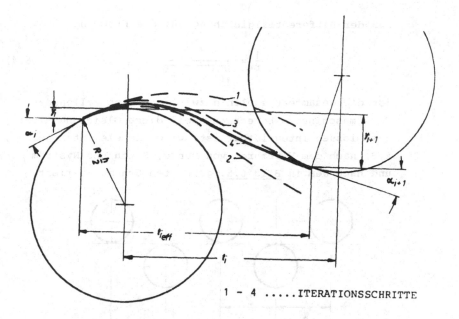

1 - 4 .....ITERATIONSSCHRITTE

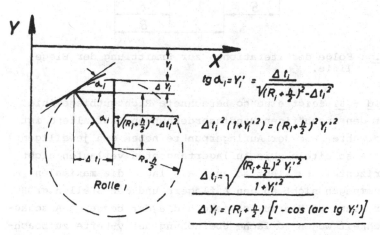

$$tg\,\alpha_i = Y_i' = \frac{\Delta t_i}{\sqrt{(R_i + \frac{h}{2})^2 - \Delta t_i^2}}$$

$$\Delta t_i^2\,(1 + Y_i'^2) = (R_i + \frac{h}{2})^2\,Y_i'^2$$

$$\Delta t_i = \sqrt{\frac{(R_i + \frac{h}{2})^2\,Y_i'^2}{1 + Y_i'^2}}$$

$$\Delta Y_i = (R_i + \frac{h}{2})\left[1 - \cos(arc\,tg\,Y_i')\right]$$

Bild 6.4. : Iterationsschritte für die Biegelinie zwischen
zwei Auflagern. x Ordinatenwert in Längsrichtung
des Richtgutes, y Ordinatenwert in Dickenrichtung
des Richtgutes.

müssen. Konstruktive Grenzen der Anstellung, der Tei-
lungsvariation und der Rollenbiegung sind in der Rechnung zu berücksichtigen. Werden sie erreicht, sind entweder die gewünschte Krümmungsänderung oder die geforderte Maximalkrümmung zu vermindern.

Aus der Differentialgleichung für die Krümmung

$$K = \frac{1}{r} = \frac{y''}{\sqrt{(1 + y'^2)^3}} \qquad (6.4)$$

ist die gesamte Biegelinie zwischen allen Rollen der
Richtmaschine zu berechnen. Weil diese Gleichung nicht
geschlossen integrierbar ist, wird sie elementar gelöst,
z.B. nach dem Verfahren von Runge, Kutta und Nyström
und nach dem in Bild 6.5. gezeigten Schema iteriert.

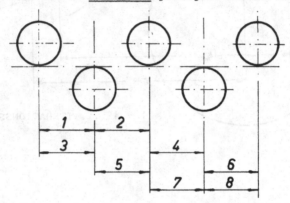

Bild 6.5. : Folge der Iterationen zur Ermittlung der Biegelinie.

Bild 6.6. zeigt eine so berechnete Richtgutbiegelinie
mit den zugehörigen Randfaserdehnungen. Auffallend ist
die wahre Lage der Auflagerpunkte neben den jeweiligen
Rollenscheiteln. Die Auflagertangenten verlaufen nicht
horizontal. Es sieht so aus, als lägen die maximalen
Krümmungen nicht an den Auflagern und den Stellen größter Dehnung. Hierzu ist jedoch die der besseren Anschau-
lichkeit wegen 2o fache Überhöhung der y-Werte zu beachten. In Wirklichkeit liegen natürlich die Maximalkrüm-
mungen an den Berührpunkten mit den Rollen. Dies ist gut
an den miteingezeichneten Biegerollenteilen zu erkennen,
die im Auflagerbereich wie langgezogene Ellipsen aus-
sehen. Desgleichen wirkt das Richtgut abhängig vom Bie-
gelinientangentenwinkel unterschiedlich dick.

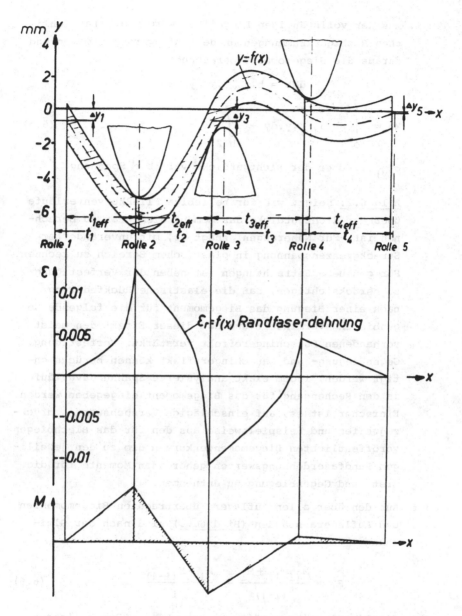

Bild 6.6. : Biegelinie, Randfaserdehnung und Momentenverlauf
in einer 5-Rollen-Richtmaschine.

Zu e) Aus der vollständigen Biegelinie werden die tatsächlichen Richtgutkrümmungen an den Auflagern entnommen und
daraus die Biegemomente berechnet :

$$dMb = b \cdot \sigma_{(y)} \cdot y \cdot dy$$

$$Mb = \int_{0}^{h/2} b \cdot \sigma_{(y)} \cdot y \cdot dy + \int_{-h/2}^{0} b \cdot \sigma_{(y)} \cdot y \cdot dy \qquad (6.5)$$

$\sigma_{(y)}$ .. über der Richtgutdicke variable Spannung.

Bild 6.2. zeigt, wie für beliebige Fließkurvenverläufe
über der Richtgutdicke das Moment elementar zu berechnen ist. Für Näherungen genügt es, mit unveränderter
Streckgrenzenspannung in plastischem Bereich zu rechnen.
Für genauere Betrachtungen ist neben der Verfestigung
zu berücksichtigen, daß die elastische Rückfederung
nach einer Biegung das Biegemoment für die folgende Gegenbiegung vermindert und daß dieser Effekt den meist
vorhandenen Bauschingereffekt verstärkt. Verfestigung,
Gegenbiegung- und Bauschingereffekt können berücksichtigt werden, indem exakt analysierte Spannungsverläufe
in den Rechengang für das Biegemoment eingegeben werden.
Einfacher ist es, auf einschlägige Versuchswerte zurück-
zugreifen und beispielsweise aus den für das Blechbiegen
veröffentlichten Biegemomentenkurven die zu den jeweiligen Randfaserdehnungswerten gehörenden Momente für die
Erst- und Gegenbiegung zu entnehmen.

Zu f) Aus den über allen Auflagern übertragenen Biegemomenten
und Auflagerabständen (Bild 6.6.) sind nach der Gleichung

$$F_i = \frac{M_{(i-1)} + M_i}{t_{(i-1)}} + \frac{M_i + M_{(i+1)}}{t_i} \qquad (6.6)$$

die Einzelauflagerkräfte zu berechnen. Für welliges
Richtgut, das über seiner Breite unterschiedliche Biege-
linien durchläuft, sind partielle Momentendiagramme zu
erstellen, aus denen für jeden gedachten Blechstreifen
die Auflagerkräfte berechnet und über der Blechbreite
addiert werden müssen.

Zu g) Die Biegearbeiten sind - ähnlich wie zuvor die Biegemomente - nach Ermittlung der Einzelstreckung in elementar
geteilten Schichten des Richtgutes zu berechnen :

$$dW = b \cdot \sigma_{(y)} \cdot \varepsilon_{(y)} \cdot l \cdot dy \; ;$$

$$\text{mit } \varepsilon_{(y)} = \frac{2 \cdot \varepsilon_{Rand} \cdot y}{h} \text{ wird} \tag{6.7}$$

$$W = \int_{0}^{h/2} b \cdot l \cdot \sigma_{(y)} \cdot \varepsilon_{(y)} \cdot dy + \int_{-h/2}^{0} b \cdot l \cdot \sigma_{(y)} \cdot \varepsilon_{(y)} \cdot dy \tag{6.8}$$

Auch hier kann - wenn die genaue Analyse des Spannungs-
verlaufes über der Richtgutdicke fehlt - auf empirisch
gewonnene Biegearbeitskurven zurückgegriffen werden, die
beispielsweise von Guericke für einige Stahlsorten jeweils für die Erst- und Gegenbiegung aufgenommen wurden
(Bild 6.7.).

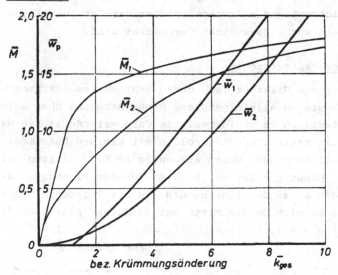

Bild 6.7. : Biegemoment und Biegearbeit über der Krümmungsänderung. M auf das Biegemoment beim Erreichen der
Streckgrenze bezogenes Moment, W auf die Biegearbeit beim Erreichen der Streckgrenze bezogene
Arbeit.

 224

Zu h) Nach der Gleichung

$$Md = W \cdot \frac{R}{I} \text{ oder} \qquad (6.9)$$

$$Md = \frac{1}{2} b \cdot h \cdot R \cdot \sigma_{(y)} \cdot \varepsilon_{Rand} \qquad (6.1o)$$

ist das minimal erforderliche Antriebsmoment für jede
Rolle zu berechnen, wenn alle Rollen einzeln angetrieben
sein sollen. In Gruppen mit festen Getriebeübersetzungen
angetriebene Rollen erfordern ein zusätzlich zu überwin-
dendes Schlupfmoment, das aus

$$Md_s = F \cdot R \cdot \mu \qquad (6.11)$$

zu berechnen ist.
Die Gesamtantriebsleistung wird dementsprechend für Maschinen mit Gruppenantrieb höher sein als die Summe
aller Leistungen einzeln getriebener Rollen, weil durch
die zweifache Kopplung der Rollen einerseits über das
Richtgut und andererseits über das Getriebe Blind-
leistungsflüsse nicht vermeidbar sind.

6.2. Streckbiegerichten

Je dünner das Richtgut ist, desto mehr muß es gekrümmt werden,
um durch Biegen allein genügend große Bereiche über seiner
Dicke plastisch zu verformen. Die dazu erforderlichen Maschinen müßten zahlreiche Biegerollen mit kleinen Durchmessern in
enger Teilung haben, wären aufwendig im Bau und kompliziert im
Betrieb. Günstiger ist es, beim Biegen des Richtgutes die Zugspannungen so zu überlagern, daß die resultierende Spannung
auch den Bereich um die Mitte der Banddicke plastisch fließen
läßt (Bild 6.8.).

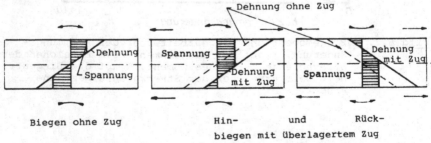

Biegen ohne Zug   Hin-   und   Rück-
                              biegen mit überlagertem Zug

Bild 6.8. : Spannungen im Band beim Biegen.

Streckbiegerichtmaschinen, die diesen Gedanken realisieren,
haben daher außer dem Richtrollenteil, der sich bis auf zwei
Biegerollen vermindern läßt, besondere Einrichtungen zum Aufbringen der Längsspannungen (Bild 6.9.).

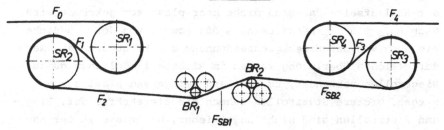

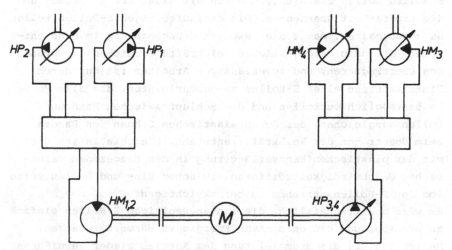

F_0 . . . . Rückzugkraft beim Einlauf

F_1, F_2, F_3 . Kraft hinter der 1., 2. bzw. 3. S-Rolle

F_{SB1}, F_{SB2} Kraft hinter der 1. bzw. 2. Biegerolle

F_4 . . . . Vorzugskraft am Auslauf

$SR_1 - SR_4$ S-Rollen

BR_1, BR_2 . Biegerollen

HP_1, HP_2 . Hydropumpen an den einlaufseitigen S-Rollen

$HM_{1,2}$ . . von HP_1 und HP_2 getriebener Hydromotor

M . . . . . Elektromotor

$HP_{3,4}$ . . Hydropumpe für den Antrieb von HM_3 und HM_4

HM_3, HM_4 . Hydromotoren an den auslaufseitigen S-Rollen

Bild 6.9. : Bandlauf und Antriebsschema einer Streckbiegerichtmaschine.

Für bandförmiges Richtgut sind dies zwei bis sechs Umlenkrollen
vor und hinter der Biegeeinheit, die vom Band S-förmig um-
schlungen werden und ihm reibschlüssig Zugkräfte übertragen.
Der Umlenkrollenradius muß so groß sein, daß insbesondere an
der Auslaufseite das Band nicht mehr plastisch gekrümmt wird.
Nach R_{min} = $h/2\varepsilon_s$ hängt seine Größe sowohl von der Banddicke h
als auch von der Streckgrenzendehnung des Richtgutes ab. Nach
der gleichen Überlegung werden im Richtteil möglichst dünne
Biegerollen verwendet, um das Band weitgehend plastisch zu
biegen. Dickere Stützrollen nehmen die Biegekräfte auf. Biege-
und Stützrollen sind nicht angetrieben, dafür stellt der Antrieb aller S-Rollen besondere Aufgaben : Die auslaufseitigen
S-Rollen sollen das Richtgut durch die Biegestrecke ziehen und
die Richtarbeit übernehmen. Die einlaufseitigen S-Rollen sollen
es zurückhalten, damit die gewünschte Zugspannung im Band entsteht. Die dazu erforderlichen Reibkräfte erreichen die Grenze
des Übertragbaren, und zuverlässiges Arbeiten ist nur durch
Einzelantriebe aller S-Rollen zu gewährleisten, die alle Momente bestmöglich verteilen und den Schlupf zwischen Band und
Rollen ausgleichen, der durch elastisches Dehnen des Bandes
beim Übertragen der Reibkräfte entsteht. Gleichfalls ist die
mit der plastischen Bandverlängerung in den Biegezonen verursachte Geschwindigkeitsdifferenz zwischen Ein- und Auslaufseite
von den S-Rollenantrieben zu berücksichtigen.
Es wäre unwirtschaftlich, die eingangsseitigen S-Rollen einfach
zu bremsen, und die entnommene Energie in Wärme umzusetzen.
Besser ist es, die Bremsleistung dem Antrieb wieder zuzuführen.

Neuzeitliche Streckbiegerichtmaschinen haben Einzelantriebe für
die S-Rollen, die allen Anforderungen genügen. Gut bewährt haben sich Kombinationen aus hydrostatischen Pumpen und Motoren
mit einem Elektromotor, der die Streckbiegearbeit aufbringt
und alle Übertragungsverluste deckt. Das Antriebsschema ist im
Bild 6.9. dargestellt : Die vom Band gezogenen S-Rollen SR_1 und
SR_2 treiben hydrostatische Verstellpumpen HP_1 und HP_2, deren
Förderstrom über einen Verteiler auf den Hydromotor $HM_{1,2}$ geht
und so geregelt wird, daß beide S-Rollen die ihnen zufallenden
Bremsmomente mit zu den jeweiligen Bandlaufgeschwindigkeiten
gehörenden Drehzahlen übernehmen. Der Hydromotor $HM_{1,2}$ treibt
zusammen mit dem Elektromotor M die Hydropumpe $HP_{3,4}$, deren
Förderstrom so auf die Hydromotoren HM_3 und HM_4 verteilt wird,

daß die S-Rollen SR_3 und SR_4 die bestverteilten Antriebsmomente
übernehmen. Durch Ändern des Förderstromes von $HP_{3,4}$ wird das
Drehzahlverhältnis der ein- und auslaufseitigen S-Rollengruppen
zueinander verändert und damit die Streckung des Bandes. Die
dabei entstehende Leistungsdifferenz deckt der Elektromotor,
der in diesem System ein preiswerter Drehstrom-Asynchron-Motor
sein darf.

Bandkräfte und -geschwindigkeiten für das Streckbiegerichten
sind im <u>Bild 6.10.</u> dargestellt : Das Band wird mit der Kraft F_o
und der Geschwindigkeit v_o vom Haspel abgezogen und umläuft die
erste S-Rolle, die es zurückzuhalten sucht, dabei die Bandkraft
auf F_1 erhöht und es elastisch dehnt, so daß seine Geschwindigkeit geringfügig auf v_1 ansteigt. Analoges geschieht an der
zweiten S-Rolle. Mit der Rückzugkraft F_2 und der Geschwindigkeit v_2 läuft das Band um die Biegerollen BR_1 und BR_2, wo die
der Biegearbeit entsprechenden Kraftanteile dem Band entzogen
werden, so daß es vor der S-Rolle SR_3 die Kraft F_{SB2} führt.
Nach plastischem Strecken in den Biegezonen steigt seine Geschwindigkeit über v_{BR1} auf v_{BR2}. Bei SR_3 und SR_4 werden die
Bandkräfte durch Reibung wieder abgebaut, wobei die Geschwindigkeit über v_3 auf v_4 sinkt. Die Geschwindigkeitsdifferenz
aus v_4 und v_o entspricht ungefähr der bleibenden Bandverlängerung. Genau stimmt diese Beziehung nur für gleiche Kräfte F_o
und F_4. Die Momente der S-Rollen sind aus den jeweiligen ein-
und auslaufseitig angreifenden Kräften und dem Rollenradius zu
berechnen.

Die maximal übertragbaren Momente $M_{max} = R \cdot (F_{n+1} - F_n)$ sind aus
den Kräften mit

$$F_{n+1} = F_n \cdot e^{\mu\alpha} \qquad\qquad (6.12)$$

zu berechnen. Mit gleichen Rollenradien, Reibwerten und Um-
schlingungswinkeln stehen die Maximalkräfte und -momente jeweils im gleichen Verhältnis zueinander, das durch die Antriebs-
regelung auch dann angestrebt wird, wenn kleinere Umfangskräfte
die Umschlingungswinkel nur zum Teil ausnützen.

<u>Bild 6.11.</u> zeigt den Leistungsfluß, der einerseits vom Band und
andererseits von den miteinander verbundenen Antriebselementen
geschlossen ist. Der Zustrom an Leistung, die der Elektromotor
aufbringt, entspricht der Streckbiegearbeit und der Summe aller
Verluste im Übertragungssystem.

228

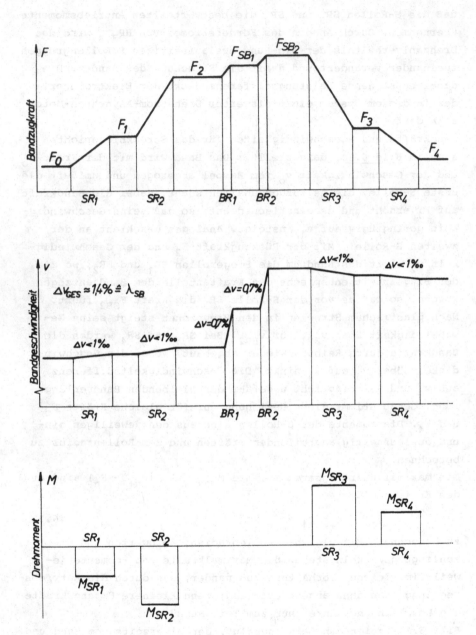

<u>Bild 6.1o.</u> : Bandzugkraft, Geschwindigkeit und Drehmomente in einer Streckbiegerichtmaschine.

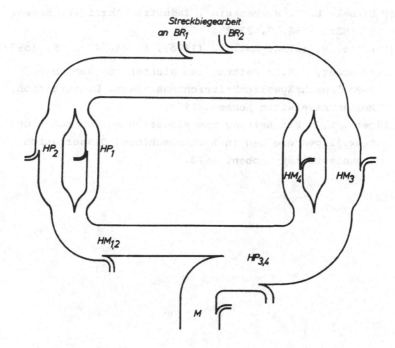

Bild 6.11. : Leistungsfluß in einer Streckbiegerichtmaschine.

Schrifttum

1) Batty, F.A. u. K.T. Lawson : J. Iron Steel Inst. 183
   (1965), S. 1115/28.

2) Ditges, G. : Bänder, Bleche, Rohre 8 (1967), S. 38o/9o.

3) Guericke, W. : Wissenschaftliche Zeitschrift der TH Otto
   v. Guericke Magdeburg 14 (197o), S. 547/55.

4) Guericke, W. : Neue Hütte 12 (1967), S. 25/31.

5) Guericke, W. : Neue Hütte 14 (1969), S. 669/74.

6) Heintz, P. u. P.S. Rasser : Blech, Rohre, Profile 1972.
   S. 268/72.

7) Noé, O. : Stahl u. Eisen 91 (1971), S. 916/24.

8) Panknin, W. u. H. Fritz : Draht 18 (1967), S. 1/6.

9) Robiller, G. u. Ch. Straßburger : Mater.-Prüf. 11 (1969),
   S. 89/95.

1o) Schulze, D. u. K. Bösenberg : Blech, Rohre, Profile 1972.
    S. 2o1/o4.

11) Schwenzfeier, W. u. J. Hohenwarter : Maschinenmarkt 1978.
    S. 1o99/1o1.

12) Siebel, E. u. W. Panknin : Industrie-Anzeiger. Essen.
   27. März 1956. S. 23/25.
13) Witte, H. : Ind.-Anz. 92 (197o), S. 246/47 u. S. 1o97/1oo.

Kutzenberger, K.H. : Beitrag zum Richten von Rohren auf
   7-Rollenschrägwalzenkaltrichtmaschinen. Dissertation,
   Montanuniversität Leoben. 1973.
v.Ploetz, K. : Ein Beitrag zum Biegerichten von rand- und mit-
   tenwelligen Blechen in Richtmaschinen. Dissertation, Montanuniversität Leoben. 1973.

7. Scheren

Zu den notwendigsten Hilfmaschinen in Walzwerken und deren Zurichtereien gehören Scheren. Ob Blöcke geschopft, Brammen geteilt, Knüppel geschnitten oder Blechtafeln vom Bandbund engtoleriert abgelängt werden sollen, stets wird die bestangepaßte Schere gefordert sein. Dieses Kapitel soll einiges über Scherkenngrößen vermitteln und einige Scherentypen beschreiben.

Die wichtigsten Scherkenngrößen sind :

Die maximale Scherkraft F_s,

die "technische" Scherfestigkeit τ_t,

die Schneidquerschnittsfläche A_o,

der Scherweg s_s,

die Scherarbeit W_s,

die Schneidguthöhe h_o,

die Niederhalterkraft F_N und

die Abdrängkraft F_A.

Nach einem Vorschlag von Samson und Pawelski werden Verhältniswerte dieser Kenngrößen gebildet, deren Abhängigkeiten voneinander einfachen Funktionen folgen, die mit ausreichender Genauigkeit aus Meßwerten für die Scherfestigkeit und die Scherarbeit bei verschiedenen Temperaturen und Schergeschwindigkeiten abgeleitet werden können.

Die Scherkraft verläuft im allgemeinen über dem Scherweg wie in <u>Bild 7.1.</u> gezeigt. Die größte Scherkraft F^x tritt etwa bei einem Drittel des gesamten Scherweges auf, die bis dahin aufgebrachte Arbeit W^x ist ein Maß für die bis zum Beginn des Werkstofftrennens verbrauchte Formänderungsarbeit. Der Anteil von W^x an W_{ges} wird "spezielle" Scherarbeit genannt

$$\varepsilon_w = \frac{W^x}{W_{ges}} \ . \tag{7.1}$$

Er beschreibt das Bruchverhalten des Werkstoffes beim Scheren. Das Verhältnis aus maximaler Scherkraft und Schneidgutquerschnitt ist die "technische Scherfestigkeit"

$$\tau_t = \frac{F^x}{A_o} \ . \tag{7.2}$$

Der Quotient aus der gesamten Scherarbeit und dem Produkt aus Schneidgutquerschnitt und Schneidguthöhe heißt bezogene Scherarbeit.

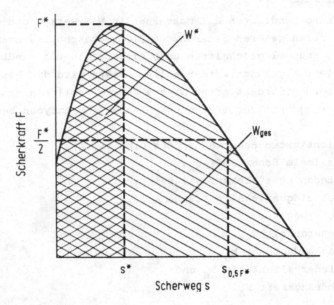

<u>Bild 7.1. :</u> Verlauf der Scherkraft über dem Scherweg.

$$W = \frac{W_{ges}}{A_o \cdot h_o} \qquad (7.3)$$

Schließlich werden noch die Niederhalter- und Abdrängkraft auf die größte Scherkraft bezogen

$$\varepsilon_N = \frac{F_{Nmax}}{F^x} \qquad (7.4)$$

$$\varepsilon_{Ab} = \frac{F_{Ab\ max}}{F^x} . \qquad (7.5)$$

Aus zahlreichen Versuchen regredieren Samson und Pawelski die einfache Formel

$$F^x = o,5 \cdot k_f \cdot (1 - o,2) \cdot h_o \cdot b = o,4 \cdot k_f \cdot h_o \cdot b,$$

$$(7.6)$$

in der aus der Fließbedingung $\tau_{max} = o,5\ k_f$ eingesetzt wurde. Die Rechenergebnisse nach dieser Formel sind gut, wenn zur Bestimmung der Formänderungsfestigkeit die richtigen Werte für die Formänderung und die Formänderungsgeschwindigkeit gewählt werden.

Die <u>Bilder 7.2., 7.3., 7.4. und 7.5.</u> zeigen Beispiele von Scherkenngrößen von Stahl C 45 beim Knüppelschneiden, die für

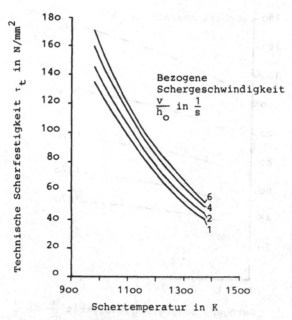

<u>Bild 7.2. :</u> Technische Scherfestigkeit in Abhängigkeit von der Schertemperatur.

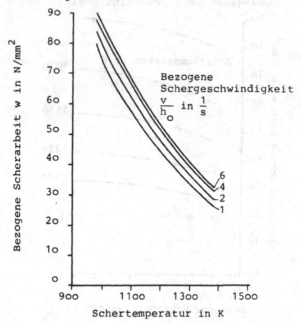

<u>Bild 7.3. :</u> Bezogene Scherarbeit in Abhängigkeit von der Schertemperatur.

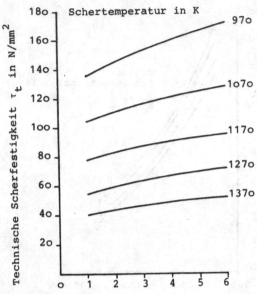

<u>Bild 7.4.</u> : Technische Scherfestigkeit in Abhängigkeit von der
bezogenen Schergeschwindigkeit.

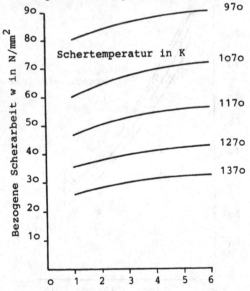

<u>Bild 7.5.</u> : Bezogene Scherarbeit in Abhängigkeit von der be-
zogenen Schergeschwindigkeit.

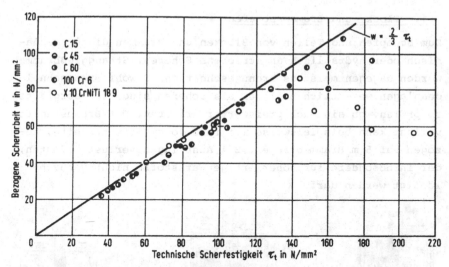

Bild 7.6. : Bezogene Scherarbeit über der technischen Scherfestigkeit für verschiedene Stahlsorten.

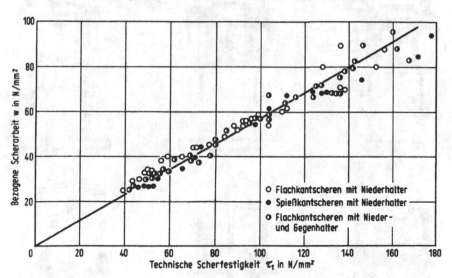

Bild 7.7. : Bezogene Scherarbeit über der technischen Scherfestigkeit für verschiedene Scherenarten.

andere Werkstoffe und andere Scherbedingungen als bezogene
Größen übertragbar sind (<u>Bilder 7.6. und 7.7.</u>).

236

7.1. Block- und Brammenscheren

Zum Schopfen und Teilen von Blöcken und Brammen dienen mechanisch oder hydraulisch angetriebene Scheren. Stranggießbrammen
werden dagegen meistens brenngeschnitten. Obwohl Brennschnei-
deanlagen wesentlich billiger als Scheren sind, ist sorgfältig
zu prüfen, ob sie auch preiswerter arbeiten. Der Brennschnitt-
verlust kann beispielsweise mit rund 1o mm Schnittbreite, bezogen auf 5 m Brammenlänge o,2 % Ausbringensverlust bedeuten,
der insbesondere für höherwertige Werkstoffe nicht vernachlässigt werden darf.

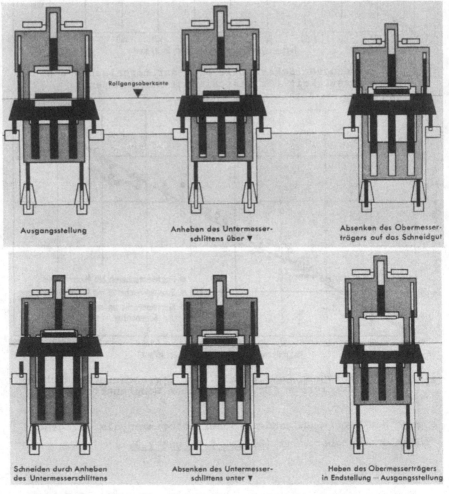

Bild 7.8. : Arbeitsschema einer hydraulischen Torschere.

Neben mechanisch angetriebenen Kurbel- oder Exzenterscheren
haben sich hydraulisch betriebene Torscheren bewährt, deren
Arbeitsschema in Bild 7.8. dargestellt ist.
Eine Neuentwicklung auf dem Gebiet der Brammenscheren ist die
Progressivschere (Bild 7.9.), die gegenüber herkömmlichen
Scheren einige Besonderheiten aufweist :

a) Geringes Antriebsmoment (s.a. Drehmomentendiagramm)

b) hohe Schneidleistung

c) Schneidrichtung wahlweise von oben oder unten

d) kein Anheben der Brammen (daher auch kein Verbiegen)

e) kein Verformen der hinteren Brammenenden beim Schopfen

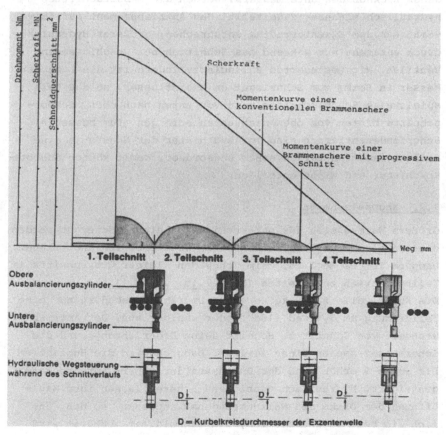

Bild 7.9. : Vergleich einer konventionellen Brammenschere und
einer Brammenschere mit progressivem Schnitt bei
gleichem Schneidquerschnitt und gleicher Scherkraft.

f) hydraulische Überlastsicherung

g) Scherendurchgang unabhängig vom Messerhub und in jeder beliebigen Höhe ausführbar

h) Schnittzeit abhängig von der Brammendicke

Ober- und Untermesserschlitten dieser Schere sind beweglich
und durch Hydraulikkolben und -zylinder miteinander verbunden.
Elektrisch angetriebene Exzenter im Untermesserschlitten bewegen das Untermesser gegen das Obermesser, wobei die Schnitt-
kräfte in den hydraulischen Verbindungen aufgenommen werden,
die dabei gegen Überlasten sichern können. Nach einem Teil-
schnitt, beim Weiterdrehen der Exzenter und dem damit verbundenen Rückhub des Untermessers, werden die Messerschlitten
hydraulisch einander zugestellt. Das Antriebsmoment muß demgemäß nur dem Exzenterradius entsprechen, größerer Hydraulik-
druck entsteht nur während des Schnittes bei geschlossenen
Ventilen. Mit gesteuerten Balancierzylindern ist die Lage der
Messer in Bezug zum Schneidgut zu beeinflussen, so daß beispielsweise Schopfschnitte vorn von unten nach oben, Schopfschnitte hinten von oben nach unten erfolgen. Zum besseren
Schopfendenentfernen sind vor und hinter der Schere je eine
Rollgangssektion verschiebbar angeordnet, damit können Schrott-
abschieber und Wippe entfallen.

7.2. Knüppelscheren

Größere Warmscheren für unterschiedlich dickes Schergut werden
oft von einem oder zwei umkehrbaren Schaltmotoren angetrieben.
Dadurch ist es möglich, beim Schneiden kleiner Querschnitte im
Teilhubbetrieb zu arbeiten (Bild 7.1o. und 7.11.) :
Die Kurbelwelle führt keine ganze Umdrehung, sondern nur eine
Teildrehung um 3,1 rad (180°) oder weniger aus. Der Antrieb
wechselt von Schnitt zu Schnitt seine Drehrichtung, und die
Schermesser machen einen Teilhub. Dadurch wird die Hubzahl um
bis zu 5o % erhöht und der Durchsatz der Schere entsprechend
gesteigert. Hydraulisch getriebene Scheren lassen ihre Maul-
öffnung der Dicke des Walzgutes genau anpassen, so daß, ähnlich wie beim Teilhubbetrieb, die Schneidzeit verkürzt wird.
Da das Walzgut wie bei allen von unten schneidenden Scheren
durch den Untermesserschlitten unmittelbar vor dem Schneiden
etwas angehoben wird, bleibt der Rollgang von der Schneidkraft
unbelastet.

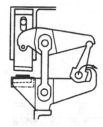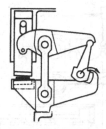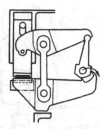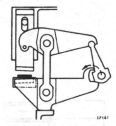

Ausgangsstellung. Scheren-
maul so weit geöffnet, daß
das Walzgut bequem ein-
laufen kann.

Vor dem Schnitt. Obermesser
unmittelbar über dem Walzgut, Untermesser in Aus-
gangsstellung.

Während des Schnittes.
Obermesser steht fest. Untermesser hebt sich.

Endstellung Ausgangsstel-
lung für den nächsten Schnitt
in der entgegengesetzten
Drehrichtung. Kurbelwelle
hat sich entsprechend der
Dicke des Walzgutes um
etwa 180° gedreht.

Bild 7.1o. : Arbeitsschema einer elektrisch getriebenen Knüppelschere im Teilhubbetrieb.

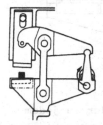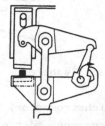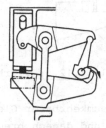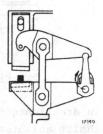

Ausgangsstellung. Scheren-
maul voll geöffnet.

Vor dem Schnitt. Obermesser
unmittelbar über dem Walzgut, Untermesser in Aus-
gangsstellung.

Während des Schnittes.
Obermesser steht fest. Untermesser hebt sich.

Endstellung Ausgangsstel-
lung für den nächsten Schnitt
in der bisherigen Drehrichtung. Kurbelwelle hat sich
um 360° gedreht.

Bild 7.11. : Arbeitsschema einer elektrisch getriebenen Knüppelschere im Vollhubbetrieb.

7.3. Durchlaufscheren

Kleinere Warmscheren für Walzgut mit höchstens 20000 mm^2 Querschnittsfläche schneiden nicht stationär, sondern im Durchlauf.
Dabei kommt es darauf an, den richtigen Schnittzeitpunkt zu
treffen, um gewünschte Schnittlängen zu erhalten und die Messer
während des Schnittes so zu führen, daß die Schnittenden des
Walzgutes nicht verbogen oder unzulässig deformiert werden.
Nach der Art der Messerführung sind Pendel-, Drehbalken-,
Trommel- und Kurbelscheren zu unterscheiden, die im Prinzip
alle ähnlich arbeiten und von denen darum die Kurbelschere
näher beschrieben sei (Bild 7.12.): Die Messerwinkel bleiben
während des Schnittes unverändert. Als Antrieb dient entweder

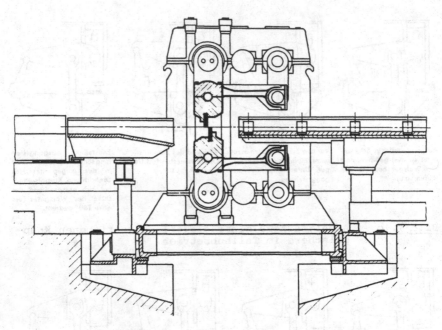

Bild 7.12. : Vierkurbelschere.

ein drehrichtungsumkehrbarer Gleichstrommotor, der zu jedem
Schnitt anlaufen und danach bremsen muß, oder ein durchlaufen-
der Drehstrommotor mit steuerbaren, magnetisch oder pneumatisch betätigten Kupplungen und Bremsen für die Schere. Je
größer die Laufgeschwindigkeit des Schergutes, desto größer
ist die erforderliche Beschleunigung. Je kleiner die gewünschte Schnittlänge wird, umso kürzer ist die verfügbare Zeit für
das aus Anlauf, Schnitt, Bremsen und Positionieren in die Ausgangsstellung bestehende Arbeitsspiel. Weil Anlauf und Bremsen
mehr Zeit erfordern als der Schnitt, dieser aber auch nur über
einen kleinen Drehwinkel der Kurbeln reicht, nützen Scheren,
die bis zu 18 m/s schnelles Walzgut schneiden, etwa 4,7 rad
(270°) für den Anlauf, 1 bis 1,5 rad für den Schnitt und etwa
4 rad zum Bremsen. Danach müssen sie die Kurbeln für den
nächsten Schnitt wieder positionieren (Bild 7.13.). Kupplungs-
scheren haben dazu einen besonderen Rückstellmotor.
Eingeleitet wird jeder Schnitt von der Scherensteuerung, die
im einfachsten Fall nur aus einer Fotozelle mit Schaltrelais
besteht, besser ausgeführt eine Fotozellenreihe oder ein Län-
genmeßgerät benutzt, oder ein aufwendiges integrierendes Ge-

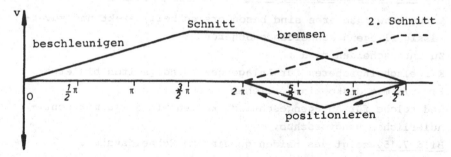

Bild 7.13. : Geschwindigkeitsdiagramm einer Kurbelschere.

schwindigkeitsmeßgerät mit nachgeschaltetem Rechner enthält,
der dann auch Aufgaben zum restendenlosen Teilen des Walzgutes
übernimmt.

7.3.1. Scheibenscheren

Scheren mit dauernd rotierenden scheibenförmigen Messern,
deren Achsen parallel zueinander und schräg zur Walzgutachse
liegen, vermeiden die Problematik des schnellen Anlaufens und
Bremsens (Bild 7.14.). Die in Laufrichtung weisende Komponente
der Messerumfangsgeschwindigkeit entspricht der Geschwindigkeit des Walzgutes, das normalerweise neben dem Schneidspalt
läuft. Zum Scheren wird es von seinen Führungsrohren quer
durch den Spalt bewegt, dabei geschnitten und läuft auf der
anderen Seite ungehindert weiter. Die Schnittflächen stehen
nicht senkrecht zur Walzgutachse, sondern bilden scharfkantige
Spitzen am Schergut, die als Nachteile der sonst guten Schere
gelten.

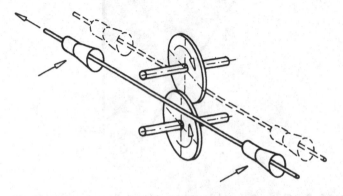

Bild 7.14. : Scheibenschere (schematisch).

7.4. Kurbelschwingscheren für Warm- und Kaltband

Kurbelschwingscheren sind besonders schnell, exakt und zuverlässig fliegend schneidende Scheren.

Zu unterscheiden sind :

Kurbelschwingscheren für Anlagengeschwindigkeiten bis etwa
2,5 m/s mit diskontinuierlichem Bandvorschub
und solche für Anlagengeschwindigkeiten bis 5 m/s mit kontinuierlichem Bandvorschub.

Bild 7.15. zeigt das beiden gemeinsame Schneidsystem.

Es wird über zwei miteinander verbundene Kurbeln angetrieben,
von denen die Kraft auf den dazwischen angeordneten Obermesserträger als Koppel wirkt. Der Obermesserträger ist über Ge-

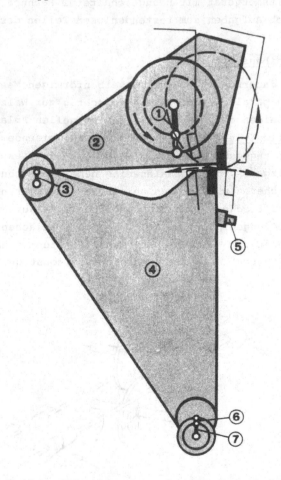

Bild 7.15. : Schneidsystem einer Kurbelschwingschere.

243

lenke (3) mit dem Untermesserträger (4) verbunden, der als
Schwinge wirkt und sich zangenartig bewegt. Exzenter in den
Gelenken machen den Messerspalt einstellbar, sie werden über
die Einstellspindel (5) betätigt. Die Schere schneidet bei jeder Kurbelumdrehung eine Grundschneidlänge. Beim Drehen des
hydraulisch getriebenen Leerschnittexzenters (6) und (oder)
des mechanischen Leerschnittexzenters (7) wird der Untermesserträger soweit gesenkt, daß die beiden Messer das Band nicht
mehr berühren. Die Grundschneidlänge wird dadurch vervielfacht.
<u>Bild 7.16.</u> zeigt das Schema einer Kurbelschwingschere für dis-
kontinuierlichen Bandvorschub.

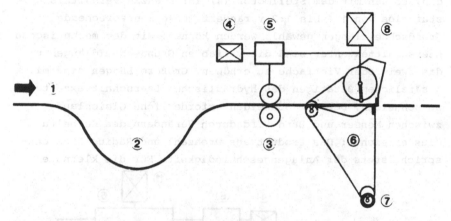

<u>Bild 7.16.</u> : Schema einer Kurbelschwingschere für diskonti-
nuierlichen Bandvorschub.

Schere und Treiber sind über ein Summiergertiebe miteinander
verbunden, so daß der Stellmotor (4) die Treibergeschwindig-
keit unabhängig von der Scherengeschwindigkeit verändern kann
(Überlagerungsantrieb). Bei Stillstand des Stellmotors schneidet die Schere die Grundschneidlänge oder Vielfache davon beim
Betätigen des Leerschnittexzenters.
Zwischenlängen sind erzielbar, wenn der Stellmotor über das
Summiergetriebe Zusatzlängen anfügt oder abzieht. Er läuft nur
unmittelbar nach einem Schnitt, so daß zum nächsten Schnitt
wieder die Bandgeschwindigkeit mit der Messergeschwindigkeit
übereinstimmt. Der Stellmotor kann entweder programmiert laufen oder frei gesteuert werden, um Bänder in beliebige Teil-
längen zu zerschneiden oder auch die Schneidlängen während des

Bandlaufs von einer Tafel zur nächsten zu ändern.

Vorzüge dieser Schere sind :

a) Einfache Bauart, dadurch niedrige Investitionskosten

b) unbegrenzter Schneidlängenbereich

c) enge Längentoleranzen

d) programmierbare Schneidlängenänderung

e) freie Schneidlängenvorwahl am laufenden Band.

<u>Bild 7.17.</u> zeigt das Schema einer Kurbelschwingschere mit
kontinuierlichem Bandvorschub. Richttreiber (2) und Schere (7)
sind über das Verteilergetriebe (3), das Summiergetriebe (5)
und das Schaltgetriebe (6) formschlüssig miteinander verbunden, so daß mit dem Stellmotor (4) ihr Drehzahlverhältnis
stufenlos von 1:1 bis 1:2 verändert und dementsprechende
Grundschneidlängen gewählt werden können. Mit dem mechanischen
Leerschnittexzenter sind die variablen Grundschneidlängen um
das Zwei- oder Vierfache zu erhöhen. Größere Längen sind mit
zusätzlichem Betätigen des hydraulischen Leerschnittexzenters
zu schneiden. Der zum Schneiden erforderliche Gleichlauf
zwischen Messer und Band wird durch Verändern des Kurbelra-
dius erreicht : Das Produkt aus Drehzahl und Radiuslänge entspricht stets der Anlagengeschwindigkeit. Für die kleinste

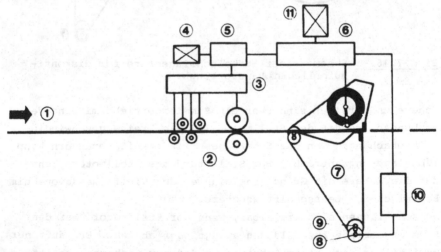

<u>Bild 7.17. :</u> Schema einer Kurbelschwingschere mit kontinuier-
lichen Bandvorschub.

Grundschneidlänge hat somit die Kurbel den kleinsten Radius
bei höchster Drehzahl und für die größte Grundschneidlänge

den größten Radius bei kleinster Drehzahl.

Vorzüge dieser Schere sind :

a) Hohe Anlagengeschwindigkeit auch für kleine Schneidlängen
b) unbegrenzter Schneidlängenbereich
c) gute Längentoleranzen durch Schneidlängenregelung auch
   während der Beschleunigungs- und Verzögerungsphasen der
   Schere
d) programmierbare Schneidlängenänderung
e) keine Schlingengrube erforderlich.

7.5. Schlittenscheren

Zum "fliegenden" Querteilen von Breitband mit Dicken zwischen
3 und 2o mm werden gewöhnlich Schlittenscheren benutzt, deren
Merkmal separate Antriebe für die Schlittenbewegung und das
Scheren sind (Bild 7.18.). Große Scherkräfte beim Schneiden
von breitem, dickem Walzgut mit großer Scherfestigkeit erfordern reichlich dimensionierte Messer, Messerbalken und Sche-
renrahmen und einen starken Messerantrieb. Um aber schnell und
mit engen Längentoleranzen querteilen zu können, soll möglichst wenig Masse oszillierend bewegt werden, die Schere
also leicht sein. Schlittenantrieb und Schneidantrieb müssen
während des Schnittes gut synchronisiert werden, dürfen aber
nicht formschlüssig verbunden sein, wenn beliebige Längen zu
teilen sind.

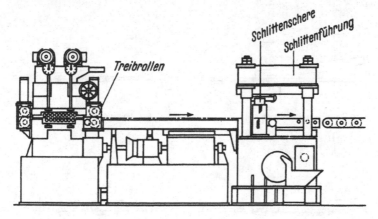

Bild 7.18. : Schlittenschere.

7.6. Tafelscheren, Wiege- und Rollschnittbesäumscheren

Blechtafeln gewünschter Abmessungen werden aus dem gewalzten
Blech mit Tafelscheren geschnitten. Dazu wird das Blech entweder von Hand oder mit Manipulatoren in die Schnittposition
auf den Scherentisch gebracht, zwischen Unterlage und den
meist hydraulisch betätigten Niederhaltern festgehalten und
dann geschnitten. Der Messerbalken der Tafelschere kann mechanisch oder hydraulisch betrieben, von unten oder von oben bewegt sein. Er ist oft gegen die Blechebene geneigt, damit die
Scherkraft während des Schnittes weniger steil ansteigt. Um
das Blech während des Schnittes nicht auf dem Rollgang liegen
zu lassen, wirken an manchen Scheren die Niederhalter von unten und drücken das Schnittgut gegen das oben abgeordnete Wi-
derlager. Für das Besäumen von langen Blechen und Band wurden

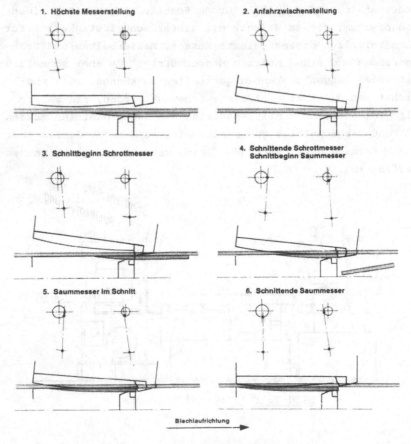

Bild 7.19. : Schnittverlauf an einer Rollschnitt-Besäumschere.

247

Tafelscheren zu Wiege- oder Rollschnittscheren weiter entwikkelt, deren Messer wiegend oder schaukelnd schneiden und gleichzeitig den Besäumschrott zerteilen (Bild 7.19.).

7.7. Kreismesserscheren (Zirkularscheren)

Zum Längsteilen und Besäumen von Band werden häufig Kreismesserscheren verwendet, weil sie sich dem Produktionsfluß gut anpassen. Ihre Schneidgeometrie unterscheidet sich von der herkömmlicher Tafelscheren durch den entlang der Messereingriffstrecke veränderlichen Winkel φ_a (Bild 7.2o.).

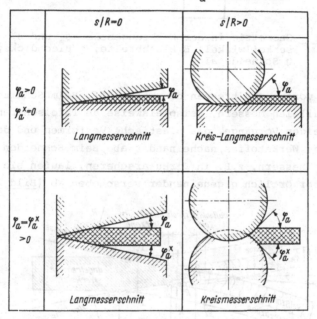

Bild 7.2o. : Schneidprinzip von Kreismesserscheren.

Geometriekenngrößen sind neben den oberen und unteren Messereingriffswinkeln φ_a und φ_a^x, den Messerkeilwinkeln β_a und β_a^x (Bild 7.21.), das Verhältnis aus der Blechdicke s und dem Messerradius R und das Verhältnis aus dem horizontalen Messerabstand u und der Blechdicke s. Beim Schnitt dringen die Schneidkanten um den Schneidspalt u gegeneinander versetzt in das Schneidgut ein. Der Werkstoff wird dabei in der Schnittzone plastisch verformt, bis sein Formänderungsvermögen erschöpft ist, und reißt dann an der höchst beanspruchten Stelle nahe den Schneidkanten ein. Die entstehenden Risse eilen den

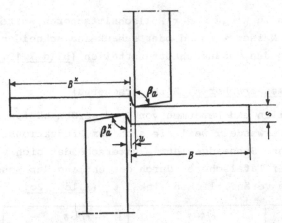

<u>Bild 7.21.</u> : Geometrie in der Werkzeugebene. β_a und β_a^x Messerkeilwinkel, B Blechbreite, s Blechdicke, u Schneidspalt.

Schneiden voraus und trennen den Werkstoff. Beim Schnitt zwischen parallelen Messern, beispielsweise an Tafelscheren, laufen die beiden Vorgänge, das plastische Verformen und das Trennen des Werkstoffes,nacheinander ab. Beim Schneiden mit kreuzenden Messern, z.B. in Zirkularscheren, laufen sie gleichzeitig, aber örtlich gegeneinander verschoben ab (<u>Bild 7.22.</u>).

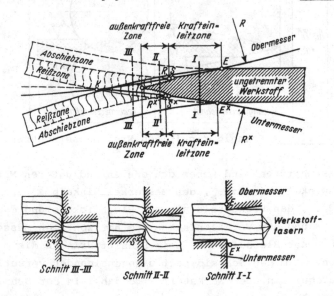

<u>Bild 7.22.</u> : Schneidablauf beim Kreismesserschnitt.

Von den Eingriffspunkten E und E^x der Schneidkanten bis zum
Beginn des Trennens bei S und S^x bilden sich glatte, blanke
Flächen als Grenzen der Abschiebezone. Von den Eingriffspunkten S und S^x aus laufen Risse bis zum Trennpunkt T. Durch sie
entstehen rauhe, bruchartige Trennflächen, die die Reißzone
begrenzen. Im gesamten Scherbereich E T E^x wird der Werkstoff
verformt und verfestigt, so daß seine Formänderungsfestigkeit
und sein Formänderungsvermögen in der Schnittzone von Ort zu
Ort verschieden sind. Wie die Schneidenkrümmung den Schnitt
und die Beschaffenheit der Schnittoberfläche beeinflußt, wurde
von H.J.Crasemann beim Schneiden zwischen Lang- und Kreismesserscheren beobachtet und an geätzten Querschliffen aus dem
Schnittbereich gezeigt (<u>Bild 7.23.</u>). Die Ergebnisse sind auf

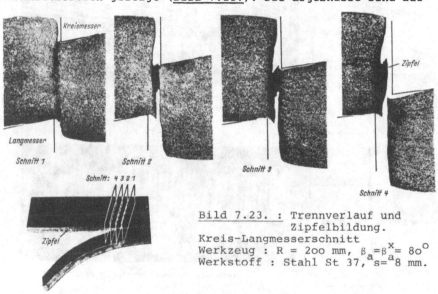

Bild 7.23. : Trennverlauf und
Zipfelbildung.
Kreis-Langmesserschnitt
Werkzeug : R = 2oo mm, $\beta_a = \beta_a^x = 80^o$
Werkstoff : Stahl St 37, s = 8 mm.

den Kreismesserschnitt übertragbar. Innerhalb einer schmalen
Zone, die von einer Schneidkante zur gegenüberliegenden verläuft, wird der Werkstoff hoch beansprucht. Behindert Reibung
an den Stirnflächen der Werkzeuge das Fließen, dann wird das
Schergut hauptsächlich vor den Schneiden im Schneidspalt gestreckt, und es bildet eine breite, verfestigte Zone vor den
Seitenflächen der Werkzeuge. Weil die Verformungsfähigkeit des
Werkstoffes unter Querdruck, unter den Werkzeugstirnflächen
also, größer ist als vor den Schneiden, reißt er nicht an

den Schneidkanten selbst, sondern in einem gewissen Abstand
von den Werkzeugflächen, und es bleibt verfestigter Werkstoff,
der Grat, stehen. Weniger verfestigendes Schneidgut, z-.B.
Elektrolytkupfer oder Reinaluminium, bildet keine oder allenfalls geringe Grate beim Schneiden.

Nach dem Rißbeginn ändert sich der Spannungszustand im Querschnitt, die Zone größter Beanspruchung bleibt jedoch in der
Nähe der Verbindungslinie beider Schneidkanten. Beim Scheren
mit engem Schneidspalt laufen die Risse aus dem Gebiet der
größten Spannungsgradienten hinaus, und neue Einrisse ent-

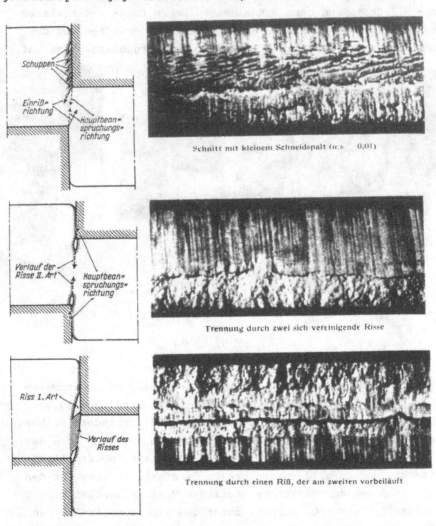

Bild 7.24. : Arten der Trennung beim Kreismesserschnitt.

stehen. An dicken Blechen sieht darum die Schnittfläche schup-
pig aus (<u>Bild 7.24.</u>). Mit weiterem Eindringen der Messer laufen die Risse dann besser aufeinander zu. Je nach dem Werkstoffverhalten vereinigen sich zwei aufeinander zulaufende
Risse und trennen das Schneidgut, oder einer läuft am anderen
vorbei bis zur gegenüberliegenden Oberfläche und es entsteht
ein Zipfel (<u>Bild 7.24. unten</u>).

Zipfel sind am besten mit möglichst großen Messern zu vermeiden, die umso größer sein sollten, je mehr das Schergut beim
Schnitt verfestigt. Die Überdeckung der Kreismesser sollte nur
so groß sein, daß das Schergut gerade noch sicher getrennt
wird. Der Scherspalt ist der Schergutdicke anzupassen, damit

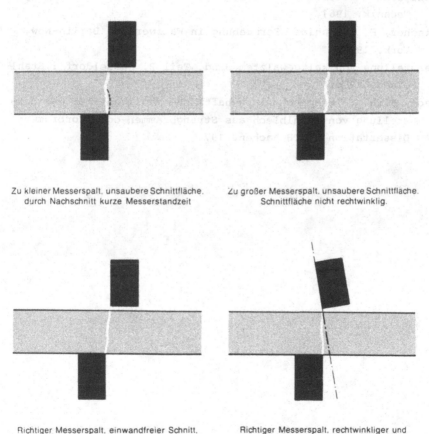

Zu kleiner Messerspalt, unsaubere Schnittfläche,
durch Nachschnitt kurze Messerstandzeit

Zu großer Messerspalt, unsaubere Schnittfläche.
Schnittfläche nicht rechtwinklig.

Richtiger Messerspalt, einwandfreier Schnitt,
Schnittfläche aber nicht rechtwinklig.

Richtiger Messerspalt, rechtwinkliger und
einwandfreier Schnitt, kein Nachschnitt, lange
Messerstandzeit.

<u>Bild 7.25.</u> : Einfluß des Messerspaltes und der Messerneigung
auf die Schnittqualität.

keine Schuppen an den Schnittflächen entstehen. Die Messer-
wellen müssen gegeneinander geneigt sein, wenn die Schnittfläche rechtwinkelig zur Schergutoberfläche liegen soll
(Bild 7.25.).

Schrifttum

1) Crasemann, H.J. : Arch. Eisenhüttenwes. 31 (196o),
   S. 459/7o.
2) Heintz, P. : DEMAG-Nachrichten 178 (1965), S. 27/32.
3) Schloemann-Siemag AG : Druckschrift W3/1159.

Geleji,A. : Walzwerks- u. Schmiedemaschinen. Berlin : Verlag
   Technik. 1961.
Fischer, F. : Spanlose Formgebung in Walzwerken. Berlin-New
   York. 1972.
Herstellung von kaltgewalztem Band. Teil 2. Düsseldorf : Stahl-
   eisen. 197o.
Sack, E.Th. : Technisch-wirtschaftliche Möglichkeiten der Her-
   stellung von Stahlblech aus Strangbrammen oder Vorbrammen.
   Dissertation, RWTH Aachen. 1974.

8. Beispiele zum Messen, Regeln und Steuern

Maßabweichungen von Walzprodukten und die Bandbreite ihrer
beim Walzen beeinflußbaren Qualitätsmerkmale dürfen aus technischen und wirtschaftlichen Gründen die in den Normen festgelegten oder zwischen Verbrauchern und Erzeugern vereinbarten
Grenzen nicht überschreiten. Sie müssen daher beobachtet - gemessen - werden. Darüberhinaus sollten möglichst alle ent-
scheidenden Prozeßkenngrößen bekannt sein, wenn ein Vorgang
selbsttätig - automatisch - ablaufen soll.
Neben der Dicke, Breite, Länge, Form oder Planheit werden daher Masse, Temperatur und Geschwindigkeit des Walzgutes, Größe
und Form des Walzspaltes, Walzkraft, Drehmoment und Antriebs-
drehzahl gemessen (Bild 8.1.).

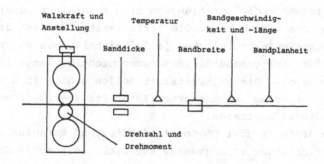

Bild 8.1. : Einsatzmöglichkeiten für die Meßtechnik in Walzwerken.

Aus der immensen Vielfalt aller Meßgeräte seien hier stellvertretend einige herausgegriffen und ihr Prinzip beschrieben.

8.1. Dickenmessung

8.1.1. Berührend arbeitende Dickenmeßgeräte
Berührend arbeitende, zu beiden Seiten des Walzgutes angeordnete Tastrollen erfassen die Dicke. Induktive, ohm'sche oder
kapazitive Wegaufnehmer formen den Rollenabstand in ein elektrisches Maß für die Walzgutdicke um. Dickenmeßgeräte dieser
Art werden häufig in Kaltwalzwerken eingesetzt.

8.1.2. Strahlenabsorptionsmeßgeräte

Strahlenabsorbtionsmeßgeräte arbeiten berührungsfrei. Das
Walzgut wird von Röntgenstrahlen oder der Strahlung radioakti-
ver Isotope durchdrungen und absorbiert dabei proportional zu
seiner Masse einen Teil der Strahlen. Bleibt seine spezifische
Masse unverändert, dann ist die Strahlenabsorption ein Maß für
die Walzgutdicke. Durchstrahlungsmeßgeräte haben sich in Warm-
und Kaltwalzwerken bewährt, obwohl der notwendige Strahlen-
schutz den Einsatz erschwert. Aus der großen Zahl der radio-
aktiven Isotopen eignen sich besonders Kobalt 6o, Caesium 137
und Americium 241 für Absorptionsmessungen, weil sie die ent-
scheidenden Voraussetzungen erfüllen : Der Strahlenenergiein-
halt muß einerseits so bemessen sein, daß das Walzgut im betrachteten Dickenbereich durchstrahlt wird, es andererseits
aber ausreichend große Strahlungsanteile absorbiert, damit
sicher gemessen werden kann. Die Zerfallsrate, das ist die Anzahl der ausgesendeten Teilchen je Zeiteinheit, muß so groß
sein, daß für eine genaue Dickenmessung nicht zu lange integriert werden muß. Die Halbwertszeit sollte schließlich so
lang sein, daß keine nennenswerten Intensitätsverluste während
der Betriebszeit auftreten.
Von diesen drei sendet Co 6o die "härtesten" Strahlen aus,
es eignet sich daher vorzugsweise zur Dickenmessung an Grob-
und Mittelblechen, dickwandigen Rohren und Profilen. Seine
Halbwertszeit beträgt fünf Jahre, daher sollte eine Co 6o Meßanlage etwa jährlich nachkalibriert werden.
Cs 137 hat eine Halbwertszeit von etwa 3o Jahren, strahlt
"weicher" und wird im mittleren Dickenbereich eingesetzt.
Mit der Halbwertszeit von 43o Jahren ist Am 241 das langlebig-
ste in Walzwerken gebrauchte Präparat. Seine "weichen" Strahlen werden von Fein- und Feinstblech genügend weit absorbiert,
so daß Durchstrahlungsmeßgeräte mit Americium häufig in Kaltwalzanlagen zu finden sind.

8.1.3. Optische Dickenmeßgeräte

Optische Meßverfahren arbeiten berührungslos und vermeiden ra-
dioaktive Strahlen. **Bild 8.2.** zeigt das Prinzip des Dickenmes-
sens mit Laserlicht. Ein Laserstrahl wird vom Strahlablenker
SA periodisch mit etwa 28o Hz und kleine Winkel von etwa
$\pm$ o,1 rad abgelenkt und im Strahlenteiler ST in einen Ober-
und einen Unterstrahl geteilt, die über Umlenkspiegel U auf

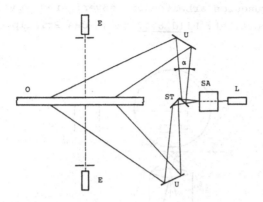

L   Laser   U   Umlenkspiegel
SA Strahlablenker   E   Empfangsoptiken
ST Strahlenteiler   O   Objekt

Bild 8.2. : Laserdickenmeßgerät (λ-Sonde).

beide Oberflächen des Meßobjekts treffen. Die dort hin- und
herlaufenden Lichtflecke lösen in den Lichtempfängern E elektrische Signale aus, wenn sie die Schnittpunkte der optischen
Empfängerachsen mit den Oberflächen passieren. Aus der Geometrie und der zeitlichen Folge der Signale errechnet die nachgeschaltete Elektronik die Lage der reflektierenden Oberflächen und deren Abstand zueinander, die Dicke (Prinzip der λ-
Sonde von Siemens). Das bisher erst an Prototypen entwickelte
Verfahren arbeitet sehr schnell, es kann maximal 560 Meßwerte
pro Sekunde aufnehmen.

8.2. Breitenmessung

8.2.1. Berührende Verfahren

Berührendes Messen der Breiten ist nur an stillstehendem, allenfalls sehr langsam und gleichmäßig bewegtem Walzgut möglich. Bekanntgeworden ist lediglich die Methode, die Verschie-
belineale beim Brammen- oder Blechwalzen auf beiderseitigen
Kontakt zum Walzgut zu bringen, und aus ihrer mit induktiven
Gebern abgetasteten Lage die Walzgutbreite zu ermitteln.

8.2.2. Kontaktlose Verfahren

Von den berührungslos arbeitenden Meßverfahren sind die optischen weit verbreitet. Bild 8.3. zeigt das Prinzip, nach dem

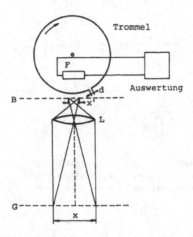

Bild 8.3. : Optische Abtastung der Walzgutbreite.

ein Bild oder der Schatten der Walzgutbreite auf die Ebene B
projiziert und dort von einer Schlitzblende in der mit konstanter Umfangsgeschwindigkeit rotierenden Trommel überlaufen
wird. Ein Fotoempfänger in der Trommel ist beleuchtet, solange
der Schlitz über das Bild läuft, oder verdunkelt, solange der
Schlitz den Schatten überläuft, und gibt ein zeitproportiona-
les Signal für die Bildbreite, genauer für den Trommeldrehwin-
kel, der der Bildbreite entspricht. Zur genauen Messung ist
entweder der Unterschied zwischen Bildbreite und Winkelbogen
sehr klein zu halten oder beim Auswerten zu berücksichtigen.
Das Meßprinzip ist in zahlreichen Varianten vertreten :
Anstelle der rotierenden Schlitzblende kann ein umlaufender
Spiegel treten, meist ein Polygonalspiegel, damit viele Meßwerte pro Zeiteinheit gewonnen werden. Die Meßgeschwindigkeit
ist jedoch nicht von der Schlitz- oder Spiegelanzahl, sondern
ausschließlich von der Umlaufgeschwindigkeit abhängig. Der
Fehler zwischen dem Abtastbogen und der Bildprojektion läßt
sich optisch korrigieren, wenn ein Parabolspiegel das Meßobjekt abbildet. Ist er genügend groß, größer als das Meßobjekt,
dann fallen die Bildstrahlen parallel ein und das Meßverfahren

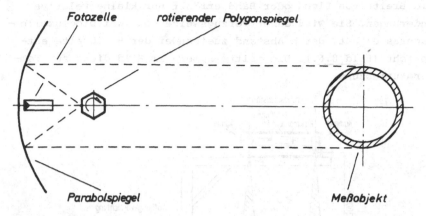

Bild 8.4. : Meßprinzip des Rotationsspiegels.

wird abstandsunabhängig (Bild 8.4.).
Neueste Geräte benutzen anstelle der rotierenden Schlitzblen-
den oder Spiegel mit einem Fotoempfänger "Diodenzeilen" mit
bis zu fünf Fotodioden je Millimeter, die von einer Auswerteelektronik periodisch danach abgefragt werden, ob sie belichtet oder verdunkelt sind, und die demgemäß ein digitales Maß
der Bildbreite liefern. Bewegt sich das Meßobjekt quer zur
Meßrichtung, wie es beispielsweise Walzdraht tut, und ist die
Abfragefrequenz genügend groß, dann wird durch arithmetisches
Mitteln der digitalen Signale die Meßwertauflösung um etwa
eine Größenordnung besser als die im optischen Maßstab des
Systems abgebildete Diodenzeilenteilung (Bild 8.5.).

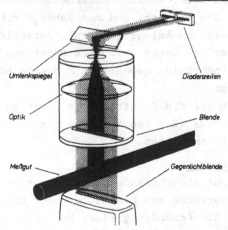

Bild 8.5. : Diodenzeilen-Dickenmeßgerät.

Die Breite von Blech oder Band erfährt nur kleine relative
Änderungen. Sie wird daher vorzugsweise von zwei Diodenzeilen-
kameras erfaßt, deren Abstand zueinander der Sollbreite entspricht (Bild 8.6.). Die dritte Kamera im Bild dient zur Temperaturmessung.

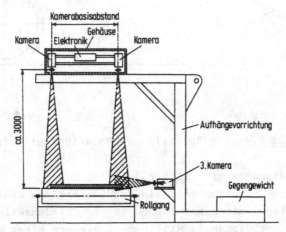

Bild 8.6. : Breitenmeßgerät für Blech und Band.

8.3. Längenmessung

8.3.1. Meßrolle

Große Meßlängen, wie beispielsweise die Stablängen in Mittel-
und Feinstahlwalzwerken, werden mit Kontaktrollen erfaßt, die
über einen optischen oder induktiven Geber drehwinkelpropor-
tionale Impulse abgeben. Schlupf zwischen Meßobjekt und Meßrolle verfälscht den Meßwert, und muß daher durch massearme
Konstruktion, geeignete Anlagefläche und optimalen Anpreßdruck
klein gehalten werden. Unter besonders günstigen Umständen
sind die mit Kontaktrollen gewonnenen Meßwerte bis auf wenige
Promille reproduzierbar.
Dies genügt nicht für die Schnittlängensteuerung an Bandzerteilanlagen, die etwa 18 m lange Bleche mit weniger als
$\pm$ 1o mm Fehler teilen sollen.

8.3.2. Lichtschranken

Genauer arbeiten nichtberührende optische Meßverfahren mit
Grob- und Feinmeßstrecke aus Fotodioden oder Diodenzeilen
(Bild 8.7.), die die Annäherung einer Meßgutkante in dem er-
warteten Bereich und dann seine genaue Lage erfassen, aus der

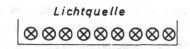

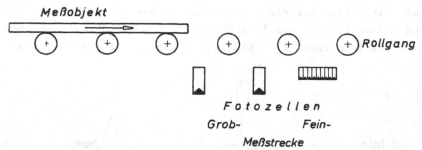

Bild 8.7. : Lichtschranken.

ein Korrektur- oder Schnittsignal abzuleiten ist.

8.3.3. Geschwindigkeitsintegration

Sehr genaue Längenmeßwerte liefert die Integration der Meßgutgeschwindigkeit, die allerdings nicht mit systematischen, sondern allenfalls mit stochastischen Fehlern behaftet sein darf.
Zur Geschwindigkeitsmessung wird dabei ein laseroptisches Verfahren benutzt (Bild 8.8.): Laserlicht fällt annähernd senkrecht auf die bewegte Oberfläche, an der es einige zur Refle-
xion günstig orientierte Punkte gut reflektieren und so ein

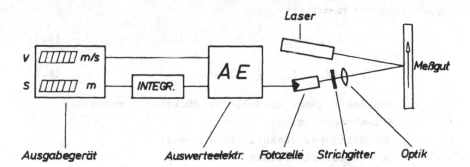

Bild 8.8. : Laser-Geschwindigkeitsmessung nach dem Strichgit-
terverfahren.

Interferenzbild aus dunklen und hellen Linien schaffen, das
über ein Strichgitter auf den Fotoempfänger fällt. Mit der Bewegung des Meßobjekts bewegt sich das Bild und verursacht mit

dem Strichgitter eine rasche Folge von Hell-Dunkel-Wechseln
im Fotoempfänger, aus deren Frequenz die Auswerteelektronik
ein Signal für die Geschwindigkeit ableitet. Der Integrator
bildet über der Meßzeit die Länge, deren Reproduzierbarkeit
besser sein kann als die der gemessenen Geschwindigkeit.
Eine andere Version des laseroptischen Geschwindigkeitsmessens
nutzt den Dopplereffekt (Bild 8.9.): Laserlicht wird an einem

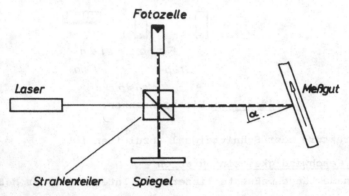

Bild 8.9. : Laser-Geschwindigkeitsmessung nach dem Doppler-
          Verfahren.

Strahlenteiler in Meß- und Referenzstrahl aufgeteilt, von
denen der letztere gleich an den Fotoempfänger geht. Der Meß-
strahl fällt unter definiertem Winkel α auf das bewegte Meßgut, das ihn reflektiert und dabei seine Frequenz mit der
Dopplerfrequenz moduliert.

$$f_D = f_o - \frac{f_o \cdot v}{c} \cdot 2 \sin\alpha \qquad (8.1)$$

$$f_S = f_o \cdot \frac{v}{c} \cdot 2 \sin\alpha \qquad (8.2)$$

f_D ..... Dopplerfrequenz (modulierte Rückstrahlfrequenz)
f_S ..... Schwebungsfrequenz
f_o ..... Grundfrequenz (Laserlichtfrequenz)
v ...... Meßgutgeschwindigkeit
c ...... Lichtgeschwindigkeit
α ...... Strahleneinfallswinkel zum Geschwindigkeitsvektor.

Der modulierte Rückstrahl bildet mit dem Referenzstrahl im
Fotoempfänger ein Signal, dessen Schwebungsfrequenz f_S die
Auswerteelektronik umsetzt.

8.3.4. Längenmessung aus Walzendrehzahlen

Längen oder Geschwindigkeiten aus den Walzendrehzahlen abzuleiten, trifft auf prinzipielle Schwierigkeiten. Zwar ist die
Walzendrehzahl mit Tachogeneratoren oder auch mit Drehwinkel-
gebern und nachgeschaltetem Differenzierglied sehr genau zu
messen. Weil aber die Voreilung des Walzgutes nicht konstant
ist und weil beim Kaliberwalzen die genaue Länge des "reprä-
sentativen Radius" nicht bekannt ist, stellt dieses Meßverfahren nur einen Behelf dar.

8.4. Planheitsmessung

Neben den Maßen interessiert die Planheit oder Welligkeit des
Walzgutes, die möglicherweise beim Blechwalzen erkennbar und
meßbar sein mag, die aber beim Bandwalzen unter Zug völlig
verschwindet (<u>Bild 8.1o.</u>). An ihrer Stelle wird die Spannungs-

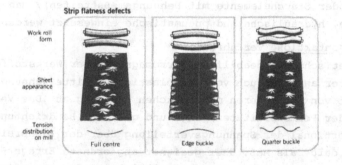

<u>Bild 8.1o.</u> : Planheitsfehler.

verteilung über der Bandbreite gemessen und daraus auf die
Planheit geschlossen.

8.4.1. Messen mit geteilten Meßrollen

Bandförmiges Meßgut läuft in kleinem Umschlingungswinkel von
0,05 bis 0,1 rad um eine Meßrolle, in der Radialkraftmeßauf-
nehmer in schmalen, voneinander unabhängigen Meßzonen die der
Bandzugspannung und der Umlenkung proportionalen Kräfte aufnehmen (<u>Bild 8.11.</u>). Zugspannungsverteilungen über der Bandbreite sind durch Einzelausgabe der Zonenkräfte sichtbar zu
machen. Die Information ist umso wertvoller, je schmaler die
Zonen, insbesondere im Bandrandbereich sind. Varianten dieses

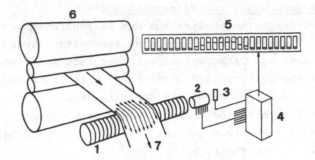

Bild 8.11. : Messen der Bandzugspannung über geteilte Rollen.
1 Meßrolle, 2 Schleifringübertrager, 3 Fotodiode,
4 Elektronikeinheit, 5 Anzeigeeinheit, 6 Walzgerüst, 7 Band.

Verfahrens unterscheiden sich durch die Zonenteilungsbreite
und die Art der Kraftaufnehmer, von denen elektromechanische
(Biege- oder Stauchelemente mit Dehnungsmeßstreifen), magneto-
striktive, hydraulische und pneumatische eingesetzt werden.

8.4.2. Kontaktlose Verfahren

Die magnetische Permeabilität ferromagnetischer Werkstoffe
hängt unter anderem auch von der elastischen Gitterdehnung
und damit von der äußeren mechanischen Spannung ab. Das Verhältnis der Permeabilitäten längs und quer zur Bandrichtung
ist proportional der Spannungsverteilung über der Bandbreite
und gilt dafür als Maß. Über geeignet angeordnete Erreger-
magneten und Empfängerspulen (Bild 8.12.) ist der magnetische

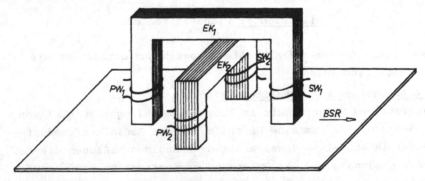

Bild 8.12. : Prinzip der laufenden Permeabilitätsmessung.
BSR Bandspannungs- bzw. Bandlaufrichtung, EK_1,
EK_2 lamellierte Eisenkerne, PW Primärwicklungen,
SW Sekundärwicklungen.

Widerstand in den aus Spulenkernen, Luftspalten und Meßgut gebildeten magnetischen Kreisen zu messen und daraus ein Maß für
das Permeabilitätsverhältnis abzuleiten.
Ein anderes Verfahren nutzt die spannungsabhängige Eigenfrequenz des zwischen zwei Umlenkrollen freilaufenden Bandes zur
Messung. Dazu werden möglichst schmale Bandzonen magnetisch,
pneumatisch oder elektrodynamisch zum Schwingen angeregt. Die
periodisch in weiten Grenzen veränderliche Erregerfrequenz
läßt Bandresonanzen entstehen, deren Lage als Maß für die
Spannungsverteilung ausgewertet wird.

8.5. Walzkraftmessung

Eine entscheidend wichtige Kenngröße aller Walzprozesse ist
die Walzkraft. Sie sollte nicht allein zum Schutz aller im
Kraftfluß liegenden Maschinenteile, sondern auch zur dauernden Kontrolle des Geschehens im Walzspalt gemessen werden.
Für die Automation von Walzabläufen ist das Messen der Walzkraft eine unverzichtbare Voraussetzung.
Zahlreiche Meßmethoden wurden entwickelt und erprobt, wenige
davon haben sich bewährt, einige, und deren Meßprinzipien
sollen hier erwähnt werden.

8.5.1. Kraftmeßzellen, Kraftmeßdosen

Ein den örtlichen Gegebenheiten im Walzgerüst angepaßtes Meß-
element, ein Zylinder, Ring oder Block wird an geeigneter
Stelle, vorzugsweise zwischen dem oberen Einbaustück und der
Anstellspindel, unter dem unteren Einbaustück oder zwischen
Anstellspindelmutter und Ständer so eingebaut, daß es den ganzen Kraftfluß an dieser Stelle übernimmt (Bild 8.13.). Sein
tragender Querschnitt ist so bemessen, daß unter Last eine
möglichst große elastische Verformung entsteht, die jedoch nie
in den plastischen Bereich gehen darf. Der verwendete Werkstoff sollte eine möglichst hohe Streckgrenze haben. Dehnungs-
aufnehmer, Dehnungsmeßstreifen, induktive Weggeber, Piezo-
quarze oder kapazitive Geber wandeln die elastische Deformation in ein proportionales elektrisches Signal um, das verstärkt und angezeigt oder an den Regler oder Rechner gegeben
wird.
Mängel solcher "Lastmeßzellen" oder "Kraftmeßdosen" sind das
niedrige Potentialniveau der Primärsignale, die störanfälligen
elektrischen Verbindungen und der zusätzliche Einbauraum, den

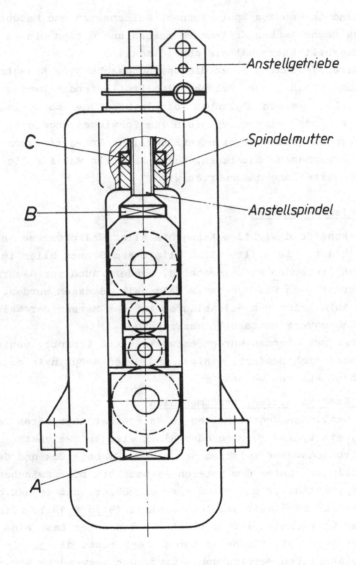

Bild 8.13. : Einbaustellen (A,B,C) für Kraftmeßdosen.

sie beanspruchen. Ihnen stehen als Vorteile die einfachere
Montage, leichte Austauschbarkeit, gute Kalibrierbarkeit[x)] und

[x)] "Kalibrieren" wird in der Meßtechnik in anderem Sinne gebraucht als in der Walztechnik. Es bedeutet hier : Meßbezugs-
werte schaffen. Der Begriff "Eichen" anstelle von "Kalibrieren" sollte vermieden werden. "Eichen" ist das Kalibrieren
durch Eichämter und deren Bevollmächtigte.

hohe Meßgenauigkeit gegenüber. Beim Einbau von Kraftmeßelementen ist vor allem darauf zu achten, daß keine Kraftnebenschlüs-
se auftreten, die das Meßergebnis fälschen könnten.
Als Beispiel für einen bewährten Meßwertwandler sei der "Preßduktor" der Firma ASEA beschrieben (Bild 8.14.): In einem

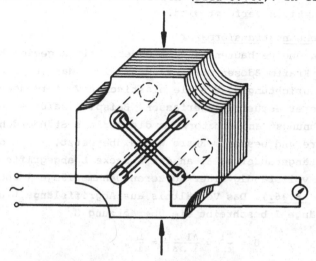

__Bild 8.14. :__ Prinzip des Preßduktors.

Blechlamellenpaket liegen in vier Bohrungen unter o,79 rad
(45°) zur Kraftrichtung einander kreuzende Drahtwicklungen,
die elektrisch als Transformator geschaltet sind. Elastisches
Stauchen des Lamellenpakets ändert die magnetische Permeabilität der Bleche und macht sie unterschiedlich in Längs- und
Querrichtung (Bild 8.15.rechts), so daß beide Wicklungen magne-

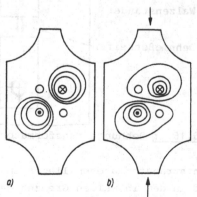

__Bild 8.15. :__ Flußverteilung im Preßduktor. a Mechanisch unbelastet, b belastet.

tisch mehr gekoppelt werden als im unbelasteten Zustand
(<u>Bild 8.15.links</u>). Als Maß für die aufgebrachte Last kann die
in der Sekundärwicklung induzierte Spannung abgenommen werden.
Preßduktor-Kraftmeßzellen sind aus vielen Einzelelementen so
zusammengesetzt, daß möglichst alle gleichmäßig tragen und
keines plastisch verformt wird.

8.5.2. Dehnungstransformator

Gibt es in eng verbauten Walzenständern keinen geeigneten
Platz für Kraftmeßdosen oder Lastmeßzellen, dann empfehlen
sich Meßeinrichtungen, die die elastischen Verformungen eines
oder mehrerer Gerüstteile erfassen. Beispiel dafür sei der
Ständerdehnungstransformator, der die geringe Ständerdehnung
auf größere und besser meßbare Werte übersetzt, indem die last-
bedingte Längenänderung Δl an der Strecke L abgegriffen und
möglichst vollständig einer kürzeren Dehnmeßlänge l übertragen
wird (<u>Bild 8.16.</u>). Das Verhältnis aus Abgriffslänge L und
Dehnungslänge l beschreibt die Übersetzung ü,

$$ ü = \frac{\varepsilon_l}{\varepsilon_L} = \frac{\Delta l \cdot L}{l \cdot \Delta l} = \frac{L}{l} \ , \tag{8.3}$$

wenn die Querschnittsfläche in der Dehnmeßlänge sehr klein gegenüber dem Querschnitt aller beteiligten Übertragungselemente,
und wenn die Befestigung durch Schweißen oder Schrauben sehr
steif ist.

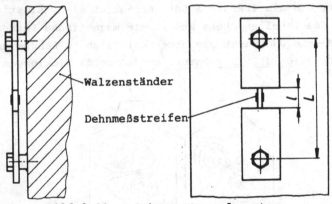

<u>Bild 8.16.</u> : Dehnungstransformator.

Vorteile von Dehnungstransformatoren liegen im niedrigen Preis,
einfachen Anbau und in dem in weiten Grenzen den jeweiligen Er-
fordernissen anpaßbaren Übersetzungsverhältnis. Nachteilig ist
demgegenüber ihre hohe Empfindlichkeit gegen falsche Wahl des

Anbauortes. Es ist größte Sorgfalt darauf zu wenden, sie möglichst in neutralen Ebenen zu montieren, um kein unerwünschtes
Signal aus der Ständerbiegung zu erhalten. Ebenso sind Maßnahmen zu treffen, thermisch verursachte Dehnungen des Meßobjekts sicher auszukompensieren.

8.5.3. Stauchungsaufnehmer für Anstellspindeln.

Eine elegante Methode, Walzkräfte sehr genau zu erfassen,
nutzt die elastische Stauchung im unteren Teil der Anstellspindel (Bild 8.17.), die mit einem empfindlichen, meist induktiven Weggeber gemessen wird. Der Oszillator für die Stromversorgung und ein Signalvorverstärker sitzen unmittelbar über dem

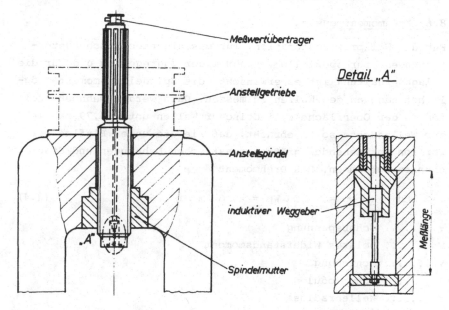

Bild 8.17. : Stauchungsaufnehmer in einer Anstellspindel.

Geber. Versorgungs- und Signalleitungen werden durch die
Bohrung zu dem am oberen Spindelende montierten Drehübertrager
geführt, der die Verbindung mit dem äußeren Teil der Meßanlage
schafft.
Nachteil dieses Meßsystems ist der teure Einbau, für den die
Anstellspindel längs durchbohrt werden muß. Vorteile sind
seine Lage unmittelbar über dem Walzenlager, der gut geschützte
Einbauort, die problemlose Leitungsführung aus der für die
Meßtechnik unfreundlichsten Zone und schließlich die einwand-
freie Kalibrierbarkeit im ein- und ausgebauten Zustand.

8.5.4. Walzkraftmessung in hydraulischen Anstellungen

In hydraulisch angestellten Walzgerüsten wird die Walzkraft
leicht durch Messen des hydraulischen Druckes im Anstellsystem
gemessen. Dadurch entfällt ein zusätzliches Walzkraftmeßsystem.
Zur Bestimmung der tatsächlichen Walzspalthöhe reicht die Hy-
draulikdruckmessung aber nur, wenn die Kompressibilität des
Druckmediums nicht von unbekannten Parametern beeinflußt wird.
Häufig finden sich daher neben der Druckmeßeinrichtung noch
Lagemeßsysteme, die den Walzenachsenabstand oder den Abstand
der Einbaustücke zueinander oder zu den Ständerquerholmen erfassen.

8.6. Drehmomentmessung

Für die Walzprozeßautomation, für maschinentechnische Untersuchungen, für spezielle Verfahren der Zugregelung und für die
Anlagenerhaltung ist es erwünscht, die Spindeldrehmomente möglichst nahe an den Walzen zu messen. Dazu werden Dehnmeßstrei-
fen an der Oberfläche zylindrischer Wellen unter o,79 rad (45°)
zur Wellenachse so angebracht, daß sie die unter Einfluß der
Torsion entstehenden größten elastischen Dehnungen und Stau-
chungen aufnehmen. Das Drehmoment

$$Md = \tau \cdot Wp = \gamma \cdot G \cdot Wp = \varepsilon \cdot G \cdot \pi \cdot r^3 \qquad (8.4)$$

τ .... Schubspannung
Wp ...... polares Widerstandsmoment
γ .... Schiebung
G .... Schubmodul
r .... Wellenradius

ist mit dem Schubmodul für den Wellenwerkstoff, dem Wellen-
durchmesser und der gemessenen Dehnung zu berechnen. Schwierig
ist bei dieser Art der Momentenmessung die Übertragung des
Dehnungsmeßsignals von der drehenden Welle.
Für den dauernden Einsatz wird daher das Walzmoment aus Be-
triebskennwerten des Antriebsmotors errechnet.
Es ist jedoch eindringlich darauf hinzuweisen, daß das Motoren-
moment nur den integralen Wert des Walzmoments widerspiegelt.
Sein zeitabhängiger Verlauf ist nur aus der elastischen Deformation der Übertragungselemente wirklichkeitstreu zu ermitteln.

8.7. Temperaturmessung

Die Walzguttemperatur beeinflußt im Bereich überwiegenden Ent-
festigens maßgeblich die Formänderungsfestigkeit. Sie sollte
daher möglichst häufig, am besten fortlaufend und möglichst
genau gemessen werden. Zur Temperaturmessung an bewegtem Walzgut kommen nur berührungslos arbeitende Geräte in Betracht,
von denen als Beispiele das Verhältnispyrometer, das Gesamtstrahlungspyrometer und das Bandstrahlungspyrometer erwähnt
seien, deren temperaturabhängige Ausgangssignale im <u>Bild 8.18.</u>
gezeigt sind.

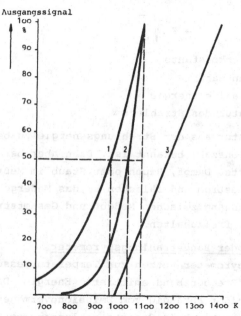

<u>Bild 8.18.</u> : Ausgangssignale verschiedener Pyrometer.
1 Gesamtsrahlungspyrometer, 2 Teilstrahlungspyrometer, 3 Verhältnispyrometer.

8.7.1. Verhältnispyrometer

Im gesamten vom Meßgut ausgesandten Strahlungsspektrum verschiebt sich das Intensitätsmaximum mit steigender Temperatur
zu höheren Frequenzen oder kürzeren Wellenlängen. Das Verhältnispyrometer filtert aus dem Spektrum zwei schmale Frequenz-
bänder heraus, mißt deren Intensitäten und bildet ihren Quotienten als ein Maß für die Temperatur des Strahlers. Die
Wellenlängenbereiche werden so gewählt, daß für beide das
Emissionsverhältnis der strahlenden Oberfläche annähernd

gleich ist. Damit wird die Messung unabhängig von der Ober-
flächenbeschaffenheit des Meßgutes und von Dampf oder Staub im
Strahlengang, die im Walzwerk fast unvermeidbar sind.

Der Meßbereich von Verhältnispyrometern beginnt bei etwa 95o K
(7oo$^{\circ}$ C). Niedrigere Temperaturen müssen mit anderen Geräten
gemessen werden.

8.7.2. Gesamtstrahlungspyrometer

Gesamtstrahlungspyrometer empfangen die vom Meßgut ausge-
strahlte Energie im ganzen Wellenlängenspektrum. Nach der
Gleichung

$$T = K \cdot \sqrt[4]{\frac{W}{\varepsilon}} \qquad (8.5)$$

K ..... Boltzmannkonstante

ε ..... Emissionszahl

W ..... abgestrahlte Energie

T ..... Temperatur des Strahlers

ist die Temperatur aus der Strahlungsenergie zu berechnen,
wenn die Emissionszahl bekannt ist. Dann aber bereits von etwa
25o K an aufwärts. Dampf, Rauch oder Staub im Meßfeld schwächen den Energiestrom und fälschen so das Meßergebnis. Daher
ist der Strahlengang zwischen Meßgut und Gesamtstrahlungspyrometer unbedingt freizuhalten.

8.7.3. Teil- oder Bandstrahlungspyrometer

Bandstrahlungspyrometer nutzen zur Temperaturmessung die in
einem schmalen Frequenzband emittierte Energie. Damit wird das
Meßergebnis weniger abhängig vom Emissionsvermögen der strahlenden Oberfläche als beim Gesamtstrahlungspyrometer, und zwar
umso weniger, je kürzer die Wellenlängen im Meßband sind. Mit
kürzeren Wellenlängen schiebt sich aber die untere Meßgrenze
hoch. Band- oder Teilstrahlungspyrometer mit Siliziumdioden
als Strahlungsempfänger haben sich in Walzwerken bestens bewährt. Ihr Ausgangssignal steigt sehr steil mit der Strahler-
temperatur, deshalb sollten sie bevorzugt in engen Meßberei-
chen eingesetzt werden.

8.8. Regeln und Steuern

Regel- und Steuersysteme in Walzwerken sind wegen der Vielzahl
von Einfluß- und Zielgrößen, der zahlreichen Meß- und Stellmög-
lichkeiten ungemein vielschichtig verflochten.
Zum besseren Verständnis seien die Prinzipien hier sehr vereinfacht dargestellt und an Beispielen erläutert.

8.8.1. Regeln (feed-backward-control)

Zum Regeln irgendeines Vorganges (Prozesses) wird mindestens
eine seiner Ausgangsgrößen (Regelgröße) gemessen, der aufberei-
tete Meßwert (Istwert) im Regler mit einem Vorgabewert (Sollwert) verglichen und aus dem Vergleichswert, der Differenz oder
dem Quotienten aus Ist- und Sollwert, ein Stellwert abgeleitet,
der an einem Stellorgan den Prozeß beeinflußt (Bild 8.19.). Die
Wirkung ist durch erneutes Messen der Ausgangsgröße zu beobachten (feed-back). Für das Regeln der Walzgutdicke bedeutet das,
die Dicke h_1 hinter dem Walzgerüst messen, mit der Solldicke
vergleichen, einen Stellwert s errechnen, die Walzenanstellung
betätigen und nachsehen, wie alles gewirkt hat.

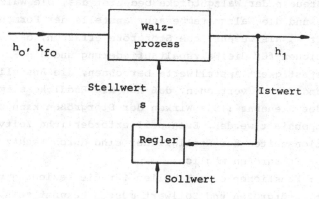

Bild 8.19. : Prinzip des Regelns.

Vorteil des Regelns : Jedes Abweichen der Regelgröße vom Soll-
wert kann erkannt und korrigiert werden.
Nachteil : Der Meßwert kommt zu spät, die Korrektur kann unter
Umständen verkehrt sein, wenn der Prozeß inzwischen aus anderen
Gründen verändert abläuft.

8.8.2. Steuern (feed-forward-control)

Ein ähnlicher Vorgang wird gesteuert, indem eine oder mehrere
ihn beeinflussende Störgrößen erfaßt und aufbereitet werden,

aus denen nach einem bekannten Algorithmus oder aus Erfahrungs-
tabellen ein Rechner Stellgrößen ableitet, die ein dem Sollwert gleiches oder naheliegendes Ergebnis versprechen, wenn
sie den Stellorganen im Prozeß zugeleitet werden (Bild 8.2o.).

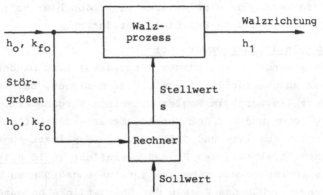

Bild 8.2o. : Prinzip des Steuerns.

Die Prozeßausgangsgrößen werden nicht mehr beobachtet.
Für das Steuern der Walzgutdicke bedeutet das, die Walzgutein-
laufdicke und die Walzguttemperatur anstelle der Formänderungsfestigkeit k_f als wesentliche Störgröße erfassen, daraus nach
den Funktionen für die Walzspaltauffederung und die Formänderungsfestigkeit Anstellwerte berechnen, die Anstellung betätigen und darauf vertrauen, daß nun die Enddicke stimmt.
Vorteil des Steuerns : Das Wirken der Störgrößen kann zeitge-
recht kompensiert werden. Eventuell erforderliche Zeitvorgaben
für Reaktionszeiten der Stellglieder sind durch rechtzeitiges
Messen der Störgrößen möglich.
Nachteil : Funktionen oder Tabellen für die Beziehung von
Stellwert, Störgrößen und Sollwert müssen bekannt sein. Fehler
in diesen Beziehungen oder zufällige Änderungen werden nicht
erkannt.

8.8.3. Kombinierte Systeme
Regelkreise, in denen dem Regler die Störgrößen aufgeschaltet
werden, oder Steuerketten, in denen der Steuerrechner einen
Kontrollwert (feed-back) erhält, nutzen die Vorteile des
Steuerns und Regelns (Bild 8.21.). Für das Walzen heißt das
beispielsweise, die Einlaufdicke, die Ein- und Auslaufgeschwindigkeit des Walzgutes messen, den Stellwert s errechnen
und der Walzenanstellung aufgeben, und über den Meßwert für

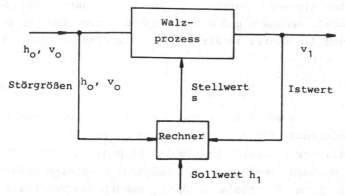

Bild 8.21. : Kombination aus Regeln und Steuern.

die Auslaufgeschwindigkeit die Enddicke kontrollieren, weil
$h_o \cdot v_o = h_1 \cdot v_1$ ist, wenn mögliche Breitenänderungen vernachlässigt bleiben.

8.8.4. Beispiele

Gute Regelsysteme werden besser, je kürzer die Zeit zwischen
dem Geschehen im Prozeß, dem Messen der Regelgröße und dem
korrigierenden Eingriff ist. Beim Walzen wird daher versucht,
die Walzgutdicke unmittelbar im Walzspalt, entweder aus der
Walzkraft, oder aus dem Walzenabstand zu ermitteln. Für die
beiden folgenden Beispiele sei das so angedeutet durch den
nicht "hinter dem Prozeß", sondern "im Prozeß" abgenommenen Meßwert (Bild 8.22.). In Wirklichkeit wird auch so "zu spät" gemessen, aber eben früher als mit Dickenmeßgeräten hinter dem
Walzspalt.

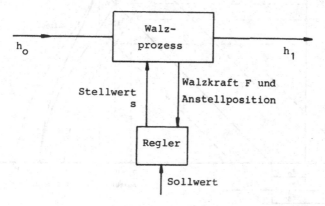

Bild 8.22. : Prinzip der Walzspaltregelung.

AGC - Automatic-gage-control - heißt ein Verfahren, bei dem
die Walzkraft gemessen und mit bekannten Werten für den Gerüstmodul C und den Leerwalzspalt s_o die Walzgutauslaufdicke h_1
berechnet wird

$$h_1 = s_o + \frac{F}{C} \quad .$$

(8.6)

<u>Bild 8.23.</u> zeigt ein Anstelldiagramm mit der Gerüstkennlinie
und Walzgutkennlinien für "hartes" und "weiches" Walzgut unterschiedlicher Einlaufdicke. Im Arbeitspunkt A_1 schneidet die
von h_o ausgehende weniger steil steigende Walzgutkennlinie die
Gerüstkennlinie. Zur Auslaufdicke h_1 gehört die Walzkraft F_1.
Die strichliert gezeichnete Kennlinie des mit größerer Dicke
einlaufenden Walzgutes kommt von h_o' und schneidet die Gerüstkennlinie bei A_2, die Auslaufhöhe wird h_1', die zugehörige
Walzkraft F_2 sein. Korrigiert wird durch Anstellen um Δs_1, um
den Arbeitspunkt wieder über h_1 zu bringen. Die Walzkraft
steigt dabei auf F_4.
Vergleichbares gilt für Änderung der Arbeitspunkte durch steileren Anstieg der Walzgutkennlinie oder durch geringere Einlaufdicke (Punkte A_2, A_6, A_3, A_5). Die jeweils erforderlichen
Stellwerte Δs errechnet der Regler nach der Beziehung

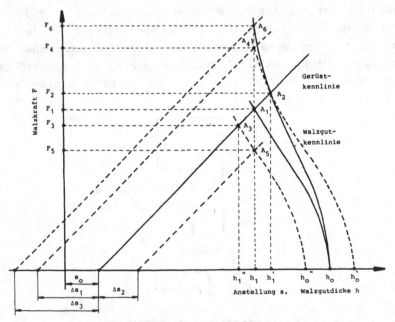

<u>Bild 8.23. :</u> Anstelldiagramm.

$$\Delta s = \frac{1}{C} \cdot (F_1 - F) \, , \qquad\qquad (8.7)$$

die aus der gage-meter-Gleichung (8.6) für konstante Auslauf-
solldicke h_1 ableitbar ist.

Die "AGC" reagiert auf Einlaufdickenfehler gut, auf Walzenex-
zentrizität falsch. Wird nämlich der Walzspalt kleiner, dann
steigt die Walzkraft, als ob dickeres Walzgut einliefe. Es käme
ein Stellbefehl "Anstellung zufahren!", wodurch der Walzspalt
noch enger würde. Die Fehlreaktion wird vermieden, indem periodisch folgende Walzspaltänderungen aus den Meßwerten ausgefil-
tert und nicht berücksichtigt werden. Dadurch verliert die
Regelung an Dynamik.

Mit der unmittelbaren Messung des Arbeitswalzenabstandes wird
diese Schwäche umgangen. Statt des Istwertes der Kraft kann
gleich ein verbindliches Maß für den Walzspalt, das die Ein-
flüsse der Formänderungsfestigkeit und der Dicke des Walzgutes,
der Arbeitswalzenovalität und Stützwalzenexzentrizität und die
elastische Gerüstauffederung mit Ausnahme der Arbeitswalzenab-
plattung und Stützwalzenbiegung erfaßt, dem Regler eingegeben
werden. Mit einem zusätzlichen Wert für die Walzkraft wären
sogar die Walzenabplattung und -biegung mitzuberücksichtigen.

Beim kontinuierlichen Walzen in mehreren Gerüsten fordert der
konstante Volumenstrom gut aufeinander abgestimmte Walzgeschwindigkeiten, wenn die Zugspannungen im Walzgut oder die
Schlingenlage zwischen den Gerüsten annähernd gleich bleiben
sollen. Dazu müssen Regelkreise für die Antriebsdrehzahlen, die
Zugspannung, die Schlingenlage und letztlich die Dicke oder
Breite des Walzgutes ineinandergreifen und einander zugeordnet
werden, weil die Stellgrößen des einen die Regelgrößen eines
anderen beeinflussen können. Hierarchisch geordnet werden dabei
einige Regelkreise anderen unterlagert, wichtigere wiederum
jenen überlagert.

Schrifttum

1) Bodlaj, V. : Siemens Forsch.- u. Entwickl.-Bericht 6 (1977), Nr. 3.

2) Bohländer, P. : Stahl u. Eisen 97 (1977), S. 927.

3) Carl, W. : Bänder, Bleche, Rohre 15 (1975), S. 146.

4) Engelhardt, W. u. G. Hölzenbein : Siemens-Zeitschrift 47 (1973), Beiheft "Antriebstechnik und Prozeßautomatisierung in Hütten- und Walzwerken". S. 89/9o.

5) Eriksson, L.H. u. H. Törnemann : Stahl u. Eisen 96 (1976), S. 528/3o.

6) Heindel, A. : Siemens-Zeitschrift 47 (1973), Beiheft "Antriebstechnik und Prozeßautomatisierung in Hütten- und Walzwerken". S. 91/97.

7) Hertlein, K. : Stahl u. Eisen 95 (1975), S. 1125/3o.

8) Karlén, Th. : Fachberichte 1977, H. 4.

9) Pechan, G. u. B. König : Wissenschaftliche Zeitschrift der TH Otto v. Guericke Magdeburg 11 (1967), S. 379/89.

1o) Schwenzfeier, W. : Blech, Rohre, Profile 1975, S. 2o4/o6.

11) Schwenzfeier, W. u. M. Gfrerer : BHM 117 (1972), S. 445/52.

12) Seeböck, F. : Siemens-Zeitschrift 47 (1973), Beiheft "Antriebstechnik und Prozeßautomatisierung in Hütten- und Walzwerken". S. 137/45.

13) Stelzer, R. : Stahl u. Eisen 97 (1977), S. 921.

14) Wiedemar, K. u. H. Dittmann : Metall 32 (1978), S. 771/76.

Gfrerer, M. : Ein Beitrag zum berührungslosen Geschwindigkeitsmessen in Hüttenwerken. Dissertation, Montanuniversität Leoben. 1975.

Grave, H.F. : Elektrische Messung nichtelektrischer Größen. Frankfurt/Main : Akademische Verlagsgesellschaft. 1965.

Haug, A. : Elektrisches Messen mechanischer Größen. München : Carl Hanser. 1969.

Herzog, A. : Ein neues Verfahren zur Messung der Spannungsverteilung über der Bandbreite beim Kaltwalzen. Dissertation, Montanuniversität Leoben. 1975.

Verwendete Formeln und Zeichen

l	Länge	$\dot{\varphi}$	Formänderungsgeschwindigkeit
b	Breite		
h	Höhe	f	Frequenz
x,y,z	rechtwinkelige Koordinaten	n	Drehzahl
		$\ddot{u}$	Übersetzungsverhältnis
x_f	Fließscheidenlage	F	Kraft
s	Weg, Walzspalthöhe, Schneidgutdicke, Sicherheitsfaktor	F_N	Normalkraft
		F_v	Vertikalkraft
s_o	Leerwalzspalthöhe	F_h	Horizontalkraft
l_d	gedrückte Länge	F_W	Walzkraft
k_x	Hebelarmbeiwert	Md	Drehmoment
Δl	Längenänderung	W_p	polares Widerstandsmoment
Δh	Höhenabnahme		
t_i	Rollenteilung	W	Arbeit, abgestrahlte Energie
R	Radius	Q	Wärmemenge
R'	Krümmungsradius des abgeplatteten Kontaktbogens	σ	Normalspannung
u	horizontaler Messerabstand	σ_m	mittlere Normalspannung
U	Umfang	σ_v	Vergleichsspannung, Vertikalspannung
A	Fläche	ε	Schubspannung
A_d	gedrückte Fläche	ε_{krit}	kritische Schubspannung
A_q	Querschnittsfläche	T	Tensor, Temperatur
G	Umformgeometrie	T_H	Tensor ohne Schubkomponente
λ	Streckung		
V	Volumen	T_K	Kugeltensor
t	Zeit	D	Spannungsdeviator
t_K	Kontaktzeit	S_1, S_2, S_3	Deviatorkomponenten
v	Geschwindigkeit		
c	Lichtgeschwindigkeit	k_f	Formänderungsfestigkeit
m,M	Masse	k_{fm}	mittlere Formänderungsfestigkeit
D	Durchsatz		
α	Walzwinkel, Wärmeübergangszahl	k_w	Formänderungswiderstand
		k_{wm}	mittlerer Formänderungswiderstand
β	Fließscheidenwinkel, Messerkeilwinkel	z	Zugfaktor
γ	Schiebung	C_o	statische Tragzahl
ε	Formänderung, Emissionszahl, Lebensdauerexponent	L	Lagerlebensdauer
φ	logarithmische Formänderung	K	Boltzmannkonstante
φ_A	Schneidspaltwinkel	c_H	Hitchcock-Konstante

C   Strahlungsbeiwert, Gerüstmodul, Konstante

R   R-Wert

E   Elastizitätsmodul

G   Schubmodul

ν Querkontraktionszahl

μ Reibungskoeffizient

η Wirkungsgrad

ϵ_w Arbeitsverhältnis, spezielle Scherarbeit

ϵ_N Kraftverhältnis

ϵ_{Ab} Kraftverhältnis

Φ magnetischer Fluß

I_A Ankerstrom

U_K Klemmenspannung

R_A Ankerwiderstand

Druck: Novographic, Ing. Wolfgang Schmid, A-1230 Wien.